环保公益性行业科研专项经费项目系列丛书

铅污染诊断表征及防控区域划分技术

■ 李旭祥 陈 洁 王成军 杜新黎 他维媛 著

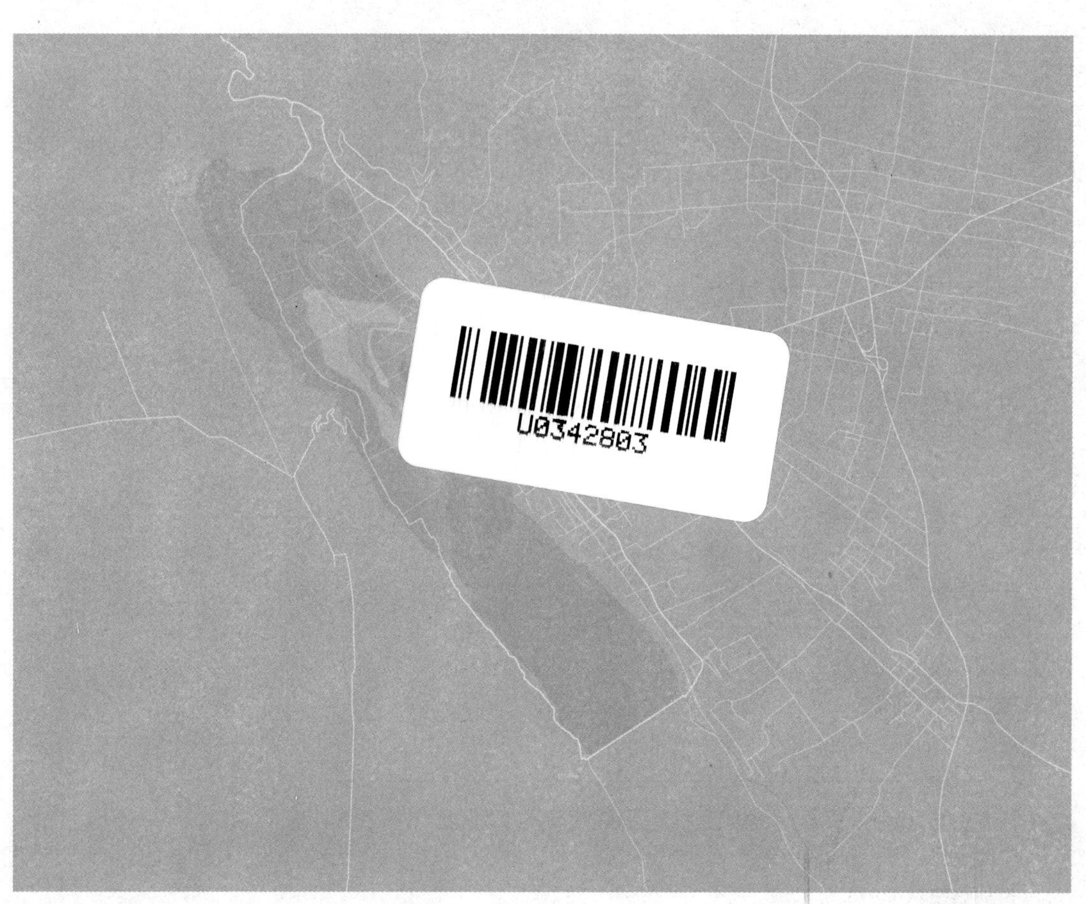

西安交通大学出版社
XI'AN JIAOTONG UNIVERSITY PRESS

图书在版编目(CIP)数据

铅污染诊断表征及防控区域划分技术/李旭祥,王成军著.
—西安：西安交通大学出版社,2015.1
(环保公益性行业科研专项经费项目系列丛书)
ISBN 978-7-5605-6930-7

Ⅰ.①铅… Ⅱ.①李… ②王… Ⅲ.①铅污染-污染防治-研究 Ⅳ.①X56

中国版本图书馆 CIP 数据核字(2014)第 300132 号

书　　名 铅污染诊断表征及防控区域划分技术
著　　者 李旭祥　陈　洁　王成军　杜新黎　他维媛
责任编辑 叶　涛

出版发行 西安交通大学出版社
(西安市兴庆南路 10 号　邮政编码 710049)
网　　址 http://www.xjtupress.com
电　　话 (029)82668357　82667874(发行中心)
(029)82668315　82669096(总编办)
传　　真 (029)82668280
印　　刷 西安建科印务有限责任公司

开　　本 787mm×1092mm　1/16　**印张** 15　**字数** 353 千字
版次印次 2015 年 2 月第 1 版　2015 年 2 月第 1 次印刷
书　　号 ISBN 978-7-5605-6930-7/X·10
定　　价 45.00 元

读者购书、书店添货,如发现印装质量问题,请与本社发行中心联系、调换。
订购热线:(029)82665248　(029)82665249
投稿热线:(029)82664954
读者信箱:jdlgy@yahoo.cn

序　言

我国作为一个发展中的人口大国，资源环境问题是长期制约经济社会可持续发展的重大问题。党中央、国务院高度重视环境保护工作，提出了建设生态文明、建设资源节约型与环境友好型社会、推进环境保护历史性转变、让江河湖泊休养生息、节能减排是转方式调结构的重要抓手、环境保护是重大民生问题、探索中国环保新道路等一系列新理念新举措。在科学发展观的指导下，环境保护工作成效显著，在经济增长超过预期的情况下，主要污染物减排任务超额完成，环境质量持续改善。

随着当前经济的高速增长，资源环境约束进一步强化，环境保护正处于负重爬坡的艰难阶段。治污减排的压力有增无减，环境质量改善的压力不断加大，防范环境风险的压力持续增加，确保核与辐射安全的压力继续加大，应对全球环境问题的压力急剧加大。要破解发展经济与保护环境的难点，解决影响可持续发展和群众健康的突出环境问题，确保环保工作不断上台阶出亮点，必须充分依靠科技创新和科技进步，构建强大坚实的科技支撑体系。

2006 年，我国发布了《国家中长期科学和技术发展规划纲要(2006—2020年)》(以下简称《规划纲要》)，提出了建设创新型国家战略，科技事业进入了发展的快车道，环保科技也迎来了蓬勃发展的春天。为适应环境保护历史性转变和创新型国家建设的要求，原国家环境保护总局于 2006 年召开了第一次全国环保科技大会，出台了《关于增强环境科技创新能力的若干意见》，确立了科技兴环保战略；2012 年，环境保护部召开第二次全国环保科技大会，出台了《关于加快完善环保科技标准体系的意见》，全面实施科技兴环保战略，建设满足环境优化经济发展需要、符合我国基本国情和世界环保事业发展趋势的环境科技创新体系、环保标准体系、环境技术管理体系、环保产业培育体系和科技支撑保障体系。几年来，在广大环境科技工作者的努力下，水体污染控制与治理科技重大专项实施顺利，科技投入持续增加，科技创新能力显著增强；现行国家标准达 1300 余项，环境标准体系建设实现了跨越式发展；完成了 100 余项环保技术文件的制修订工作，确立了技术指导、评估和示范为主要内容的管理框架。环境科技为全面完成环保规划的各项任务起到了重要的引领和支撑作用。

为优化中央财政科技投入结构，支持市场机制不能有效配置资源的社会公益研究活动，“十一五”期间国家设立了公益性行业科研专项经费。根据财政部、科技部的总体部署，环保公益性行业科研专项紧密围绕《规划纲要》和《国家环境保护科技发展规划》确定的重点领域和优先主题，立足环境管理中的科技需求，积极开展应急性、培育性、基础性科学研究。“十一五”以来，环境保护部组织实施了公益性行业科研专项项目439项，涉及大气、水、生态、土壤、固废、核与辐射等领域，共有包括中央级科研院所、高等院校、地方环保科研单位和企业等几百家单位参与，逐步形成了优势互补、团结协作、良性竞争、共同发展的环保科技“统一战线”。目前，专项取得了重要研究成果，提出了一系列控制污染和改善环境质量技术方案，形成一批环境监测预警和监督管理技术体系，研发出一批与生态环境保护、国际履约、核与辐射安全相关的关键技术，提出了一系列环境标准、指南和技术规范建议，为解决我国环境保护和环境管理中急需的成套技术和政策制定提供了重要的科技支撑。

为广泛共享“十一五”以来环保公益性行业科研专项项目研究成果，及时总结项目组织管理经验，环境保护部科技标准司组织出版环保公益性行业科研专项经费系列丛书。该丛书汇集了一批专项研究的代表性成果，具有较强的学术性和实用性，可以说是环境领域不可多得的资料文献。丛书的组织出版，在科技管理上也是一次很好的尝试，我们希望通过这一尝试，能够进一步活跃环保科技的学术氛围，促进科技成果的转化与应用，为探索中国环保新道路提供有力的科技支撑。

中华人民共和国环境保护部副部长

吴晓青

2011年10月

前　言

重金属污染是我国面临的严重环境问题，明确污染所在地的污染物来源有利于对污染地的健康进行风险评价和风险管理，可以有效地控制土壤污染、保障环境安全和农业可持续发展。因此，关注污染地污染物来源的识别和解析的研究者日益增加。为准确找到污染源并及时切断污染途径，降低危害发生的概率，追溯铅污染物的来源显得尤为重要。同时，重点研究重点地区或典型行业的重金属污染源解析技术与污染过程分析，重点防控区域划分及风险分级技术研究，涉铅企业环境安全防护距离研究也是重要的课题。

本书是环境保护部环保公益性行业科研专项“Pb 污染诊断和表征体系建立及防控区域划分技术研究”（项目编号：201109053）研究成果，内容包括铅同位素污染诊断表征及铅源辨析方法，铅污染扩散与时空分布特征分析，环境安全防护距离计算方法，重金属污染安全评价及防控区域分析系统建立。本项目研究方法和成果具有一定的局限性，不足之处请批评指正。

本项目参加单位有西安交通大学，西安建筑工程大学、陕西省环境科学研究院、陕西省环境监测中心站。参加本书编写有西安交通大学杨柳、郑刘孙、侯康、于凯、佘娟娟、赵世君、邓文博、张菁、王靖靖，西安建筑工程大学刘勇、冯涛，陕西省环境科学研究院梁俊宁、李文慧，陕西省环境监测中心站李和义、张秦铭、周驰，中科院地球环境研究所刘禹研究员、金章东研究员、刘卫国研究员。还要感谢对项目做出贡献的西安建筑工程大学刘华、马红周、张琼华、孙大林，陕西省环境科学研究院司全印高工、刘杰、宋丽娜，陕西省环境监测中心站刘建利、张宇、李飞、张凯，中国地质大学周炼教授，中科院贵阳地球化学研究所赵志琦研究员，西北大学袁洪林教授，广州大学常向阳教授，台湾大学张尊国教授。

本书在编写中引用了其他科研工作者的研究实例，在此表示衷心感谢！

目　录

1　绪论

1.1　研究背景

近年来,我国发生了许多血铅事件:2006年3月至2008年12月,河南省卢氏县范里镇东寨村和南苏村,两村人口2001人,患高铅血症334人,轻度铅中毒59人,中度铅中毒44人;2009年5月,江西省永丰县某村,数百儿童中约80%不同程度铅超标,有的竟高出标准230%;2009年8月,河南省济源市三家大型铅冶炼企业周边1000米防护区范围内的克井镇、承留镇、思礼镇的10个村,对区内14岁以下少年儿童进行血铅检测,被检测的3108名儿童中,有1008人血铅值在250μg/L以上;2009年8月,湖南省邵阳市武冈市文坪镇有1354人血铅疑似超标,600名儿童需要医治,通过湖南省劳动卫生职业病防治所检测认定,高铅血症(100～199μg/L)儿童38名,轻度铅中毒(200～249μg/L)儿童28名,中度铅中毒(250～449μg/L)的儿童17名;2009年8月,云南省昆明市东川区铜都镇营盘村和大寨村对1000多名儿童进行微量元素检测,血铅值大于100μg/L有200多人,约占检测人数的19%;2009年8月,陕西省宝鸡市凤翔县长青镇851名14岁以下儿童血铅超标,其中血铅含量超过250μg/L的174名儿童属中、重度铅中毒;2009年8月13日,湖南郴州市嘉禾县环保局检测到的数据显示,污染源企业附近泥土铅含量超出国家标准5.52倍,砷超标2.1倍,镉超标0.6倍,在郴州市住院治疗的血铅中毒人数达到28人;2009年12月,广东省清远市龙塘镇检测的246名儿童,检测值达450μg/L以上的儿童有8人,其余为正常及轻、中度超标;2010年1月,浙江省盐城市大丰经济开发区河口村接受检查的110多名儿童中,有51名儿童被查出血铅含量超标;2010年3月,四川省内江市隆昌县渔箭镇,政府组织的1599人次(包括复查)体检情况表明,已做出的854份报告单中,血铅含量异常有94人,其中包括儿童88人(100～199μg/L74人,200～249μg/L7人,250～449μg/L7人),成人6人(400～599μg/L);2010年6月,湖北省咸宁市崇阳县30名成人和儿童被检查出血铅超标,某厂11名工人中,10人血铅超标,1人铅中毒,并且19名未成年人中,12名属于高血铅症,1人轻度铅中毒,4人中度中毒,2人严重中毒;2010年6月,云南省大理白族自治州鹤庆县,水、土壤、空气中铅超标,84名儿童疑似血铅超标;2010年10月,安徽省安庆市怀宁县月山镇,通过对61人进行尿样检测分析,发现39人血铅超标;2010年11月,山东省泰安市宁阳县,罡城镇辛安店吴家林村145人中血铅超过国际铅中毒标准(等于或大于100μg/L)的有121人;2010年12月,安徽省安庆市怀宁县高河镇,200多名儿童被送至省立儿童医院接受血铅检查,血铅超标儿童数量达100多名;2011年12月,福建省南安市康美镇福铁村,水井水质铅含量超标,20多名儿童被查出血铅超标;2011年5月,浙江省湖州市德清县,共检测出332名职工和农民血铅超标,其中包括成人233人,儿童99人;2011年3月,浙江省台州市路桥区峰江街道上陶村等村,对658名村民进行血铅检测,查出172人血铅含量超标,其中包括53名儿童;2011年5月,对广东省河源市紫金县河源三威电池有限公司500米范围内的村民及学校学生2231人进行了检测,结果显示,241名村民及学生血铅超标，其中96名重度超标，35名患者需要排铅治疗；2011年7月，上海江森自控国际蓄电池有限公司引起康桥儿童血铅事件；2012年2月，丹霞冶炼厂、凡口铅锌矿、金佰诚和华源、澳科、金利达、宏达等多家涉铅企业排污和自然环境特殊性等因素导致广东仁化县董塘镇儿童血铅超标；2012年7月，江西吉安怀疑因污染导致儿童铅超标。

我们参加了关于2009年发生在陕西宝鸡东岭冶炼公司厂区附近的铅污染事件污染源解析、环境铅含量监测、大气模拟反演及污染程度评价等方面的工作。我们认为，需要对土壤和大气中Pb理化特征进行系统研究，全面了解环境铅量，及其来源、途径、方式、分布，分析土壤和大气污染扩散和变化的趋势，这将对于正确评价土壤和大气环境污染特征、维护当地居民健康和社会稳定，具有重要的意义。

土地是人类生存、发展的“命脉”，在社会经济发展中发挥着重要作用。土壤是“生命之基，万物之母”，在自然生态系统中作为能量和物质交换的枢纽，是工农业发展和建设城市现代化的物质基础，当不断从环境向土壤输入能量和物质时，就会引起土壤各种物理化学性质的变化。频繁的人类活动，诸如采矿冶炼业、工业、废弃物堆放、交通排放和使用农药化肥等的影响，使得重金属对土壤的污染越来越严重，根据“突变率”的毒理学评价，土壤中重金属污染是所有危险污染物中紧随杀虫剂位居第二的污染。工业化城市的重金属污染元素主要是汞、镉、铅、铬、铜等，工业迅速发展的同时，给环境带来很大的挑战，尤其是受人为干扰最大的表层土壤环境。工业燃煤、工业“三废”排放、垃圾焚烧、含铅汽油燃烧、含铅农药、化肥、油漆的使用是环境中铅的主要来源。近年来，随着人类活动的加剧，有些工业区以及公路附近的土壤和空气中的铅浓度已经远高于当地的背景值。铅可通过膳食、呼吸等途径进入人体，并蓄积达到有害水平。由于铅在土壤中产生的污染不易被发现并且不可逆转，容易导致铅在农作物中的积累，致使土壤、大气等环境介质成为农作物可能的铅污染来源，造成食品在第一环节就存在安全风险。土壤污染对社会经济发展、生态环境、食品安全和农业可持续发展构成严重威胁，并危害人体健康，因此研究土壤中铅的污染问题，也成为当今世界上一个重要的环境、社会、经济和技术问题。

我国国民经济和社会发展第十二个五年规划就是要以科学发展为主题，确保科学发展取得新的显著进步，确保转变经济发展方式取得实质性进展，基本要求之一是坚持把建设资源节约型、环境友好型社会作为加快转变经济发展方式的重要着力点，以解决饮用水不安全和空气、土壤污染等损害群众健康的突出环境问题为重点，加强综合治理，改善环境质量；加强对重大环境风险源的动态监测与风险预警及控制，提高环境与健康风险评估能力。

一百年前澳大利亚Gibsorl医生发表了题为《围廊和墙壁上的油漆是昆士兰儿童铅中毒的原因》的论文，揭开了困扰已久的儿童铅中毒病因之谜。之后，在世界范围内开始了对环境铅污染和儿童铅中毒近一个世纪的研究和干预。国内外目前主要通过原子吸收法、阳极溶出伏安法（ASV）、等离子体发射光谱分析法（ICP－AF）及其与质谱联用法（ICP－MS）等测定大气样品中铅浓度，判定大气中铅污染的来源；通过食品作物监测，研究重金属对植物的遗传毒理作用；通过水质-微型生物群落监测法分析原生动物群落的结构和群集过程的特征，从而了解重金属浓度，了解地表水体铅污染的基本状况和主要污染源。美国最新的测定重金属污染评价方法是浸出法毒性鉴定（TCLP）土地作物污染状况，国内有通过应用标准化方法建立矿区土壤环境地球化学基线模型，评价重金属污染状况。环境中铅的调查方法目前主要采用统计学方法。我们在凤翔环境事件调查时发现，统计学方法无法对环境多个来源铅进行有效辨析。而铅同位素示踪法可以有效辨析多源铅的来源。从保护人群健康出发，国家规定1公里作为铅锌冶炼企业环境安全防护距离，但是其科学依据还需深入研究。我们认为，铅锌冶炼厂的环境安全防护距离，应当考虑企业规模、工艺水平、烟囱高度、气象条件等，参照环境评估报告结论确定。另外，空气、蔬菜、食物的铅含量标准也应更严谨科学，特别是土壤铅标准应说明其所指代的真正含义。

目前土壤和大气环境质量的评价方法虽然各有优缺，但都是根据区域监测结果作数学方法上的评判，用这些评价方法做出的区域污染的评价结果，在某种程度上可以说明区域污染的水平和程度，也能够对不同区域的污染水平做出对比和说明，但是这些传统的评价方法不能反映空间上的变化，不能分析区域污染空间变化的趋势，不能判断区域内各地区的污染状况，尤其大尺度区域发生污染时，传统评价方法和手段就显示出其本身固有的缺陷和不足。

随着计算机技术和信息技术的发展，地统计学和地理信息系统逐渐被引入到环境评价中。地统计学是研究空间变异性比较稳健的工具，可以最大保留空间信息，在地理信息系统软件的支持下，可以用来揭示区域各环境要素的分布特征和规律。但是，作为一种空间数据的分析工具，地统计学软件在图像表达方面还远远不够。地理信息系统可以将大量的各类空间存储管理并处理，可以将不同来源、不同格式结构和不同影像或分辨率的空间数据融合起来，可以同时在数据的统计分析、模型的建立和制图方面都有强大的功能，这对地统计软件学的空间分析与模拟是一种很好的辅助工具。GIS可把大区域范围内土壤样点的属性数据和地理数据结合起来，通过地理数据能够比较容易地定样点之间的距离，进而根据属性数据可以计算出变量之间的差异，从而得到地统计学所要的步长与半方差的函数关系，使分析大尺度环境特性的变异规律变得较为方便。地统计学与GIS结合，能充分发挥各自的优势。在环境特性研究中，应用地统计学来分析并模拟环境特性的空间分布模式与结构，并进行插值；而GIS能非常容易地使环境分析图可视化。环境学家们将地统计学得来的空间插值图与地形图等融合起来，可以发现更多的隐藏信息。

近年来，国内外侧重于对土壤中重金属及微量元素的环境质量健康风险评价。进入20世纪80年代以后，我国学者才逐渐认识到上述空间与时间变异的重要性和实用性，并先后开展土壤调查和对土壤成分变异方面的研究。

重金属污染有一个重要特点就是其环境的积累性，积累性意味着需要提前预防和环境的污染最终需要清除和恢复。无论是污染预防，还是污染治理和修复，都需要了解其来源及其不同源的扩散规律，尤其是多源性的重金属污染。发生在陕西省凤翔县长青工业区的铅污染就是典型的多源性铅积累环境污染事件。因此，以凤翔县长青工业区的铅污染为解剖对象，进行源解析和时空规律(污染方式、分布和扩散类型等)探索，建立起其表征体系，为铅等重金属的防控与治理提供技术支持便是本课题的目的。

1.2 研究意义

明确污染所在地的污染物来源有利于对污染地的人身健康进行风险评价和风险管理，可以有效地控制土壤污染、保障环境安全和农业可持续发展。因此，准确找到污染源并及时切断污染途径，降低危害发生的概率，有非常重要的科学意义。铅同位素研究方法已经在地球化学和同位素地质年代学中成熟应用，也逐渐被应用于环境科学中。

我们采用环境监测、仪器分析、化学分析、大气扩散模式、地统计学和GIS等研究手段，针对特定研究区域，建立主要铅源的同位素指纹图谱，研究环境铅及其不同来源的解析及方法；根据源排放特征，结合自然环境等要素，计算各个源贡献的铅的时空分布、分析积累效应；根据铅的时空分布及积累效应分析结果，给出涉铅企业环境安全防护距离的建议，以及铅污染防治的意见和建议，为落实国家重金属污染综合防治“十二五”规划提供必要的技术支撑。

1.3 研究方法

(1)基于电感耦合等离子体质谱(ICP-MS)以及多接收电感耦合等离子体质谱(MC-ICP-MS)方法，分析环境中铅来源的单源指纹鉴定，建立图谱，研究铅源的贡献。

(2)分析源排放特征，利用大气模型模拟Pb污染时空分布，为确定环境安全防护距离提供依据。

(3)基于GIS技术，研发Pb污染诊断和表征体系及防控区域分析系统，实现信息展示、统计、分析和预测等功能。

(4)研究建立铅污染防治原则、技术、方案(包括：铅源同位素指纹图谱、铅的源辨析方法、铅污染扩散与时空分布模拟、环境安全防护距离计算方法)等；密切结合环保业务部门需求，为重金属污染预防和减排提供技术支撑。

总之，通过环境科学(土壤、大气)、气象学、化学、地理学、信息科学等多学科的交叉研究，针对凤翔县长青工业园具体情况，建立Pb金属同位素污染诊断体系和污染表征体系，将土壤环境、大气环境、气候环境、地域特征等因素联系起来，分析大气与土壤铅含量的时空分布特征，解析污染现象发生的过程与机制，面向重金属污染事件，提出环境安全防护距离计算方法，科学确定污染分布，明确环境安全防护距离，为污染预测、控制、恢复与重建等提供技术支撑。

基本技术路线见图1-1。

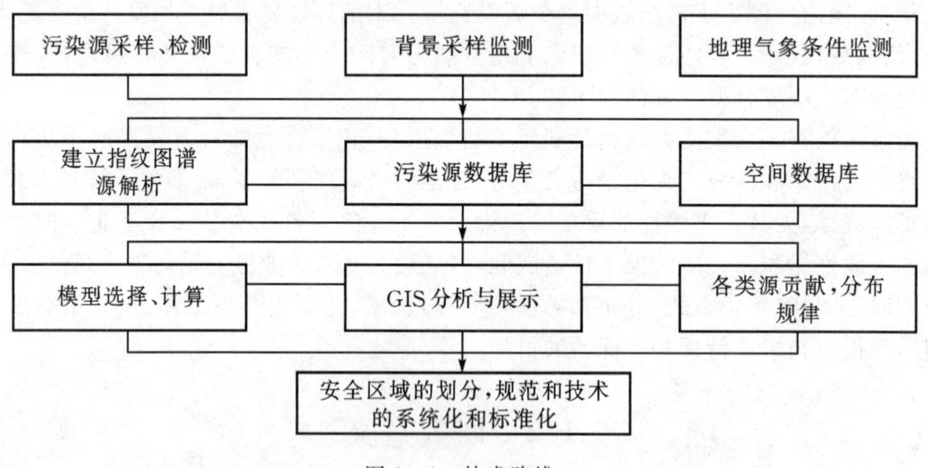

图1-1 技术路线

2 国内外铅污染标准

铅是环境中主要的重金属污染源，不同国家和地区在空气、土壤、食品等环境标准中，对铅的含量有严格控制但存在一定的差异。通过对各国的环境标准比较，可以了解不同国家和地区对铅及其化合物的限值差异性。

环境标准是环境管理目标和效果的表示，是环境管理的基础性数据。环境标准的制定和实施是环境行政的起点和环境管理的重要依据。截至2010年11月23日，我国累计颁布各类国家级环境标准1397项，其中含现行国家环境标准1286项和废止的各类标准111项。各个主要国家和地区环境标准中所规定的项目中，除常规污染物之外，铅也被列为环境质量主要控制项目之一。可见大部分国家和地区都或多或少的存在着铅污染的困扰。由于各国经济社会发展条件不同，环境标准体系与标准制定方法也有所区别，所以铅污染限值在不同国家和地区存在差异。

环境标准在环境管理、环境执法等方面有着重要的作用。各个主要国家和地区环境标准都有不同的制定依据、制定流程和法律性质。加拿大实行由议会和省众议院制定环境标准框架、政府即内阁制定细节性的管理规定、行政长官颁发排放许可或行政命令和法院做出有关环境标准判例的环境标准制定模式。日本的环境标准由环境厅向健康和福利省以及通产省征求意见并结合企业的技术情况制定。美国的环境标准由EPA颁布，美国排放限制准则是以技术为依据的，它根据不同工业行业的工业技术、污染物产量水平处理技术等因素来确定各种污染物排放限值。欧盟的环境标准是以指令或者条例形式颁布的，欧盟环境指令的立法没有统一的程序，以质量标准为目标，以综合污染控制为主，实施有较长的过渡期。我国的环境标准由国家环境保护总局制订，并与国家质检总局联合发布。

2.1 大气环境

2.1.1 各国大气环境标准体系

1. 中国大气环境标准

我国大气标准体系按内容分三类：环境空气质量标准、大气污染物综合排放标准、测定方法标准、标准样品标准和基础标准。按级别分主要有国家标准、地方标准和行业标准。具体到铅污染浓度限值的大气标准有：《环境空气质量标准》(GB3095—1996)、《大气污染物综合排放标准》(GB16297—1996)、《铅锌工业污染物排放标准》(GB25466—2010)、《工作场所有害因素职业接触限值》(GBZ2.1—2007)、《工业炉窑大气污染物排放标准》(GB9078－1996)。

2. 美国大气环境标准

美国的大气标准分两大类：环境空气质量标准、大气污染物排放标准。其中排放标准体系又分为常规污染物和有害大气污染物。有害大气污染物排放标准(NESHAP)由美国环保署

(EPA)统一制定;常规污染物分为新源(由 EPA 制定全国统一标准)、现源(由各州制定标准)如图 2-1 所示。

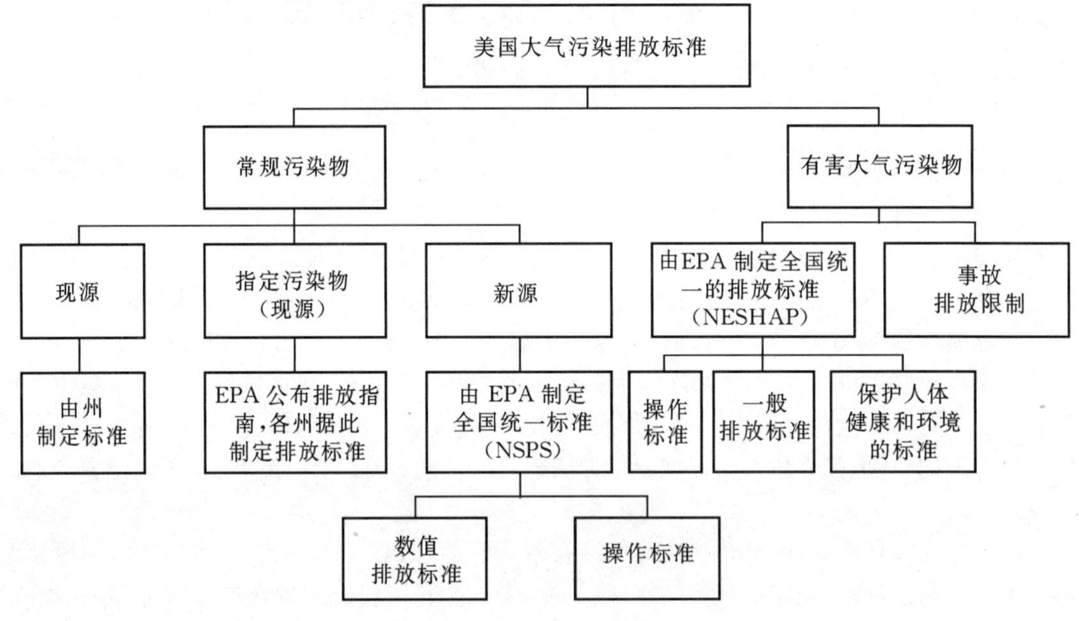

图 2-1　美国大气污染物排放标准体系

3. 欧盟大气环境标准

欧盟的环境标准是以指令形式发布的。截至 2003 年底,欧盟共发布了 50 余条有关大气环境标准的指令。欧盟的大气环境标准也分两大类:环境空气质量标准、大气污染物排放标准。其中环境空气质量标准包括有统一的空气质量框架指令(欧盟第 96/62/EC 号指令),除此之外,针对各常规污染物和有害污染物各颁布了多条指令:包括关于 SO_2、NO_2、NO_X、颗粒物和 Pb 在环境空气中的限值(欧盟第 2001/744/EC 号指令)。大气污染物排放标准是按照固定源和移动源分类制定。固定源大气污染物排放标准包括限制大型焚烧厂空气污染物排放限值(欧盟第 2001/80/EC 的指令);废物焚烧(欧盟第 75/439/EEC 号指令);VOCs 排放限值的指令;其他大气污染源排放指令。移动源包括道路车辆和非道路可移动机器指令。

2.1.2　大气环境质量标准限值

表 2-1　中国和美国、欧盟的空气质量标准保护对象

国家/地区	级别	保护对象
美国	初级和次级	初级保护公共健康为主;次级保护自然生态及公众福利
欧盟	不分级	保护人体健康和生态环境
中国	一级、二级、三级	一级保护自然保护区、风景名胜区和其他需要特殊保护的地区;二级保护城镇规划中确定的居住区、商业交通居民混合区、文化区、一般工业区和农业区;三级保护特定工业区

由表 2-1 可见，美国和欧盟制定空气质量标准的首要目的是保护公共健康，尤其是对“敏感”人群健康的保护，如哮喘病患者、儿童、老年人等，其次是保护自然生态及公众福利，包括防止能见度降低和防止对动物、庄稼、蔬菜及建筑物等的损害，可以看出每一类对象执行相同的标准。中国按照三级功能区进行分级，分别保护三级中的人体健康和生态环境，主要目的是使不同功能区的同类对象尤其是敏感人群呼吸不同级别的环境空气，这种分区和分级方式不但违背环境公平，而且对环境空气质量标准的有效实施和对环境空气质量的管理存在不利因素。

表 2-2　部分国家和地区大气环境质量中铅的浓度限值

		中国	美国	欧盟	英国	澳大利亚	中国香港	中国台湾	WHO
浓度限值（$\mu g/m^3$）	季平均	1.5					1.5		
	年平均	1.0	0.15※	0.5	0.25	0.5		1.0	0.5

※美国 EPA 于 2008 年 10 月重新修订了清洁空气法，将铅标准由 1.5$\mu g/m^3$ 骤减至 1/10。

由表 2-2 可得我国大气质量铅浓度限值高于大部分国家和地区的限值，鉴于我国频发的铅污染事件，可参考我国国情考虑适当调整。

2.1.3　大气排放标准限值

1. 我国大气排放标准

《大气污染物综合排放标准》（GB16297—1996）中明确规定：铅及其化合物最高允许排放浓度为 0.70mg/m^3；最高允许排放速率随烟囱高度从 15～100m 变化，分为二级 0.004～0.33（kg/h）、三级 0.006～0.51（kg/h）；无组织排放浓度限值（周界外浓度最高点）为 0.0060mg/m^3。

《铅锌工业污染物排放标准》（GB25466—2010）中规定：铅及其化合物在污染物净化设施排放口的最高允许限值为 8mg/m^3；在企业边界浓度限值为 0.006mg/m^3。

2. 美国与欧盟的大气排放标准

美国并没有统一的大气综合排放标准，而是针对各个行业的不同特点，制定相关有害大气污染物标准（NESHAP）。例如在铅锌冶炼行业，就有针对“初级铅冶炼”和“再生铅冶炼”的两个标准。初级铅冶炼标准采取总量控制原则，即生产每吨铅锭，铅及其化合物的排放不能高于 500g。再生铅冶炼则按照冶炼炉配置不同分别规定了铅及其化合物排放浓度和总烃类化合物的排放体积比。其中过程排放源、无组织排放源和扬尘排放源的铅及其化合物均不能超过 2.0mg/m^3。

欧盟在“污染物释放和转移登记及修正指令（欧盟第 91/689/EEC、96/61/EC 号令）”中规定：释放于空气中的铅及其化合物一年不超过 200kg。欧盟各国分别根据自身情况制定了更为详细的法律法规。其中英国在非有色金属工艺以及冶炼工艺中规定：排放到空气中的最大铅及其化合物浓度限值 5mg/m^3。另初级铅冶炼工艺及再生铅冶炼工艺的小时平均浓度不超过 2mg/m^3。

表 2-3 中美英在铅锌冶炼业的排放浓度限值比较

	标准级别	中国	美国	欧盟(英国)
铅及其化合物浓度限值(mg/m³)	大气综合排放标准	0.7	/	/
	铅锌行业排放标准	8.0	2.0(再生铅冶炼); 初级铅冶炼总量控制不超过 500g	5.0(最大浓度限值) 2.0(最大小时浓度限值)

由表 2-3 可知我国铅及其化合物的大气排放标准虽有国家级标准和综合标准之分,但是二者限值浓度存在差异;另与欧美国家相比较,我国铅锌冶炼业排放标准偏高,且缺少总量控制指标,这不利于对环境污染总量的可控性。

2.2 土壤环境

2.2.1 国外土壤标准

欧洲土壤标准多样性:(1)通用标准;(2)按土地用途分类标准;(3)按暴露方式分类标准。

欧洲国家土壤设定分为三类,第一类为可忽略风险浓度,第二类为预警值浓度,第三类为不可接受风险浓度如表 2-4。

表 2-4 欧洲土壤标准

类型 \ 铅浓度 mg/kg \ 国家	比利时	捷克	荷兰	斯洛伐克
可忽略风险浓度	25	80	85	85
预警值浓度	195	250	150	150
不可接受风险浓度	700	300	530	600

美国国家土壤标准体系由通用土壤筛选值、生态土壤筛选值、人体健康土壤筛选值组成。美国各区和各州分别有土壤标准如表 2-5。

通用土壤筛选值用于关注合理暴露在环境中的人的保护,土地利用或者生态条件,主要检测表层土壤和浅层土壤。生态土壤筛选值用于关注生活在土壤中的植物和动物(无脊椎动物和野生动物)。人体健康土壤筛选值用于关注人体暴露在环境中,通过不同的途径接触到的重金属。这种土壤筛选值分为居住区和商业区/工业区(以室内作业人员为受体或者以室外作业人员为受体),都未做出明确的铅浓度规定。

表 2-5 美国国家土壤标准体系和各州标准通用土壤筛选值

元素	摄入量	可吸入颗粒量	迁入到地下水的量	
			20DAF	1DAF
Pb(mg/kg)	400	——	——	——
生态土壤筛选值				
元素	植物	土壤无脊椎动物	野生动物	
			鸟类	哺乳动物
Pb(mg/kg)	120	1700	11	56
人体健康土壤筛选值				
元素	摄入-皮肤接触	挥发物吸入	地下水	
			DAF=20	DAF=1
Pb(mg/kg)	——	——	——	——
俄勒冈州生态风险评价筛选值				
元素	植物	土壤无脊椎动物	野生动物	
			鸟类	哺乳动物
Pb(mg/kg)	50	500	16	4000
科罗拉多州土壤清除标准				
元素	住宅区	商业区	工业区	地下水
Pb(mg/kg)	400	2920	1460	——
亚利桑那州土壤补救标准				
元素	住宅区			非住宅区
	致癌物质		非致癌物质	
	10～6 风险	10～5 风险		
Pb(mg/kg)	——	——	400	800

2.2.2 国内土壤标准

国内土壤环境质量标准体系主要包括土壤环境质量标准(GB15618—1995)、展览会用地土壤环境质量评价标准(暂行)(HJ350—2007)(分级：A 级：目标值;B 级：修复行动值)、全国土壤污染状况评价技术规定(环发[2008]39 号文件)、食用农产品产地环境质量评价标准(HJ 332—2006)、温室蔬菜产地环境质量评价标准(HJ 333—2006)、拟开放场址土壤中剩余放射性可接受水平规定(暂行)(HJ 53—2000)、工业企业土壤环境质量风险评价基准(HJ/T 25—1999)。现在通常执行的是国内土壤环境质量标准，本标准按土壤应用功能、保护目标和土壤主要性质，规定了土壤中污染物的最高允许浓度指标值及相应的监测方法。

根据土壤应用功能和保护目标，划分为三类如表 2-6：

1 类主要适用于国家规定的自然保护区(原有背景重金属含量高的除外)、集中式生活饮用水源地、茶叶、牧场和其他保护区的土壤，土壤质量基本上保持自然背景水平。

2 类主要适用于一般农田、蔬菜地、茶园、果园、牧场等土壤，土壤质量基本对植物和环境不造成危害和污染。

3 类主要应用于林地土壤及污染物容量较大的高背景值土壤和矿产附近等地的农田土壤（蔬菜地除外）。土壤质量基本上对植物和环境不造成危害和污染。

表 2-6　中国土壤环境质量标准值

土壤 级别 / 项目 pH	一级	二级			三级
	自然背景	<6.5	6.5～7.5	>7.5	>6.5
铅(mg/kg)≤	35	250	300	350	500

对照国外和国内土壤标准，可以初步得出由于土壤类型不同，土壤背景值也不一样，统一标准不具有科学意义，随着社会的发展土壤中重金属含量是在持续增加，重金属在土壤中无法降解，因此需要采取浮动的标准或者进行土地用途分类。缺乏对植物吸收土壤重金属的数据，还缺乏系统的植物-土壤重金属系统研究。

2.3　食品安全

我国 2005 年制定并实施的国家标准食品中污染物限量（GB2762—2005），规定了食品中重金属的限量标准，其中包括铅、镉、汞、砷、铬、铝、硒、氟。

1995 年国际食品法典委员会（CAC）发布了食品中污染物和毒素通用标准（CODEX-STAN193—1995），该标准于 2007 年进行了最新修订。最新修订后的标准规定了食品中重金属的通用限量标准，其中包括砷、镉、铅、汞、甲基汞、锡。

欧盟 2006 年颁布的委员会条例（EC No 1881/2006），制定食品中某些污染物的最高限量（废止了委员会条例 EC No 466/2001）详细规定了欧盟水产品、谷物、蔬菜、水果、牛奶等食品中铅、镉、汞、锡重金属的限量。

2008 年欧盟委员会条例（EC No 629/2008）对委员会条例（EC No 1881/2006）进行了修订，调整了铅、镉、汞、锡重金属在各类食品中的含量（表 2-7），尤其对水产品中的含量做了较大调整。

表 2-7　重金属在各类食品中的含量　　单位：mg/kg

限量标准 国家和机构 / 食品名称	中国	欧盟	国际食品法典委员会
鲜乳	0.05	0.02（原牛奶，热处理牛奶，用于制作奶制品的牛奶）	0.02
婴儿配方粉	0.02（乳为原料，以冲调后乳汁计）	0.02（较大婴儿配方奶）	0.02（次级奶制品）

续表 2－7

限量标准 \ 国家和机构 \ 食品名称	中国	欧盟	国际食品法典委员会
禽畜肉类	0.2	0.1(牛、羊、猪、家禽的肉(不包括下水))	0.1(牛、羊、猪、家禽肉)
可食用禽畜下水	0.5	0.5(牛、羊、猪、家禽的下水)	—
鱼类	0.5	0.3(鱼肉)	0.3
		0.5(甲壳类)	
		1.5(双壳软体动物)	
谷类、豆类	0.2	0.2	0.2(谷类不包括荞麦)
蔬菜	0.1(球茎、叶菜、食用菌类除外)	0.1(芸苔类、阔叶类、新鲜香草和真菌类除外)	0.1
其他蔬菜(上面除外的)	0.3	0.3	—
水果	0.1	0.1(草莓和小水果除外)	0.1
其他水果	0.2(小水果、浆果、葡萄)	0.2(草莓和小水果)	0.2(浆果和其他小水果)
豆类	0.2	—	0.2
薯类	0.2	0.1(剥皮后的土豆)	0.2(剥皮后的土豆)

通过分析,我们了解到:(1)国外的环境标准制定注重定量化和公众参与。标准的制定都具有预见性和比较长时间的过渡期,以确保企业有足够的时间来实现标准所规定的目标。我国大气质量铅浓度限值高于大部分国家和地区,我国铅锌冶炼业排放标准偏高。(2)我国地域广阔,土地类型多样,采用统一的土壤标准显然缺乏科学性。随着经济的发展应对土地用途进行分类或采用浮动的标准。(3)我国与国际标准有一定差距,并且对食品名称分类不够清晰。食品安全标准应该紧跟时代性,关注食品健康标准的实时调整。(4)我国环境标准的制定应注重公众的参与,环境标准在实际的工业生产和环境监测应该严格履行,由于区域差异性,标准应因地制宜。

3 土壤重金属污染评价

3.1 土壤重金属污染评价方法

1. 单因子指数法

单因子污染指数法是以土壤元素背景值为评价标准来评价重金属元素的累积污染程度，表达式为：$P_i=C_i/S_i$，其中 P_i为土壤中污染物 i 的环境质量指数；C_i 为污染物 i 的实测浓度；S_i 为 i 种重金属的土壤环境质量标准(GB15618—1995)中Ⅱ类标准的临界值。若 $P_i\leqslant 1.0$，则重金属含量在土壤背景值含量内，土壤没有受到人为污染；若 $P_i>1.0$，则重金属含量已超过土壤背景值，土壤已受到人为污染，指数越大则表明土壤重金属累积污染程度越高。该模型只能分别反映各个污染物的污染浓度，不能全面、综合地反映土壤的污染程度，因此这种方法仅适用于单一因子污染特定区域的评价，但单因子指数法是其他环境质量指数、环境质量分级和综合评价的基础。

2. 内梅罗综合污染指数法

当评定区内土壤质量作为一个整体与外区域土壤质量比较，或土壤同时被多种重金属元素污染时，需将单因子污染指数按一定方法综合起来应用综合污染指数法进行评价。综合污染评价采用兼顾单元素污染指数平均值和最大值的内梅罗综合污染指数法。该方法计算公式为：$P_{综合}=\sqrt{[(\overline{P_i})^2+[\max(P_i)]^2]/2}$，其中 $P_{综合}$ 为土壤综合污染指数；$\overline{P_i}$为土壤中各污染物的指数平均值；$\max(P_i)$为土壤中各单项污染物的最大污染指数。若 $P_{综合}\leqslant 1$ 为非污染；若 $1<P_{综合}\leqslant 2$ 为轻度污染；若 $2<P_{综合}\leqslant 3$ 为中度污染；$P_{综合}>3$ 为重污染。该方法突出了高浓度污染物对土壤环境质量的影响，能反映出各种污染物对土壤环境的作用，将研究区域土壤环境质量作为一个整体与外区域或历史资料进行比较。但是没有考虑土壤中各种污染物对作物毒害的差别，只能反映污染的程度而难于反映污染的质变特征。

3. 几何均值综合评价模式

几何均值综合评价模式的公式为：$P_{几何}=\sqrt[n]{\prod_{i=1}^{n}P_i}$，$P_i$ 为土壤中污染物 i 的环境质量指数，其优点是体现出较大数值污染因子在综合污染指数中的贡献作用，但是在某些情况下会反复提升或者反复降低较大值污染物对综合评价指数的作用，使评价结果失真。

4. 污染负荷指数法

污染负荷指数法的评价模式为：

$CF_i=C_i/C_{0i}$；

$PLI=\sqrt[n]{CF_1\times CF_2\times\cdots\times CF_n}$；

$PLI_{zone}=\sqrt[m]{PLI_1\times PLI_2\times\cdots\times PLI_m}$。

其中 C_i 为元素 i 的实测值(mg/kg);C_{0i} 为元素 i 的评价标准(mg/kg);n 为评价元素的个数;m 为评价点的个数(即采样点的个数);CF_i 为某单一金属最高污染系数;PLI 为某点污染负荷指数;PLI_{zone} 为评价区域污染负荷指数。

若 $PLI<1$,则污染等级为 0,无污染;若 $1\leqslant PLI<2$,则污染等级为Ⅰ,中等污染;若 $2\leqslant PLI<3$,则污染等级为Ⅱ,强污染;若 $PLI\geqslant 3$,则污染等级为Ⅲ,极强污染。该法优点是能直观地反映各个重金属对污染的贡献程度以及重金属在时间、空间上的变化趋势,应用比较方便,但不能反映重金属的化学活性和生物可利用性,且没有考虑不同污染物源所引起的背景差别。

5. 地累积指数

地累积指数法(Mull 指数),近年来被国内用于土壤重金属污染的评价,表达式为 $I_{geo}=\log_2[C_n/(k\times B_n)]$,其中:$C_n$ 是元素 n 在沉积物中的含量;B_n 是沉积物中该元素的地球化学背景值;k 为考虑各地岩石差异可能会引起背景值的变动而取的系数(一般取值为 1.5),用来表征沉积特征、岩石地质及其他影响。沉积物重金属地累积指数分级与污染程度之间相互关系为:$I_{geo}\geqslant 5$,为 6 级,极重污染;$4\leqslant I_{geo}<5$,为 5 级,介于重污染与极重污染之间;$3\leqslant I_{geo}<4$,为 4 级,重污染;$2\leqslant I_{geo}<3$,为 3 级,介于中污染与重污染之间;$1\leqslant I_{geo}<2$,为 2 级,中污染;$0\leqslant I_{geo}<1$,为 1 级,介于无污染与中污染之间;$I_{geo}<0$,为 0 级,无污染。地积累指数法考虑了人为污染因素、环境地球化学背景值,还特别考虑到自然成岩作用对背景值的影响,给出很直观的重金属污染级别,是用来反映沉积物中重金属富集程度的常用指标,但其侧重单一金属,没有考虑生物有效性、各因子的不同污染贡献比及地理空间差异。

6. 沉积物富集系数法

沉积物富集系数法是通过测定沉积物中重金属的含量来反映污染程度,其表达式为:

$$k_{SEF}=[(E_s/Al_S)-(E_a/Al_a)]/(E_a/Al_a)$$

式中:k_{SEF} 为沉积物中重金属的富集系数;E_s 为沉积物中重金属的含量;Al_S 为沉积物中 Al 的含量;E_a 为未受污染沉积物中重金属的含量;Al_a 为未受污染沉积物中 Al 的含量。

由于 Al 在迁移过程中具有惰性,故选其作为参比元素。当 $k_{SEF}>0$ 时,有重金属富集,富集程度可由数值大小直观地表示出来。重金属富集系数越大,表示沉积物被重金属污染程度越高。该方法考虑到沉积物中重金属的背景值,能反映重金属污染的来源、化学活性,但只侧重单一重金属,不能反映整体污染水平。

7. 潜在生态危害指数法

潜在生态危害指数法是用于土壤或沉积物中重金属污染程度及其潜在生态危害评价的一种方法,计算公式为:$C_f^i=C_s^i/C_n^i$;$E_r^i=T_r^i\times C_f^i$;$RI=\sum_{i=1}^{n}E_r^i$。其中:C_f^i 为重金属的富集系数;C_s^i 为重金属 i 的实测含量;C_n^i 为计算所需的参比值,一般以国家土壤环境标准值作为参比;E_r^i 为土壤中第 i 种重金属元素的潜在生态危害系数;T_r^i 为重金属 i 的毒性系数;RI 为土壤中多种重金属的综合生态危害指数。生态风险程度划分为:$E_r^i<40$,$RI<150$ 为轻微污染;$40\leqslant E_r^i<80$,$150\leqslant RI<300$ 为中等污染;$80\leqslant E_r^i<160$,$300\leqslant RI<600$ 为强污染;$160\leqslant E_r^i<320$,$600\leqslant RI<1200$ 为很强污染;$E_r^i>320$,$RI\geqslant 1200$ 为极强污染。该法不但考虑了土壤重金属含量,而且将重金属的生态效应、环境效应和毒理学联系起来综合考虑了重金属的毒性在土壤和沉积物中普遍的迁移转化规律和评价区域对重金属污染的敏感性,以及重金属区域背景值的差异，消除了区域差异影响，划分出重金属潜在危害的程度，体现了生物有效性和相对贡献及地理空间差异等特点，是综合反映重金属对生态环境影响潜力的指标，适合于大区域范围沉积物和土壤进行比较，但这种方法加权带有主观性。

8. 模糊数学法

土壤重金属污染级别的定义是一类模糊的概念，而解决这些具有模糊边界的问题最为有效的是模糊综合评价法，该评价方法来源于模糊数学。模糊数学法是基于重金属元素实测值和污染分级指标之间的模糊性，通过隶属度的计算首先确定单种重金属元素在污染分级中所属等级，进而经权重计算确定每种元素在总体污染中所占的比重，最后运用模糊矩阵复合运算，得出污染等级，其详细数学模型和评价方法参见相关研究。模糊数学法在土壤重金属污染中的应用，充分考虑了各级土壤标准界限的模糊性，使评价结果接近于实际，在确定各指标权重时采用最优权系数法，避免了确定评价指标权重的任意性，该方法简单直观，用于土壤重金属污染评价有较好的效果。应用模糊数学法进行污染评价是否成功的关键问题是如何确定各指标的权重。

9. 灰色聚类法

灰色聚类法是在模糊数学方法基础上发展起来的，但与模糊数学方法又有所不同，特别是在权重处理上更趋于客观合理。灰色聚类法不丢失信息，用于环境质量评价所得结论比较符合实际，具有一定可比性。灰色聚类法认为：土壤重金属污染各因子的“重要性”隐含在其分级标准中，因而同一因子在不同级别的权重以及不同因子在同一级别的权重都可能不同。通过计算不同因子在不同级别中的权重，确定聚类系数，再根据“最大原则法”或“大于其上一级别之和”的原则确定土壤环境质量级别。灰色聚类法模型和评价程序参见相关研究。

一般灰色聚类法最后是按聚类系数的最大值，即“最大原则”来进行分类，忽略比它小的上一级别的聚类系数，完全不考虑聚类系数之间的关联性，因而导致分辨率降低，评价结果出现不尽合理的现象。鉴于此，人们研究应用改进灰色聚类法来评价重金属对土壤的污染，该法较好地克服了这一不合理现象。它与一般灰色聚类法在确定灰色白化系数 $f_{ij}(x)$、求标定聚类权 η_{ij}、求聚类系数等步骤基本相同，但在确定聚类对象所属级别上有所不同，一般灰色聚类法是根据聚类对象对各个灰类的聚类系数构成的向量矩阵的行向量中，聚类系数最大者所属的级别作为该聚类对象所属的级别，即“最大原则”法，而改进灰色聚类法则是根据“大于其上一级别之和”的分类原则进行判定，即按下式进行判定：若某一行向量中聚类系数 δ_{kj}^* 满足 $\delta_{kj}^* \geqslant \sum_{m=j+1}^{h} \delta_{km}$，式中 δ_{kj}^* 为聚类对象 k 对灰类 j^* 的聚类系数($j^*=1,2,\cdots,h$)，则聚类对象所属级别为 j^*。改进灰色聚类法的出发点在于：既然下(上)一级别的值域对上(下)一级别的白化函数值彼此都有贡献，本身就说明了聚类系数之间具有关联性。由此可见，改进灰色聚类法结果更为可信，更接近实际。

10. 基于 GIS 的地统计学评价法

有关土壤重金属空间变异的地统计学研究已有很多详细的报道，如土壤中重金属空间变化研究等。地统计学的基础理论与方法主要包括：区域化变量、半方差函数、克立格空间插值技术。半方差函数可以用来描述研究土壤重金属分布的空间相关性；而克立格插值可以对未采样区土壤重金属的含量进行无偏最优估计。地统计学的研究对象是区域化变量，能够同时描述区域化变量这种性质的工具是变异函数。假设区域化变量满足二阶平稳和本征假设，其变异函数可表示为：$r(h)=[\frac{1}{2}N(h)]\sum_{i=1}^{N(h)}[Z(x_i)-Z(x_i+h)]^2$，式中：$r(h)$为变异函数；$h$为样点空间间隔距离，称为步长；$N(h)$表示间隔距离为$h$的样点数；$Z(x_i)$和$Z(x_i+h)$分别是区域化变量$Z(x)$在空间位置$x_i$和$x_i+h$的实测值。这样对于不同的空间分割距离$h$，根据变异函数公式计算出相应的$r(h)$来。再以$h$为横坐标，$r(h)$为纵坐标，画出变异函数曲线图。这样的曲线图可以直接的展示区域化变量$Z(x)$的空间变异特点。变异函数的计算一般要求数据符合正态分布，否则可能存在比例效应。通过变异函数分析可得到各种元素的理论模型和相应参数。这些参数反映了土壤中重金属含量的变异特征，通过对比分析这些参数，能够从理论上认识土壤重金属的空间分布特征。

一般采样方法测得的数据不能完全覆盖所要求的区域范围，需要插值，将离散的采样点数据内插为连续的数据表面，空间插值方法是一种通过已知点数据推求同一区域其他未知点数据的计算方法。其论假设是空间位置上越靠近的点，越可能具有相似的特征值；而距离越远的点，其具有相似特征的可能性越小。基于 GIS 的空间插值方法很多，常用的有反距离插值法和基于地统计学的克立格插值法。克立格法最大限度地利用了空间取样所提供的各种信息，使这种估计比其他传统的估计方法更加精确，更加符合实际，并且避免了系统误差的出现，而且能够给出估计误差和精度。这些是克立格法的最大优点。但是，如果变异函数和相关分析的结果表明区域化变量的空间相关性不存在，则克立格方法不适用。

11. 健康风险评价方法

土壤健康风险评价是近几年应用较多的一种土壤重金属污染评价方法。健康风险评价的内容主要包括估算污染物进入人体的数量、评估剂量与负面健康效应之间的关系。污染场地健康风险评价方法基本包括 3 个步骤 4 方面内容：数据收集和分析、暴露评估、毒性评估和风险表征。毒性评估，是利用场地目标污染物对暴露人群产生负面效应的可能证据，估计人群对污染物的暴露程度和产生负面效应的可能性之间的关系，污染物毒性有急性和慢性之分，在做土壤重金属健康风险评价时研究的是长期暴露于小剂量化学污染物引起的致癌和非致癌风险。风险估算，以致癌风险和非致癌危害指数表示，通常采用单污染物风险和多污染物总风险以及多暴露途径综合健康风险方式表示。综合健康风险就是各暴露途径总风险之和。

土壤环境风险评价，为土壤环境风险管理提供可能引起不良环境效应的信息，为环境决策提供依据。到目前为止，在土壤重金属环境风险评价方面，还没有一种公认的可广泛接受的模型或方法，因而在实际运用中，应结合评价矿区土壤重金属含量、生物中重金属含量、评价目的以及可参照值，来选择适当的评价方法。

12. 环境风险评价法

Rapant 等人于 2003 年提出环境风险指数法对污染环境进行环境风险表征，该方法规定了相应的环境风险的划分标准，可以定量地度量重金属污染的土壤或沉积物中样品的环境风险程度大小。计算公式为：$I_{ERi}=\frac{AC_i}{RC_i}-1$；$I_{ER}=\sum_{i=1}^{n}I_{ERi}$，式中$I_{ERi}$为超临界限量的第$i$中元素的环境风险指数；$AC_i$为第$i$种元素的分析含量(mg/kg)；$RC_i$为第$i$种元素的临界限量(mg/kg)；$I_{ER}$为待测样品的环境风险。如果$AC_i<RC_i$，则定义$I_{ERi}$的数值为 0。Rapant 等应用环境风险指数法对

斯洛伐克共和国的环境进行了风险分级，分析了各种重金属对环境污染的贡献程度和对环境污染贡献最大的重金属元素。该方法在国内土壤重金属污染评价方面目前暂未见研究者应用。环境风险指数法能定量反映重金属污染风险程度的大小，能用数值来反映污染物对环境现状的危害程度，但这种方法不能反映出重金属污染在这个时间和空间的变化特征。

3.2 某冶炼厂周边土壤中重金属含量空间分布

3.2.1 数据的初步处理和图形的绘制

剔除异常值之后，对所研究区域重金属元素进行统计，结果见表 3－1。

表 3－1 铅锌冶炼厂周边土壤重金属统计分析

重金属	平均值 /mg·kg^{-1}	标准差	最大值 /mg·kg^{-1}	最小值 /mg·kg^{-1}	变异系数	偏度	峰度	陕西土壤背景值	平均值/背景值
Zn	115.14	41.43	255.57	70.61	36%	1.34	1.54	69.4	1.66
Cu	28.62	3.18	41.26	22.51	11%	0.90	2.98	21.4	1.34
Pb	43.53	21.94	126.50	20.72	50%	1.64	3.04	21.4	2.03
Cr	209.40	77.13	421.74	122.94	37%	1.30	0.92	62.5	3.35
As	14.65	1.82	20.03	10.40	12%	0.72	1.44	11.2	1.31

从表 3－1 中可知，Zn、Cu、Pb、Cr、As 的浓度范围分别为 70.36～255.57mg/kg、22.51～41.26mg/kg、20.72～126.50mg/kg、122.94～421.72mg/kg、10.40～20.03mg/kg；冶炼厂周边土壤重金属 Zn、Cu、Fe、Pb、Cr、As 的平均含量分别为 114.00 mg/kg、28.62mg/kg、3.48mg/kg、43.53mg/kg、209.40mg/kg、14.65mg/kg，分别是陕西省土壤背景值的 1.66 倍、1.34倍、2.03 倍、3.35 倍、1.31 倍。表明铅锌冶炼厂周边土壤已经受到不同程度重金属的污染。

变异系数能够反映数据离散程度，其数据大小主要受两种因素的影响：变量值的离散程度和变量值的平均水平大小，变异系数能在一定程度反应所研究的样品是否受到人为因素的影响以及影响程度。土壤重金属的平均变异程度由大到小的顺序为 Pb、Cr、Zn、As、Cu，其中 As、Cu 的变异系数小于 20%，可能受到土壤母质均一化的影响，属于较弱的变异；Zn、Cr、Pb 的变异系数分别为 36%、37%、50%，变异系数明显高于其他元素，说明其在区域内受到了各类因素不同程度的影响，导致其含量均表现出一定的不均匀性分布。此外 Zn、Pb、Cr、As 在最大值与最小值之间差异相对较大，说明其在区域内值域分布广泛，需要进一步探讨空间分布特征。

数据在异常值剔除后，注意检测检验比例效应，比例效应会使变异函数产生变形，增加块金值和基台值，使估计精度降低，函数点的波动变大，甚至会掩盖其本身的结构，通过对数据进行正态分布检验，如果不符合，则对数据取对数来消除比例效应。K－S 拟合优度检验是非参数假设检验方法之一，可用来检验样本的分布是否服从正态分布，我们采用了 SPSS 统计软件中的非参数检验模块对各元素的分布进行 K－S 正态检验，同时结合直方图和 Q－Q 图法来说明其正态性分布（图 3－1）。检验结果见表 3－2 所示。

表 3-2 重金属元素 K-S 检验 p 值

重金属元素	Zn	Cu	Pb	Cr	As
K-S 检验	0.005	0.967	0.004	0.030	0.397

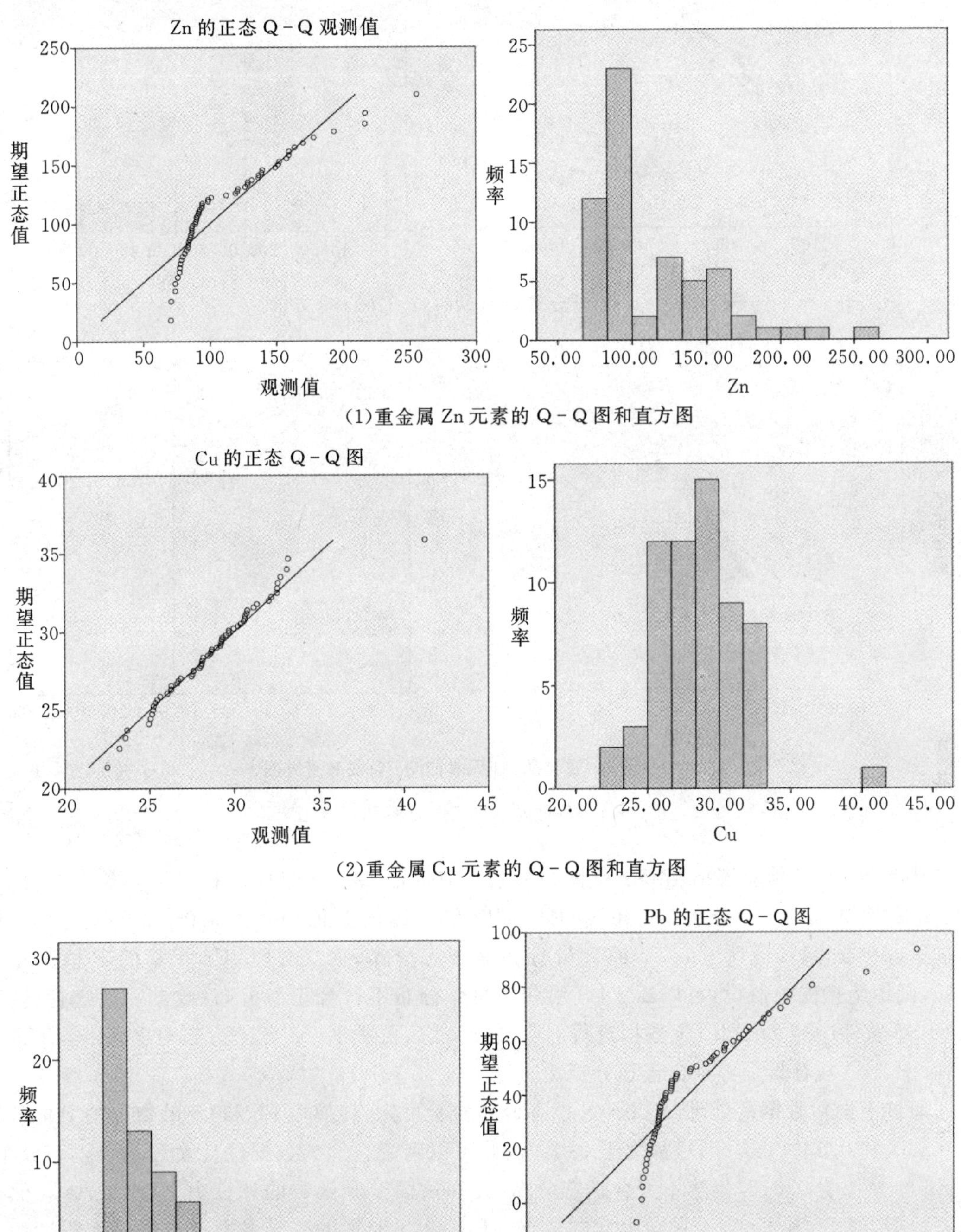

(1)重金属 Zn 元素的 Q-Q 图和直方图

(2)重金属 Cu 元素的 Q-Q 图和直方图

(3)重金属 Pb 元素的 Q-Q 图和直方图

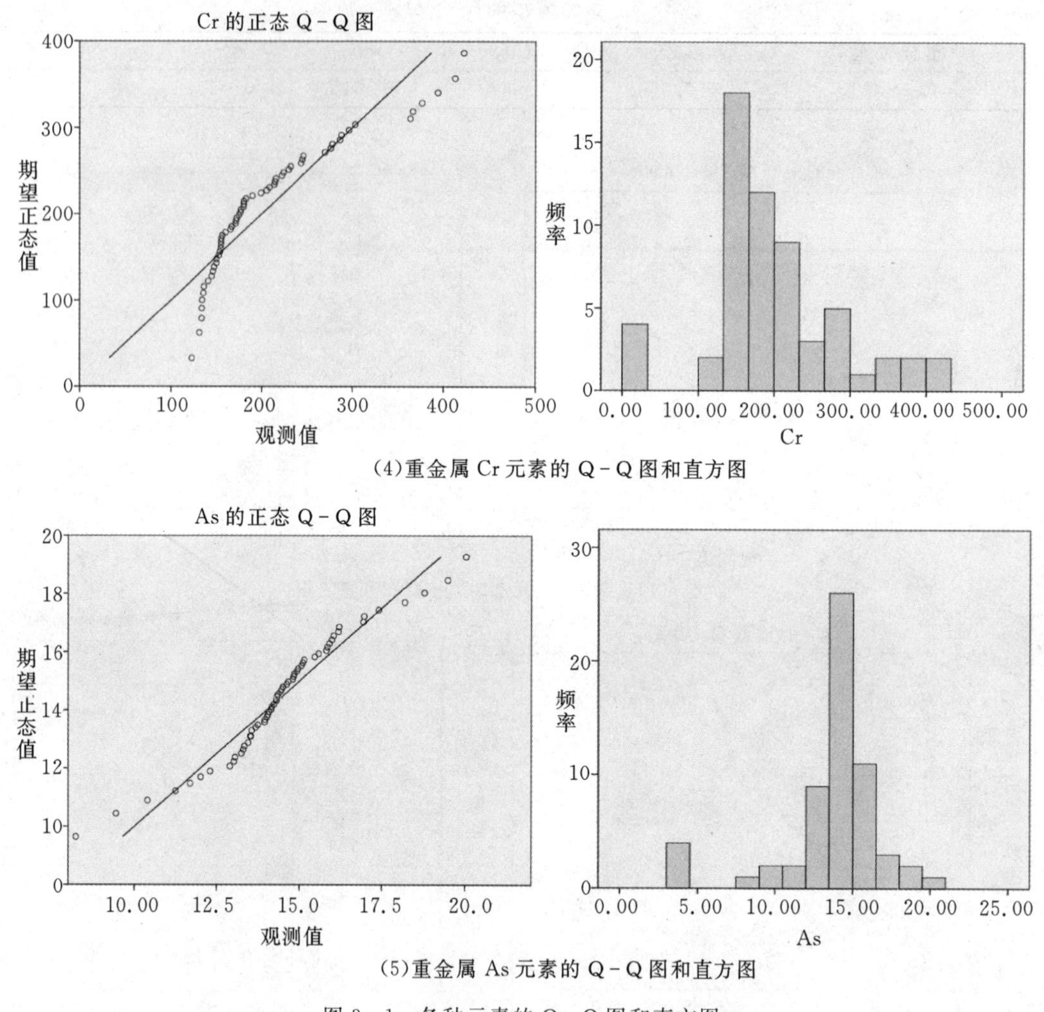

(4)重金属 Cr 元素的 Q－Q 图和直方图

(5)重金属 As 元素的 Q－Q 图和直方图

图 3－1 各种元素的 Q－Q 图和直方图

从上述 K－S 检验表格和 Q－Q 图可以看出，Cu 的 Q－Q 图数据基本呈一条直线分布，Fe、As 的图数据均匀的分布在对角线两侧，同时 Cu、As 的 P 值均大于 0.05，大于选择的 α 置信水平（α＝0.05），说明 Cu、As 的含量分布呈正态分布；而 Zn、Pb、Cr 元素的 P 值都小于 0.05，则拒绝接受原假设，可以断定锌、铅和铬总体分布不符合正态分布，数据需要进行转换。在 SPSS 软件中对 Zn、Pb、Cr 数据进行对数转换，然后再用 K－S 正态分布对 Zn、Pb、Cr 进行检验（图 3－2），看其是否符合正态分布。

通过上面对数据的处理，经 K－S 正态分布检验可知，转换后 Pb 和 Cr 的数据的 P 值分别为 0.051 和 0.139（表 3－3），都大于 0.05，因此可以判定它们的数据经转换后符合正态分布，而 Zn 的 P 值为 0.015，仍然不符合正态分布，则在后面变异函数的计算中 Zn、Cu、As 仍然采用原数据，而 Pb 和 Cr 则采用转换后的数据。Pb 和 Cr 元素的变异系数都有了较大程度的变小，说明元素含量数据在经过转换后，更加的聚集了；它们的峰度均变为负值，说明经过转换以后，其数据分布图相对正态分布图变低（峰度值越大，分布图越高）。

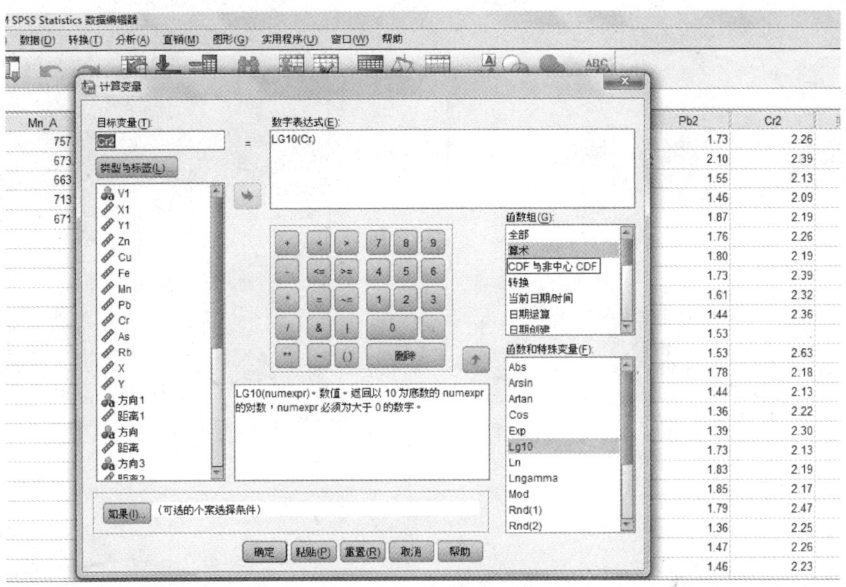

图 3-2 Pb、Cr 的数据转换

表 3-3 转换后的 Pb 和 Cr 的数据统计

重金属元素	平均值	标准差	最大值	最小值	变异系数	偏度	峰度	K-S 检验
Pb	1.60	0.19	2.10	1.32	12%	0.72	−0.35	0.051
Cr	2.30	0.14	2.63	2.09	6%	0.78	−0.32	0.139

3.2.2 重金属空间分布和来源分析

1. 土壤重金属含量空间分布

选取研究区内主要八个方向正东、东南、正南、西南、正西、西北、正北的土壤含量为依据，土壤重金属含量空间分布图见图 3-3 所示。由图 3-3 可以看出，铅锌冶炼厂周边土壤中重金属的含量在各个方向上有比较明显的变化，根据其分布变化规律可以将它们分为三大类：第一类为 Zn、Pb、As 三种元素，其中 Zn、Pb 元素在正东、正西、正北、正南、东南、西北、东北、北偏西六个方向上的最大值均出现于 500～1000m 范围内，同时在大于 1000m 之外，重金属的含量随着距离的增加而减少，As 元素最大值也处于 500～1000m 范围内，但随着距离的增加变化不如 Zn 和 Pb 两种元素明显；第二类为 Fe、Cu 两种元素，这两种元素的含量随着距离的增加，变化比较平缓；第三类为 Cr 元素，在 500～1000m 范围内，除北偏西、西北两个方向有较为明显的最大值之外，其他四个方向随着距离的增加，元素含量并没有呈现逐渐降低的趋势，可能暗含土壤中 Cr 元素还有其他来源。

克立格插值是在变异函数理论及结构分析的基础上，在有限区域内对区域化变量的取值进行无偏最优估计。根据上述拟合的最佳模型和参数，采用 ArcGIS 软件，并结合 sufer8.0 软件，根据土壤重金属空间分布特征进行克里格差值，制作了六种重金属的空间分布图，其中铜、铅、铬、砷采用普通克里格插值方法，锌采用反距离克里格插值方法，如图 3-4 所示：

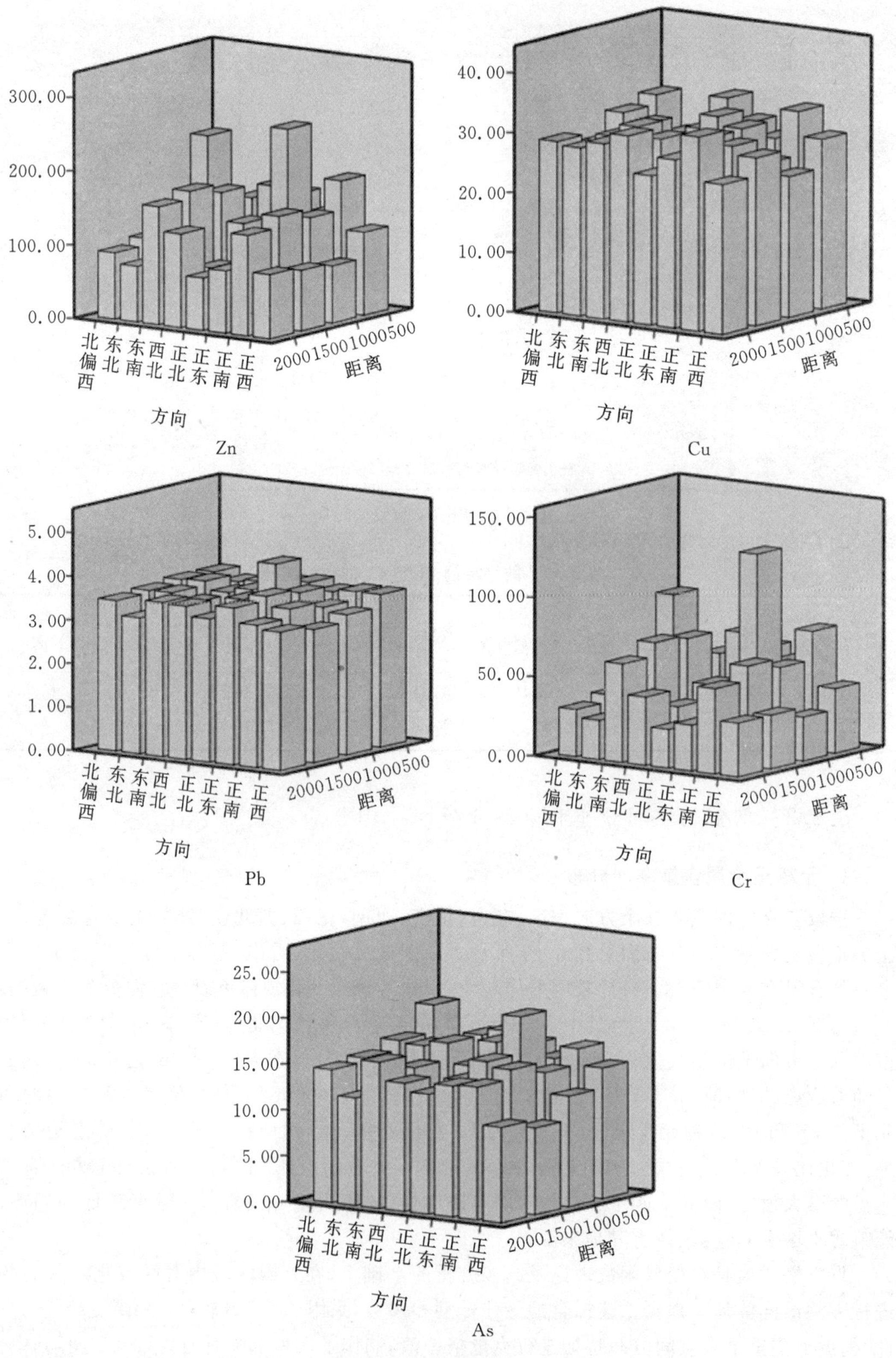

图 3-3 土壤重金属含量空间分布图

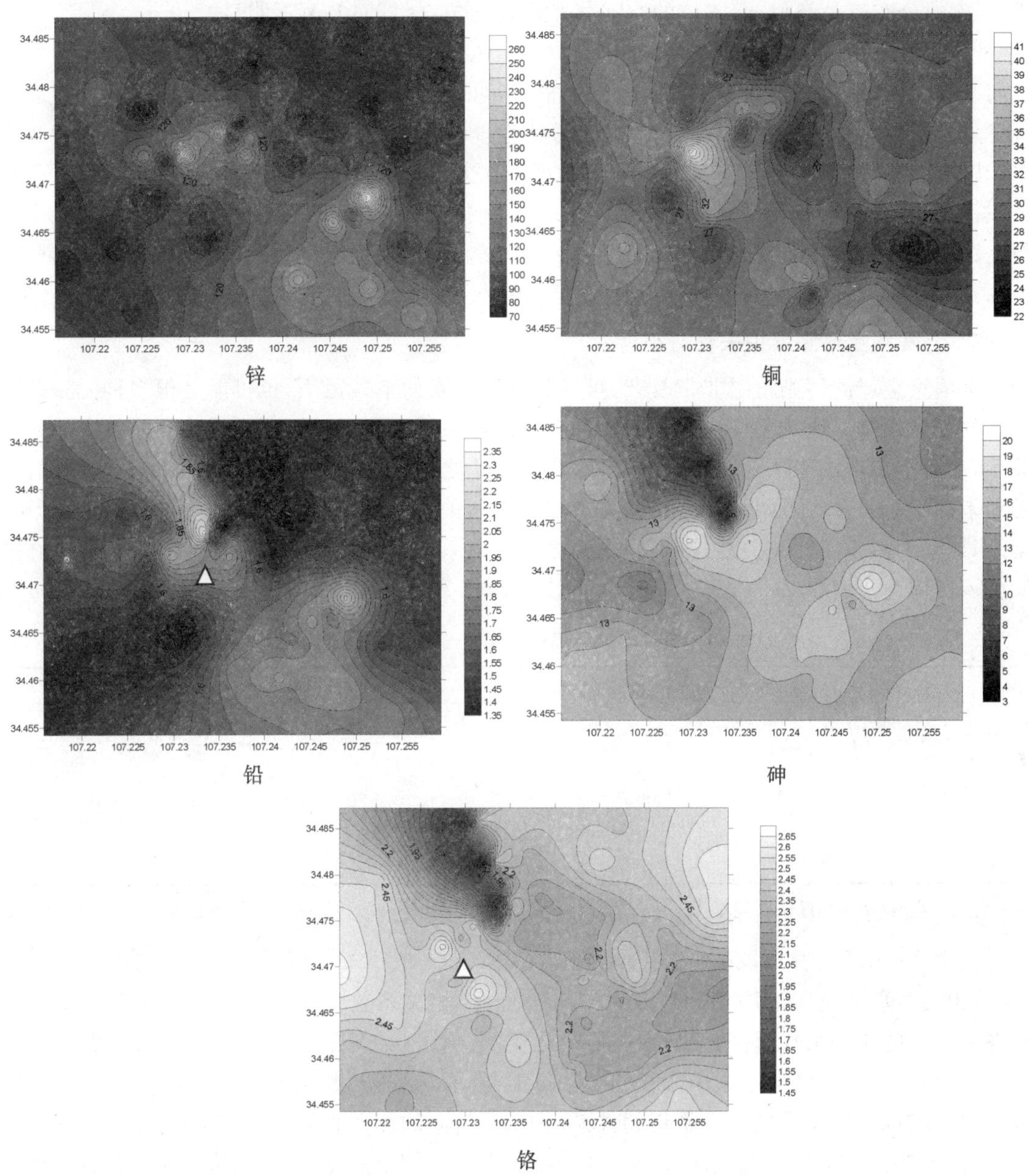

图 3-4　土壤重金属含量空间等值线分布图

根据图 3-4 可以发现，冶炼厂周边土壤中重金属 Zn、Pb 元素的分布规律相似，由南向北呈现明显的阶梯状，其高值中心主要位于冶炼厂所在区域，向周围呈扩散状态。说明铅锌冶炼厂冶炼过程中排放的废气废渣等是 Zn 和 Pb 元素的最大污染源，同时也证实了两者之间的同源性。Zn 和 Pb 元素的另一个空间分布特征是，其浓度含量由污染源向西北和东南方向扩散，且扩散程度较大。而矿藏的开采、金属冶炼等过程中的重金属来源，主要扩散途径以大气扩散为主，风力和风向是重金属空间分布的主要控制因子，因此使得重金属在空间分布上表现出明显的方向性，这与该地区夏季多东南风，冬季多西北风相一致。As 元素在冶炼厂附近与 Zn、

Pb元素的分布较为类似，但整体的空间分布比较均匀，区域间差值不明显。

Cu在冶炼厂区域范围内空间分布较为均匀，浓度大小变化轻微，高值中心出现在北、西北方向某一点，说明冶炼厂对Cu的含量贡献较小，可能受周围耕地长期施肥、灌溉以及土壤本身母质影响居多。土壤重金属Cr元素的污染程度较严重，含量最高点出现于冶炼厂正西方向，其值达到背景值的3.35倍，而冶炼厂冶炼产生的废气废渣等经过沉降、迁移扩散可能是导致该样点Cr元素含量异常高的原因。冶炼厂正南偏东方向上Cr含量也较高，这一区域主要与公路以及之前的土壤耕地接壤，因此冶炼厂和农业生产很可能是该地区土壤中Cr的共同污染源。

2. 土壤重金属元素相关性分析

土壤重金属的污染情况非常复杂，可能是某种元素的单一污染，也可能是很多种元素共同影响的复合污染。通过土壤中重金属元素含量的相关性分析可以推测元素之间是否存在依存关系，了解重金属的来源是否相同，如果重金属含量之间存在着显著的相关性，说明来源相同，否则来源不止一个。若两种重金属元素之间是正相关关系，说明它们之间结合污染比较严重；反之，如果两者是负相关关系，则表明它们之间的关系是相互抑制的作用。利用SPSS19.0分析冶炼厂周边土壤中Zn、Cu、Pb、Cr、As的皮尔逊相关系数(表3-4)。

表3-4　铅锌冶炼厂周边土壤重金属元素的相关分析

元素	Zn	Cu	Pb	Cr	As
Zn	1				
Cu	0.556**	1			
Pb	0.984**	0.533**	1		
Cr	−0.099	0.169	−0.105	1	
As	0.823**	0.564**	0.817**	0.347**	1

注：**表示99%置信区间显著，*表示95%置信区间显著

由表3-4可以看出，Zn—Cu、Zn—Pb、Zn—Cr、Zn—As、Cu—Pb、Cu—Cr、Cu—As、Pb—As的相关系数都较高，而Zn—Pb、Zn—As、Pb—As相关系数分别达到0.984、0.823、0.817，存在着显著的正相关性，说明铅锌冶炼厂周边土壤Zn、Pb、As的污染来源途径很大程度上相一致，它们在该研究区域土壤中累积的现象可能与铅锌冶炼厂长期冶炼产生的重金属有害气体、粉尘、冶炼废渣以及尾矿有密切的关系；由Zn—Cu的相关性数据可知，Cu可能受外源影响较轻，主要受土壤母质的影响。Cr与Cu显示出较弱的相关性，与其他重金属元素相关性不明显，结合Cr含量的分布图，说明Cr来源复杂，可能是外源污染与土壤母质共同的作用。综上，说明铅锌冶炼厂对周边土壤中Zn、Pb等重金属有重要贡献，存在着共同混合污染的潜在危害。

3. 土壤重金属元素的因子分析

在多个变量的研究中，原始变量的数据非常多，这些变量之间往往也存在着一定的相关性，因而使观察的数据所反映的信息在一定程度上出现了信息重叠。因子分析法通过降维的方式将庞杂的原始变量按照其成因归结为相互独立的综合因子，各因子能较好地表征原变量的主要信息。目前因子分析法被广泛地用于多源环境污染的来源判别。本研究采用因子分析法来判别土壤重金属元素的来源。

通过对5种重金属元素进行因子分析，在累计方差为93.510%(90%)的前提下，分析得到3个主因子，满足因子分析的原则，即对前3个因子的分析能够反映原数据的大部分信息。同时从表中可以看出总的累计贡献率在旋转前后没有发生变化，说明总的信息量并没有出现损失。从表3-5中也可以得出，旋转之后，主因子1的方差贡献率为49.584%，其他两个主因子方差贡献率在20%～26%。从方差贡献率看，因子1对所研究区域周边土壤重金属元素分布情况具有最大贡献，可能为铅锌冶炼厂周边土壤重金属污染最重要的污染源，因子2、因子3对周边土壤重金属污染有重要作用。

表3-5 特征值和累计贡献率

因子	总的特征值	旋转前方差贡献率/%	累计贡献率/%	总的特征值	旋转后方差贡献/%	累计贡献率/%
1	3.407	56.782	56.782	2.975	49.584	49.584
2	1.276	21.259	78.041	1.436	23.926	73.510
3	0.928	15.469	93.510	1.200	20.000	93.510

正交旋转就是为了去掉原始变量中某些有相关关系的、有重叠作用的因素，使提取的因子之间相互独立，虽然简单但能够完全反映变量总体的信息，同时，确定提取的因子对各个变量的信息量的反映情况，变量与其中一个因子的载荷值(联系系数绝对值)越大，则该因子与变量关系越密切。输出结果见表3-6和表3-7。

表3-6 旋转前因子载荷矩阵

	因子1	因子2	因子3
Zn	0.903	0.283	−0.290
Cu	0.713	0.253	0.529
Fe	0.579	−0.548	0.539
Pb	0.886	0.298	−0.336
Cr	−0.246	0.842	0.401
As	0.950	−0.185	−0.033

表3-7 旋转后因子载荷矩阵

	因子1	因子2	因子3
Zn	0.990	0.026	0.007
Cu	0.549	0.609	0.423
Fe	0.191	0.912	−0.239
Pb	0.993	−0.024	−0.003
Cr	−0.103	−0.155	0.946
As	0.813	0.456	−0.262

由表3-6和表3-7可以看出，旋转后，因子1对Zn、Pb、As元素的信息反应最全，三种元素在该因子上都具有较高的载荷，分别为0.990、0.993、0.813，这也反映了三种元素富集的特征。由表3-4可知，Zn、Pb呈极显著正相关，As和Zn、As和Pb之间相关性也很明显，因

此，这三种元素很大可能来自同一污染源。因子 2 为 Fe、Cu，其贡献率为 23.926%，因子 3 的贡献率为 20.000%，高载荷指标为 Cr。

4. 土壤重金属污染空间变异结构分析

上述土壤重金属含量的统计分析只能反映铅锌冶炼厂周边土壤重金属元素含量变化的整体特征，即样本总体全貌，而不能说明区域化变量的局部的变化特征和研究区土壤重金属含量的独立性和相关性、随机性和结构性。为了进一步解释冶炼厂周边土壤重金属分布的空间随机性和结构性，即空间变异特征，必须借助地统计学的变异函数方法对重金属空间变异结构进行探讨。

(1)土壤重金属各向同性半方差函数以及模型参数

采用 GS+软件对不同重金属含量的空间结构进行模型拟合，计算出各个模型的参数和残差(RSS)，根据决定系数(R^2)和残差(RSS)的大小选取最佳半方差函数模型，重金属元素的相应参数计算结果如表 3-8 所示，变异函数图如图 3-5 所示，其中横坐标表示距离(h/m)，纵坐标是半方差值($r(h)$)。

表 3-8 冶炼厂周边土壤重金属元素的半方差变异函数理论模型及参数

重金属	块金值	基台值	变程/m	块金值/基台值	理论模型	决定系数	残差
Zn	279.00000	1797.00000	263.64	0.15526	高斯	0.970	2618
Cu	10.94097	10.94097	1472.73	1.00000	线性	0.978	2.62
Pb	0.00740	0.05390	154.55	0.13729	指数	0.997	1.080E−08
Cr	0.00010	0.06210	509.09	0.00161	球状	0.976	7.617E−08
As	12.03313	12.03313	1445.45	1.00000	线性	0.881	10.5

从表 3-8 中的拟合系数和残差值以及图 3-5 重金属元素的半变异函数图可以看出，Zn 用高斯模式拟合效果最好，Cu 和 As 的最佳拟合模型为线性模式，Cr 是球状模型，Pb 指数模型效果最佳。

对于样品的空间位置而言，变异函数中最重要的参数就是变程，如果样本间距离大于变程，样本在空间上就不存在依赖性，在这种情况下就不能充分利用地质统计学的优势。表3-8 中 Cu 和 As 的变程分别为 1472.73m、1445.45m，且远远大于采样点距离 500m，说明了采样数据的有效性，同时也说明了 Cu 和 As 在很大范围空间内存在空间自相关；由于这两种元素的变程较大，因此今后在该地区进行采样的工作中，可以一定程度的增加采样点的间距，提高采样工作的效率。

Cr 的变程为 509.09m，相对于现在的采样点间距来说比较适中，说明 Cr 在当前的采样间距范围内仍然存在空间自相关性。Zn 和 Pb 的变程相对于采样点间距偏小，分别是 263.64m、154.55m。说明在该研究区域中，Zn 和 Pb 这两种重金属元素的采样点间距偏大，在该范围内，Zn 和 Pb 空间自相关性较小。

土壤重金属各元素的空间变异性可根据块金值 C_0 与基台值 C_0+C 的比值大小来划分(即块金系数)，块金系数表示由随机部分引起的空间变异性占总体变异的比例。由表 3-8 可得，Zn、Pb、Cr 这三种元素的块金系数均小于 25%，表现出很强的空间结构性，表明 Zn、Pb、Cr

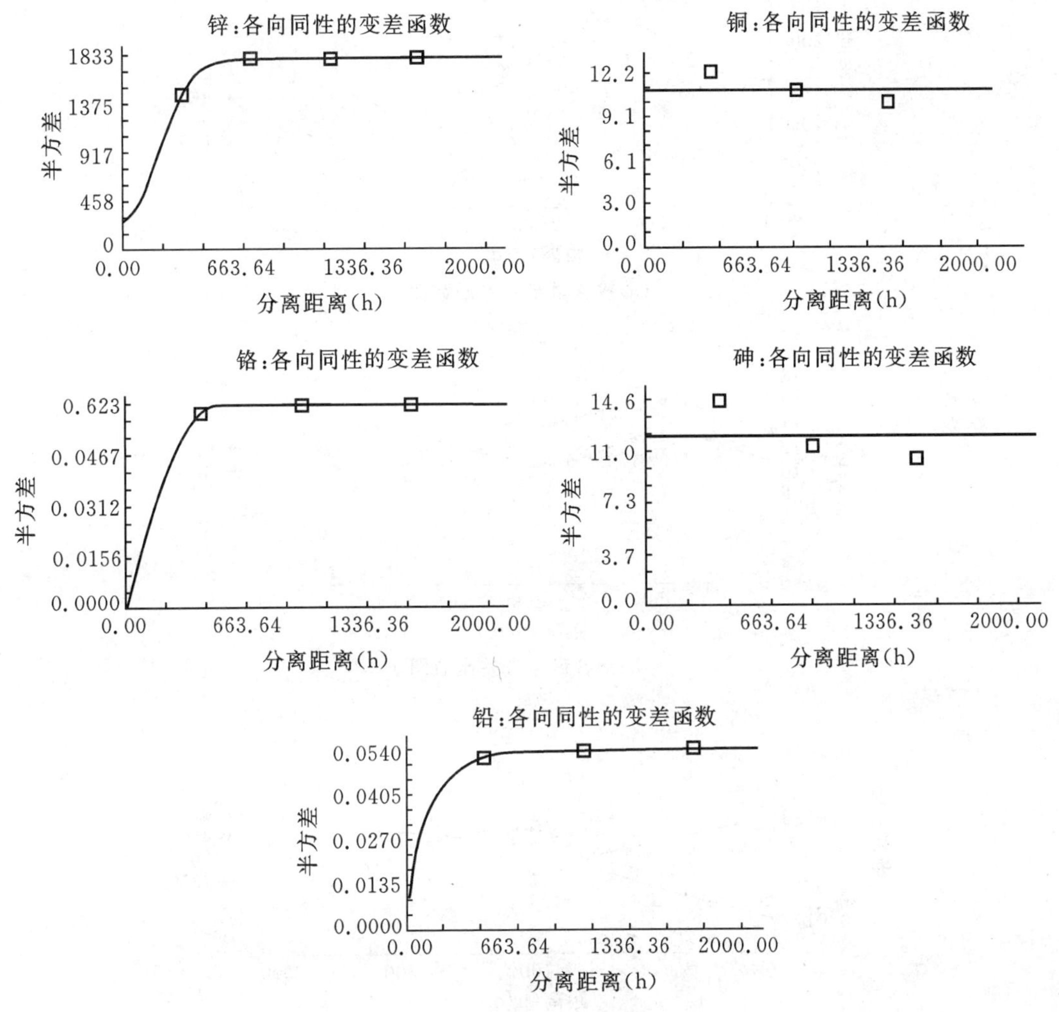

图 3-5 重金属元素的各向同性半变异函数图

可能受结构性因素影响较大,随机性因素可能对其空间分布特征不明显,但是并不排除空间相关性受到变程的影响,因为 Zn 和 Pb 的变程均小于采样点间距,因此它们的空间相关性在一定程度上不是很确定,这也是块金值如此小的原因。Cu 和 As 的块金值都大于 75%,说明采样尺度引起的变异非常明显,对于小尺度范围内的变异不能忽略,也不能直接认为随机因素是其空间结构中主要影响因素。为了更精确地反应 Cu 和 As 的变异程度和块金效应,在以后研究中,应进行小尺度空间采样减少误差。

从表 3-8 中各种金属元素的决定系数和残差来看,五种元素的决定系数都很大,说明各元素的模型拟合情况是非常好的;Pb、Cr、Cu 和 As 的残差都比较小,Zn 的残差虽然比较大,但是其拟合系数达到 0.970,说明其模型拟合程度达到最佳。

(2)土壤重金属各向异性半方差函数

为了进一步了解在不同方向上土壤重金属的空间变化趋势,降低空间插值时各个方向因素的影响,分别绘制了在 0°,45°,90°,135°四个不同方向的半方差函数图(图 3-6)。

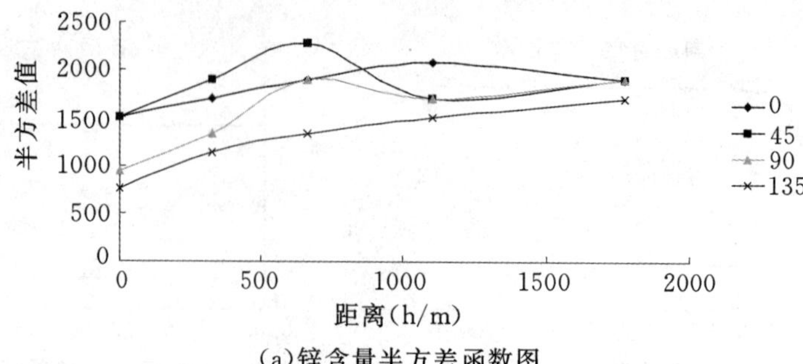

(a)锌含量半方差函数图

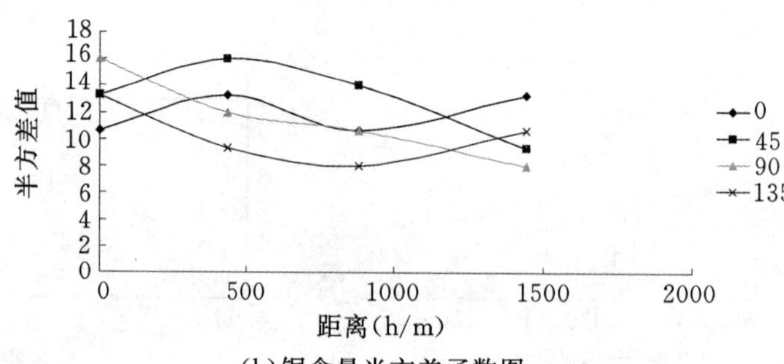

(b)铜含量半方差函数图

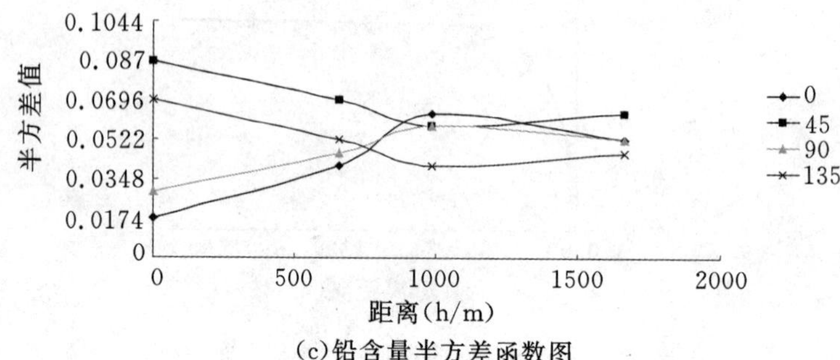

(c)铅含量半方差函数图

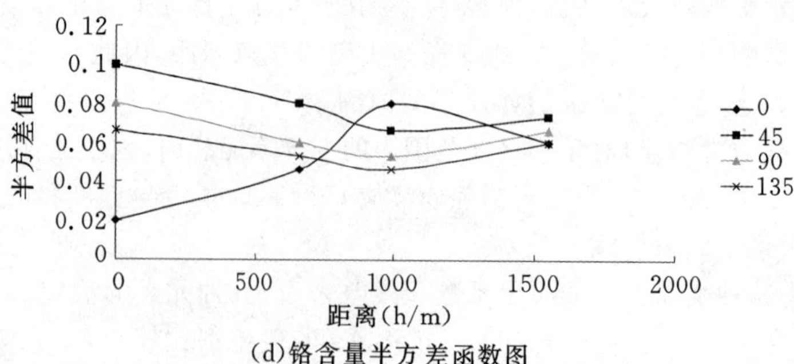

(d)铬含量半方差函数图

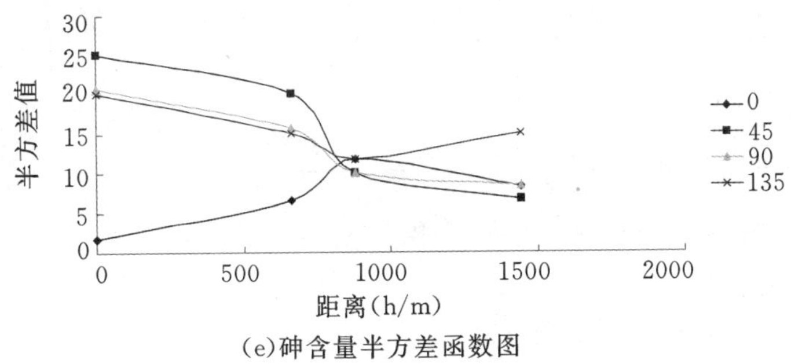

(e)砷含量半方差函数图

图 3-6　重金属元素各向异性半变异函数图

从图 3-6 可以看出，锌、铜、铅、铬、砷五种重金属在 0 °，45 °，90 °，135 °四个方向上半变异函数空间趋势相似，说明六种重金属在所研究区域内呈现各向同性大于各向异性的空间变异，证明在后面的差值过程中可以采用各项同性半变异函数模型。

3.3　土壤重金属污染评价

对土壤重金属污染进行评价不仅对土地的有效利用和环境管理至关重要，同时也能为土壤污染和环境规划提供有力的依据，是土壤环境质量评价的重要组成部分。利用指数评价在国内外已广泛应用，但各种指数系统形式繁多，计算公式各异。目前存在很多对土壤重金属污染进行评价的方法，常用的方法有指数法、污染指数评价法、综合分析法、聚类法、层次分析法等多种评价方法，这些方法均能对研究区域污染程度进行较好的评价，同时也存在一些不足和缺陷。

为了全面获得所研究区域内重金属对土壤的污染状况，文中采用地累积指数法和污染负荷指数法对土壤重金属污染进行评价，一方面判别人类因素对研究区内重金属含量的影响程度，另一方面也反映了重金属在时间上和空间上的自然变化特征；其次采用潜在污染生态指数法对污染区域进行评价，得出上述各种重金属的的生物有效性、相对贡献率以及地理空间差异的特征，最终得出重金属对生态环境的影响潜力。

3.3.1　土壤重金属污染指数评价

1. 地累积指数法

地累计指数又被称为 Muller 指数，广泛用于定量评价沉积物中重金属的污染情况，同时也用于评价土壤中重金属的污染程度。公式为

$$I_{geo} = \log_n[C_n/1.5BE_n] \tag{3.1}$$

式中：C_n 是元素 n 在样品中的含量大小，即该元素的实际测量值，单位为 mg/kg；BE_n 代表元素 n 的背景值；1.5 为考虑不同地方岩石有差异可能引起背景值发生变化所取的一个常数。

地累积指数可以分为六个级别，不同的级别分别代表了不同的污染状况，具体情况见表 3-9所示。

表 3-9　地累积指数与污染程度的分级

I_{geo}	<0	0～1	1～2	2～3	3～4	4～5	>5
污染级别	0 级	1 级	2 级	3 级	4 级	5 级	6 级
污染程度	无	轻度-中等	中等	中等-强	强	强-极严重	极严重

从上述地累积指数给出的公式可以看出，其实质是从现有实测的金属含量中去除对应的背景含量或者天然含量，因而得出由于人为因素所引起的重金属污染的总富集程度。由于地球化学背景的不同，可能导致所获取的重金属污染信息具有一定的差异性，因而文中选取所研究区域土壤背景值作为基准。对不同点的重金属含量进行地累积指数的计算，得出以下五种重金属评价结果的平均值(表 3-10)。

表 3-10　重金属地累积指数评价结果(均值)

元素	Zn	Cu	Pb	Cr	As
评价结果	0.0499	-0.1738	0.3824	0.9049	-0.3740
污染程度	轻度-中等	无	轻度-中等	轻度-中等	无

对各个采样点的地累积指数值进行地统计的分析，通过参数的调整和变异曲线的模拟，最终进行克里格插值得到以下五种重金属的地累积指数的空间分布见图 3-7。

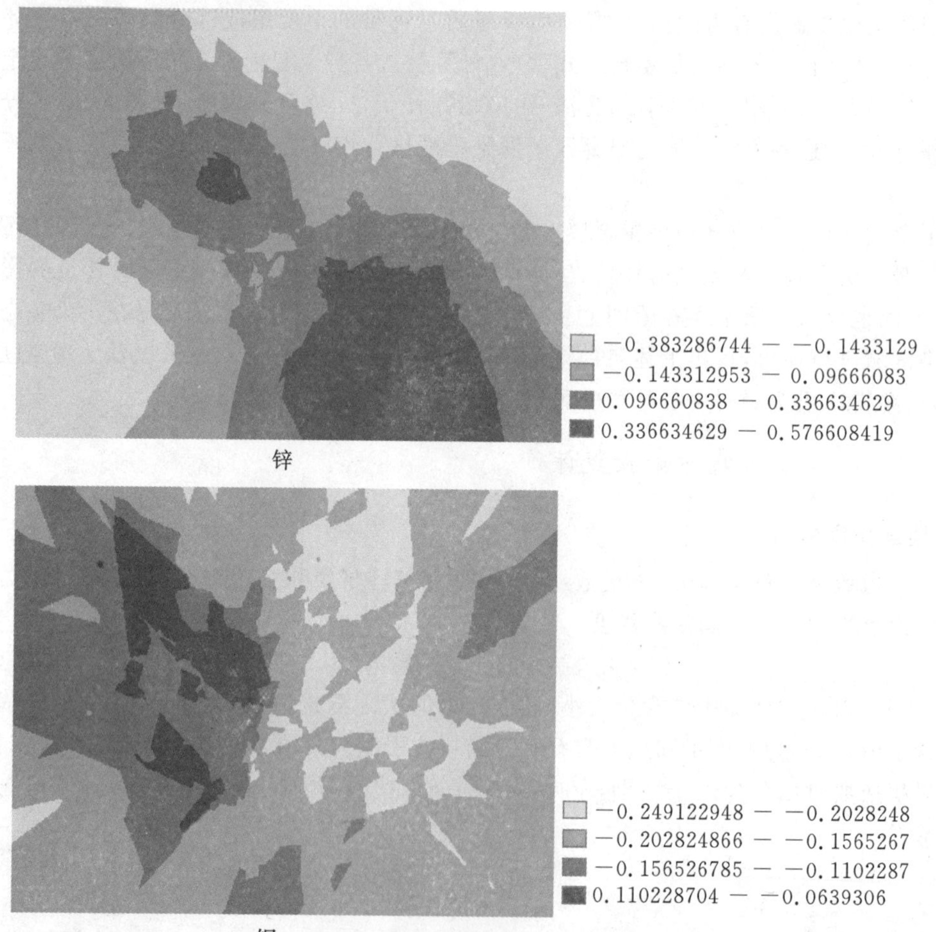

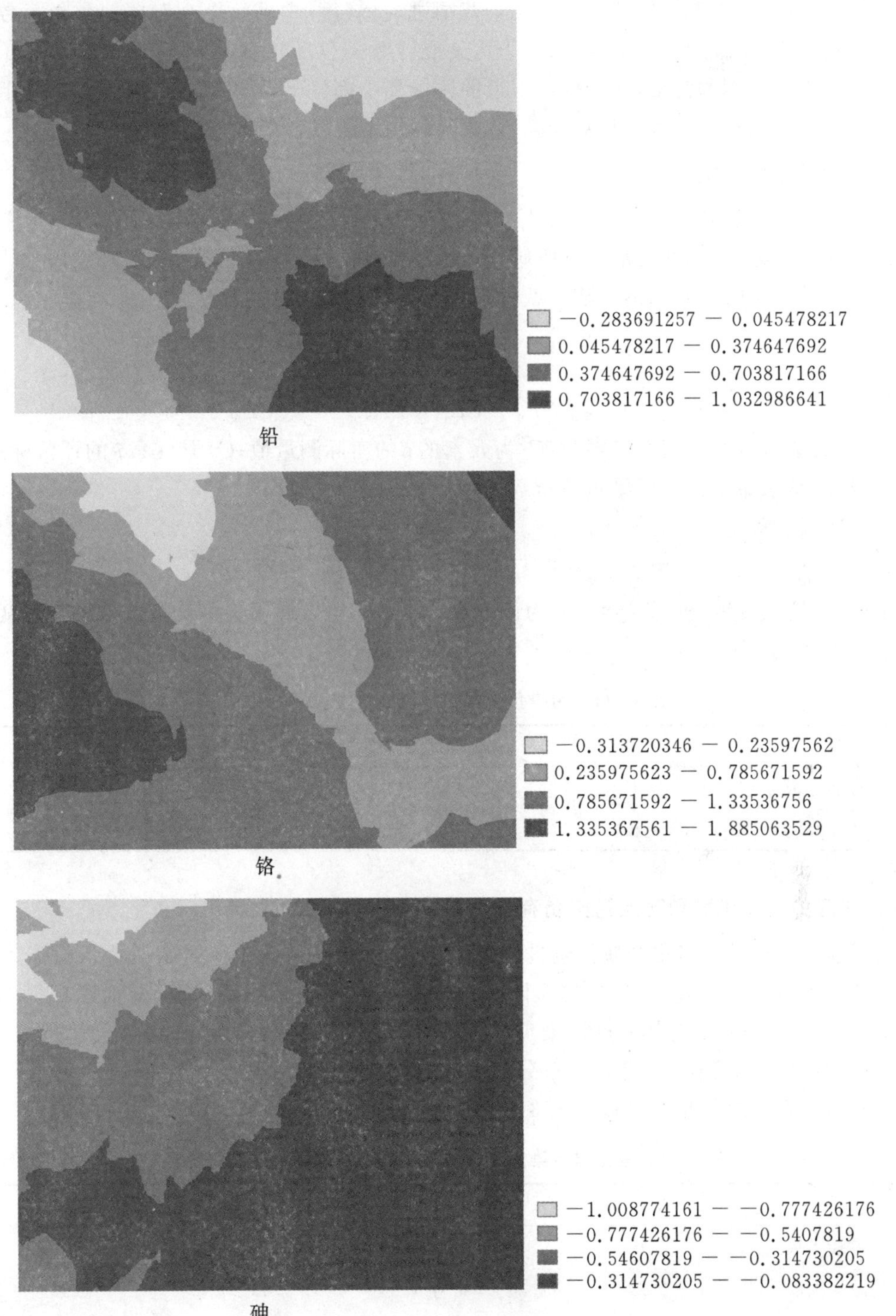

图 3－7　重金属元素地累积指数评价图

从表 3－10 中重金属地累积指数评价结果(均值)和地累积指数的评价图 3－7 可以看出，锌和铅的均值分别为 0.0499、0.3824，属于轻度-中等污染，插值后在东南、西北方向上呈现类似的污染区域面积，大部分区域都处于污染范围之内(轻度-中度污染)；对照地累积指数与污染程度的关系表，结合图看出铜、砷未处于污染或者污染程度较浅；铬在正西边和东北角两块呈现明显的中等程度的污染，在冶炼厂附近的区域几乎都位于轻度-中度污染地带。综上可以说明锌、铅、铬的累积污染程度相对较高，认为累积污染程度较严重。

2. 污染负荷指数法

污染负荷指数法是 Tomlinson 等人在对重金属的污染程度进行分类级别的过程中所提出来的一种评价方法，能够定量评价所研究区域各个点的重金属，直观反映对环境污染比较严重的元素以及污染的贡献比例。某一点污染负荷指数的公式为：

$$CF_i = \frac{C_i}{C_{oi}} \tag{3.2}$$

$$PLI = \sqrt[n]{CF_1 \times CF_2 \times CF_3 \times \cdots \times CF_n} \tag{3.3}$$

式中，CF_i 代表元素的最高污染系数；C_i 为元素的 i 的实际测量值；C_{oi} 是元素 i 的评价标准，即背景值；PLI 代表某一点的污染负荷指数；n 是评价元素的个数。

某一区域的负荷指数的公式为

$$PLI_{zone} = \sqrt[m]{PLI_1 \times PLI_2 \times PLI_3 \cdots PLI_m} \tag{3.4}$$

式中 PLI_{zone} 是区域污染负荷指数，m 为评价点的个数。重金属污染负荷指数与污染程度之间的关系见表 3-11 所示。

表 3-11 污染负荷指数与污染程度之间的关系

PLI 值	<1	1≤PLI<2	2≤PLI<3	PLI≥3
污染等级	0	Ⅰ	Ⅱ	Ⅲ
污染程度	无	中等	强	极强

3. 点污染负荷指数和区域污染负荷指数

为了准确和可观地对重金属污染进行评价，文中选择陕西省土壤重金属背景值作为重金属污染负荷评价的基准值，以样品的实际测量值作为数据分析的基础值，分别计算得到 Zn、Cu、Pb、Cr、As 五种元素的某一点污染负荷指数 PLI 。根据计算出来的污染负荷指数，对照污染负荷指数与污染程度之间的关系分级表格，可得到冶炼厂周边土壤中六种重金属点的 PLI 指数统计和分级结果。具体如表 3-12 所示。

表 3-12 重金属污染负荷指数与污染程度之间的关系的统计

PLI	PLI <1	1≤ PLI <2	2≤ PLI <3	PLI ≥3
污染等级	0	Ⅰ	Ⅱ	Ⅲ
污染程度	无	中等	强	极强
百分比(%)	0	78	22	0

从上述测试样品的点污染负荷指数 PLI 统计结果可知：土壤样品受到重金属污染比较严重，其中处于中等污染程度的土壤样品数占总样品数的 78%，受到强污染的的样品数为总样品数的 22%；中度污染程度的重金属样品占总样品的比重突出，表明冶炼厂周边土壤重金属

的污染负荷程度已经出现恶化。Zn、Cu、Pb、Cr、As 五种重金属元素的最高污染系数平均值分别为 1.6142、1.3157、2.2391、3.0822、1.1986，依元素排序为 Cr>Pb>Zn>Cu>As。表明 Zn、Pb、Cr 污染最为严重，对污染负荷程度的贡献最明显。

根据上述公式计算得到冶炼厂周边区域 PLI_{zone} 指数值为 1.6830，对比污染负荷指数与污染程度之间的关系(表 3-12)可以得出周边土壤重金属污染属于中等污染程度关系。

根据上述公式计算得到冶炼厂周边区域 PLI_{zone} 指数值为 1.1371，对比污染负荷指数与污染程度之间的关系(表 3-12)可以得出周边土壤重金属污染属于中等污染程度关系。

为了进一步研究冶炼厂周边土壤重金属的污染负荷的空间分布特征，利用 GS+进行参数的分析和模拟，采用 GIS 功能中克里格插值方法对点污染负荷指数(*PLI*)进行空间插值，从而画出冶炼厂周边土壤重金属点污染负荷指数 *PLI* 的空间分布图，见图 3-8。

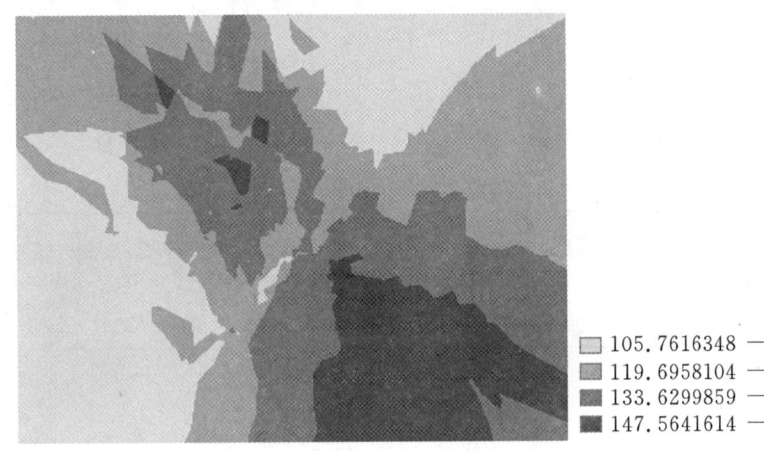

图 3-8　冶炼厂周边土壤重金属点污染负荷指数空间分布图(△为冶炼厂)

根据重金属污染负荷程度的不同，用颜色的渐变表示污染负荷逐渐加深的程度。从图 3-8 可以看出，冶炼厂周边区域的土壤表现出大面积状的污染负荷危害。由东南向西北的区域基本上都处于中等污染程度的水平。由此可知，冶炼厂周边区域土壤的重金属污染已经比较严重，主要污染负荷位于东南方向。

3.3.2　土壤环境生态风险评价

土壤重金属污染在土壤中流动性差、停留时间长、很难被微生物降解，却可以通过植物和水等介质影响人们健康。土壤中重金属的积累和迁移不仅对动物和植物的生长发育带来危害，同时以食物链为介质最终进入人体，给生态带来巨大的隐患，比如畸形、畸变、癌症、某些慢性病等。虽然对冶炼厂周边土壤进行了地累计指数和污染负荷指数的评价，但是缺少将土壤重金属污染与生态危害与毒性相结合的研究，因此，为了全面地评价厂周边土壤重金属的污染情况和潜在生态危害和风险，选用 Hakanson 潜在生态危害指数法来研究和评价研究区土壤重金属的污染。

1. 潜在生态危害指数法

潜在生态危害指数法最早由瑞典科学家 Hakanson 于 1980 提出，它将重金属在土壤中的迁移变化规律、重金属不同区域背景值的差异、重金属的毒性综合起来，体现了污染物的综合效应，同时也综合反映了不同重金属污染物的生态环境影响，目前被科学家们普遍应用于对土壤进行评价。

土壤中第 i 种重金属的潜在生态危害系数的计算公式为

$$C_f^i = \frac{C_s^i}{C_b^i} \tag{3.5}$$

$$E_r^i = T_r^i C_f^i \tag{3.6}$$

土壤中多种重金属的综合潜在生态危害指数的计算公式为

$$RI = \sum_{i=1}^{m} E_r^i = \sum_{i=1}^{m} T_r^i \frac{C_b^i}{C_s^i} \tag{3.7}$$

式中 C_f^i 为重金属污染系数，也称为富集系数，C_s^i 为重金属实际测量值，C_b^i 表示参比值，E_r^i 表示第 i 种重金属的潜在危害生态危害系数，T_r^i 表示第 i 种重金属的毒性系数，RI 表示重金属的综合潜在生态危害指数。

土壤中重金属含量越高、种类越多，重金属的潜在危害性和毒性越大，其重金属的潜在危害生态指数越大，对生态的威胁越明显。重金属生态风险程度与分级关系如表 3－13 所示。

表 3－13　重金属生态危害指数与污染程度之间的关系

潜在生态危害程度	轻微	中等	强	很强	极强
生态危害系数	<40	$40 \leqslant E_r^i < 80$	$80 \leqslant E_r^i < 160$	$160 \leqslant E_r^i < 320$	$E_r^i \geqslant 320$
生态危害指数	<150	$150 \leqslant RI < 300$	$300 \leqslant RI < 600$	$600 \leqslant RI < 1200$	$RI \geqslant 1200$

2. 重金属综合风险评价图

通过 Hakanson 潜在生态危害指数法计算出土壤中六种重金属的生态危害指数，对比评价指标体系，同时计算出各个采样点的潜在生态危害的参数、单因子生态危害污染指数以及综合生态危害风险指数，最终依据各个参数做出重金属的混合生态危害风险评价图(图 3－9)。

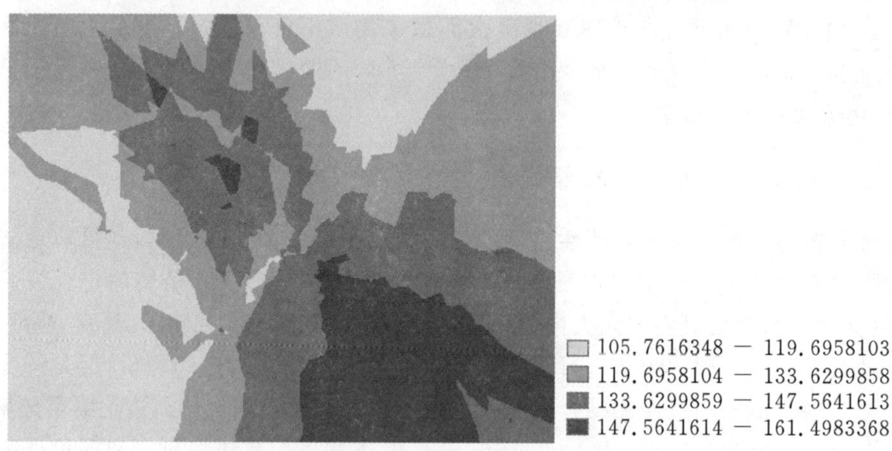

图 3－9　重金属混合生态风险危害评价图

由图 3－9 可知，在整个研究区域内，东南方向大部分区域以及西北小部分都处于中等生态危害区域内。东北和西南区域基本上处于轻度生态危害范围内。重金属的混合生态危害指数评价比较全面地反应了五种重金属之间共同作用的结果，综上可知研究区域内的土壤环境对生态系统的潜在生态危害比较严重，必须采取有利和适当的措施来防止区域生态环境的进一步恶化。

3.4　研究区域铅浓度的时间变化

利用栅格减法，将 2012 年土壤铅含量插值图减去 2011 年土壤铅含量插值图，得到 2012 与 2011 年土壤中铅含量的浓度变化图。如图 3-10 所示，在 2011 到 2012 一年的时间内土壤中铅浓度增加的区域主要分布在冶炼厂的东南方向和西北方向，这与铅浓度在研究区域的分布图相似，这说明在冶炼厂的东南方向和西北方向上，不仅是污染比较严重的地方，还是铅累积最多的地方，结果与主导风向相符。

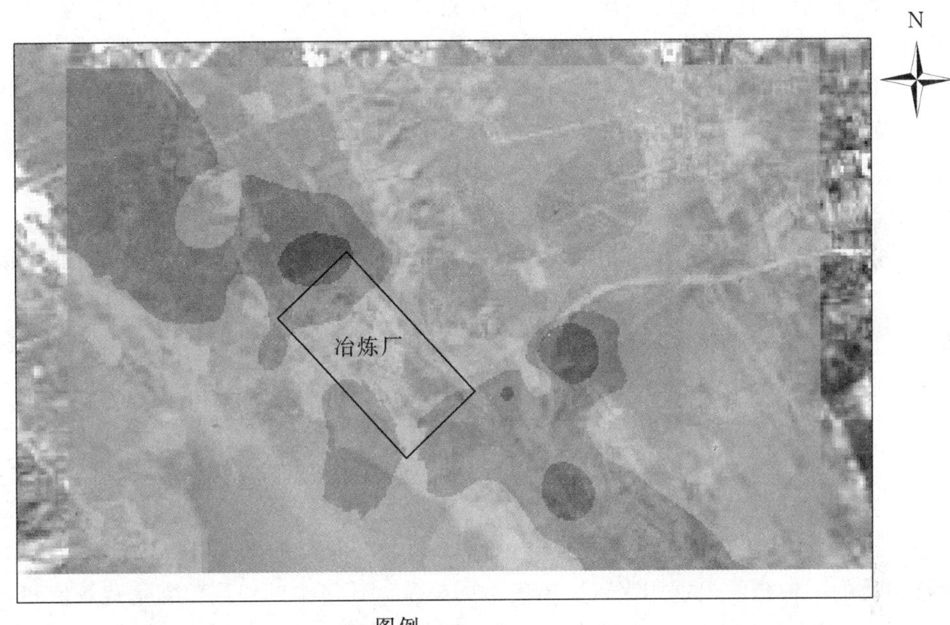

图例
Pb 浓度分布变化

−71.4838 — −33.2747
−33.2747 — −12.1128
−12.1128 — 0
0 — 9.04904
9.0490 — 24.3326
24.3326 — 78.4131

图 3-10　2011 年至 2012 年 Pb 浓度变化

4 铅同位素示踪

4.1 同位素示踪基本原理

同位素示踪法是利用放射性核素或稀有稳定核素，及它们的化合物作为示踪剂，对研究对象进行标记的微量分析方法。示踪剂与自然界存在的相应普通元素及其化合物之间的化学性质和生物学性质是相同的，只是具有不同的核物理性质。因此，可以用同位素作为一种标记，制成含有同位素的标记化合物（如标记食物、药物和代谢物质等）代替相应的非标记化合物，利用放射性同位素不断地放出特征射线的核物理性质，用核探测器随时追踪它在体内或体外的位置、数量及其转变等。稳定性同位素虽然不释放射线，但可以利用它与普通相应同位素的质量之差，通过质谱仪、气相层析仪、核磁共振等质量分析仪器来测定。

铅是自然界常见元素之一，位于元素周期表的第六周期第四族，原子序数为82，原子量为207.2。铅在土壤中含量的中值（范围）为：35（2～300）(mg/kg)，铅元素在土壤中的停留时间大约为1000～3000年，Benninger等人在1975年采用^{210}Pb数据证实了土壤中铅的停留时间大约为千年。铅在地壳中的含量为$1.6\times 10^{-3}\%$，在土壤中的丰度为$1\times10^{-3}\%$。在岩石中，铅的含量与酸性程度成正比，花岗岩的铅含量比辉长岩高六倍。

铅的稳定同位素分别是：^{204}Pb、^{206}Pb、^{207}Pb和^{208}Pb。^{206}Pb、^{207}Pb和^{208}Pb具有放射性，分别是^{238}U、^{235}U和^{232}Th的衰变产物，丰度会随时间的推移不断增加；至今没有发现^{204}Pb有放射性母体，认为^{204}Pb的丰度不变。铅同位素由于质量数大，并且相对质量差小，几乎不会发生同位素分馏，所以铅同位素比值基本不受所在的地球化学环境影响。可以把铅的同位素丰度比作为含铅物质的一种指纹识别用来区分铅的不同来源。环境中的铅同位素是背景值和人为影响因素的混合，冶炼过程中的矿石都是来自其他地方，与当地土壤中的铅同位素差别较大，因而各自就具有了不同的铅同位素标记特征。如果铅污染源都由各自特有的铅同位素比值组成，那么混合过程就可以进行量化，比如淡水湖、沉积物和土壤。在环境污染研究方面，常常利用铅同位素的这种指纹特征示踪铅污染的来源。铅同位素比率分析技术是追溯铅来源的一种有效方法，该方法结合相应模型可推测铅污染的来源及各污染源的相对贡献率。

4.1.1 同位素示踪在国内外研究及应用进展

Hevesy于1923年首先用天然放射性^{212}Pb进行示踪实验研究了铅盐在豆科植物内的分布和转移。Jolit和Curie于1934年发现了人工放射性，以及其后生产方法的建立（加速器、反应堆等），为放射性同位素示踪法的更快发展和广泛应用提供了基本的条件和有力的保障。

Chow等首先将铅同位素示踪技术应用到环境污染源示踪；Chow曾测定了北美汽油和煤的铅同位素组成，用以示踪大气中的铅污染源[23]。Patterson和Hurst等一系列研究也同样证明，燃煤铅和燃油铅作为大气中两种重要的铅来源，其同位素组成有明显差异，可以用来示踪和鉴别大气环境中的铅污染源[20—21]。Rabinowitz等最先指出利用铅稳定同位素组成可以判别不同来源铅的污染，工业革命以来引发的全球性大气铅污染，为铅污染源示踪提供了广阔的发展空间[22]。T. J. Chow 等测定了北美汽油和煤的铅同位素组成，用以示踪环境铅的污染来源[23]。国内陈好寿等利用土壤铅锶同位素示踪杭州市大气铅污染对环境的影响，利用铅同位素研究了铅同位素的来源。研究表明，杭州市区大气污染来源已从燃煤型转向燃油型[24—25]。

铅同位素示踪在水系沉积物方面的研究起步晚，国外主要涉及于湖泊，Blais Jules 对湖底沉积物的铅同位素组成进行了测定，以追溯两国工业排放物中的铅对北美洲东部地区湖区沉积物中的铅相对贡献；Eades 等用湖泊沉积物中稳定铅同位素记录考察了苏格兰的环境铅污染历史，研究表明当时大约 27%～40%的大气铅来源于含铅汽油的使用。国内尚英男等对成都市河道表层沉积物淤泥铅污染做了分析，追溯了铅的来源是来自燃油还是燃煤；路远发等研究发现西湖底部表层沉积淤泥与沉积柱中沉积物的铅同位素组成存在明显的差异。

国外对土壤-植物体系的铅同位素研究从 20 世纪 80 年代开始，Hurst 等分析了美国内华达州一个火力发电厂周围的煤灰、土壤及植物的铅同位素组成，揭示了燃煤对环境的污染；Kaste 分析低纬度落叶林区域土壤铅同位素组成发现，大气铅沉降主要富集在土壤表层 10 cm 附近，高纬度针叶林地区由于地表覆盖有较厚的植被故阻止大气铅沉降至地表，近似能反映大气 60 年左右的铅含量变化；Rabinowitz 对上世纪美国几个州的冶炼厂附近土壤样本中的铅同位素组成进行了分析，结果表明，铅冶炼厂旧址附近土壤中的铅仍是当初冶炼厂污染所造成的。国内路远发等将土壤与杭州市的汽车尾气、大气等环境样品进行对比发现，随着土壤受污染程度的增加，铅同位素组成逐渐向汽车尾气铅漂移，表明汽车尾气排放的铅为其主要污染源；张庆华等利用铅同位素示踪贵州黑色岩系多金属矿层的成矿物质来源；杨元根等对贵阳某榨子厂附近土壤和沉积物中重金属的积累及污染程度进行了研究，同位素示踪结果显示，研究区土壤和沉积物中积累的 Pb、S 为矿山物质来源，为从源头控制矿区重金属污染提供依据。

同位素示踪方法在生物化学和分子生物学、生命科学、工业、医学、农业和畜牧业、环境保护中已得到较好的应用。治理和控制土壤重金属污染的关键是识别其污染源。铅同位素示踪技术已经比较成熟、应用广泛；锌、镉同位素示踪技术作为新兴的技术，在污染源示踪研究中可作为铅同位素的补充，逐渐受到重视。针对以往研究工作的不足和存在的问题，对今后土壤重金属污染溯源研究工作的重点作了展望：采用多元同位素示踪技术，结合土壤中重金属稳定同位素组成示踪污染源。

4.1.2 铅锌矿中铅同位素比值分布

矿体以脉体、透镜状、似层状等复杂形态充填在碳酸盐为主的岩石中，局部产于碎屑岩中。矿石成分较简单，一般以闪锌矿为主，方铅矿次之，偶见菱铁矿、黄铜矿。偶有方铅矿为主的矿体产出。以方铅矿－闪锌矿、黄铁矿为主要矿石类型，次为方铅矿－闪锌矿－黄铁矿－方解石型，偶见方铅矿－闪锌矿－重晶石型；近地表常见铅锌的氧化矿物，并形成氧化矿体或经搬运形成堆积砂矿。

铅同位素地球化学主要用于研究含放射性元素极低的矿物或岩石中的铅同位素组成。这些铅同位素组成自矿物或岩石形成之后不再发生变化，即不再有放射成因铅的加入，如方铅矿、白铅矿、长石、云母等及其所形成的矿石和岩石中的铅均属此类，把此类铅叫做普通铅。

正常铅的增长在 U－Th－Pb 系统中演化，绝大多数成矿物质都含有铅，在地球形成过程中，随着地球表面不断冷却，地壳、地幔形成，伴随着这一过程，大离子半径的铀、钍元素向地壳表层迁移，造成地幔铀、钍含量极低，且从深部地幔向地壳表层铀、钍元素的含量逐步增高。在地幔、地壳中不同圈层的铀、钍含量不同，随着时间推移，放射性成因铅会不断增多和积累，铅同位素组成（^{204}Pb 除外）也有明显差异。根据中国大陆铅同位素平均值资料填图与等值线处理图，将中国大陆划分成若干地球化学块体——铅同位素地球化学区块：姑且命名为华夏、青藏-印支、扬子、辽胶渤、中朝、佳木斯、兴安、中蒙古、北疆-南戈壁、塔里木。

目前，已有 27 个省（区）、市发现并勘查了铅锌资源，但从富集程度和现保有储量来看，主要集中于 6 个省（区），铅锌合计储量大于 800 万吨的省（区）依次为云南 2662.91 万吨、内蒙古 1609.87 万吨、甘肃 1122.49 万吨、广东 1077.32 万吨、湖南 888.59 万吨、广西 878.80 万吨，合计为 8239.98 万吨，占全国铅合计储量 12956.92 万吨的 64%。从三大经济地区分布来看，主要集中于中西部地区，铅储量占 73.8%，锌储量占 74.8%。来自相同矿区的铅同位素组成比较稳定，在 0.3%～1%之间变化。

各种不同的矿石和人为源的铅具有明显的铅同位素比率特征。通过查阅文献资料，总结出中国主要铅矿的铅同位素比值见图 4-1、图 4-2 和图 4-3，每种矿石中都包含唯一的一种铅同位素的比率信息。这个事实上是 U、Th 和 Pb 具有不同的地球化学性质，以及衰变反应从而造成了各种铅同位素组成。铅同位素在工业过程和自然界过程不发生分馏效应。任何一个矿石或者人为源在形态上发生变化，其中的铅同位素比率不发生变化，除非与其他源进行混

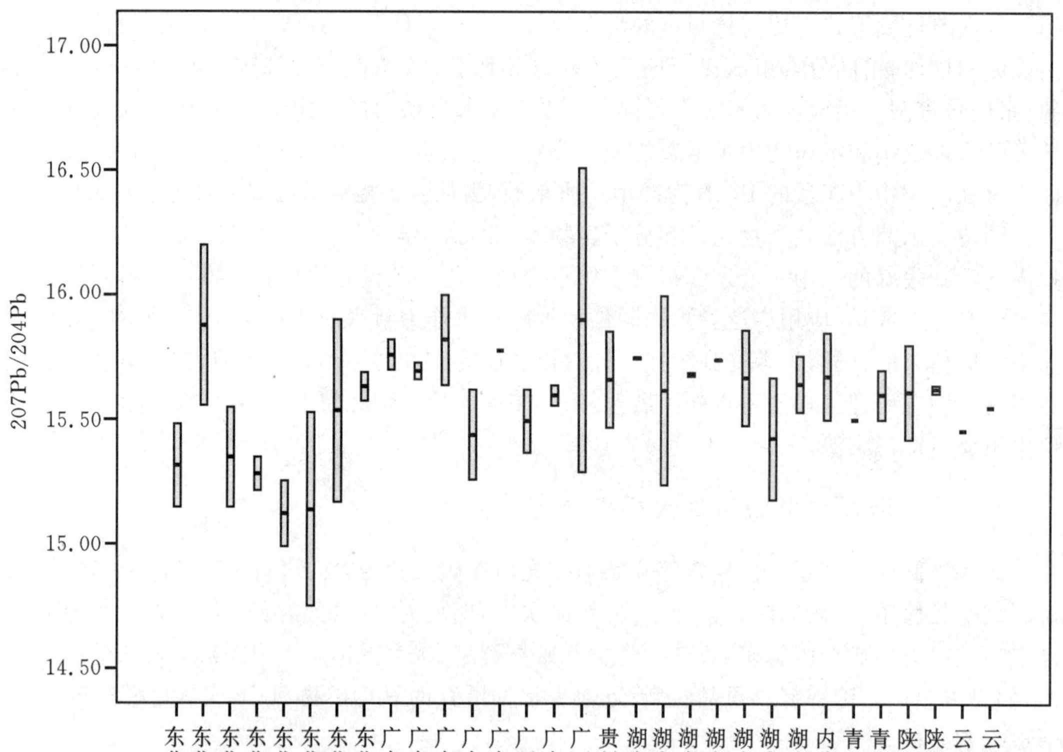

图 4-1 各地区矿石^{206}Pb/^{204}Pb 的比值分布

合。在地球的地质化学时间尺度上，铅同位素分馏现象是显而易见的，但是 U—Th 的不平衡相比铅同位素分馏影响大得多。在公布的关于 Fe—Mn 地壳数据中，没有证据证明铅同位素数据有重新分配的迹象。铅同位素之间质量差别相对于铅的原子质量很小，这样就导致了在自然界的物理过程、化学过程、生物过程中铅同位素发生分馏微乎其微。工业工程明显改变不了铅同位素组成，矿石中原来的铅同位素比率在加工后保持不变，释放到自然界中也是不变的。

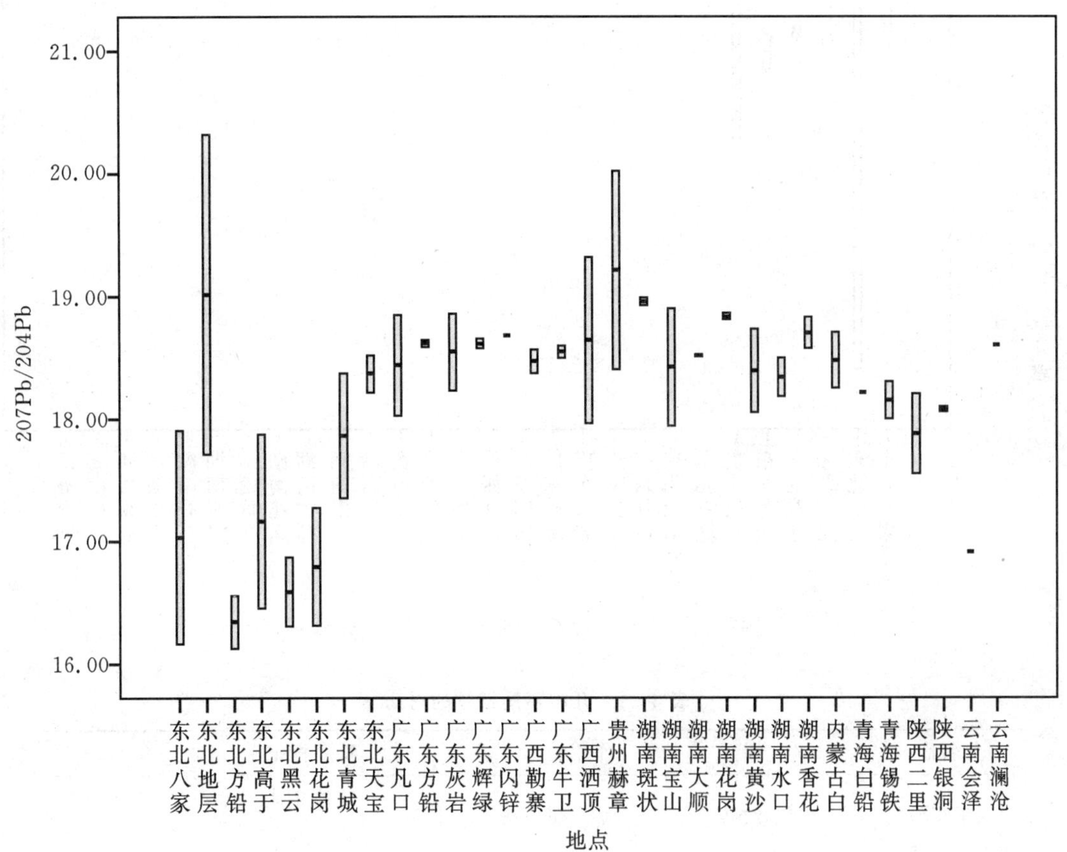

图 4-2　各地区矿石$^{207}Pb/^{204}Pb$的比值分布

4.2　铅指纹概念模型的建立及表示

提到指纹，首先想到的就是手指纹。指纹是指人的手指末端正面皮肤上凸凹不平产生的纹线。纹线有规律地排列形成不同的纹型。纹线的起点、终点、结合点和分叉点，称为指纹的细节特征点。指纹，由于其具有终身不变性、唯一性和方便性，已几乎成为生物特征识别的代名词。

近年来，DNA 指纹、中药指纹、油指纹、铅指纹、信息指纹等词汇频繁出现在中外文献中，在这些文献中，涉及到的一个最重要概念就是“指纹”，当然不是指手指纹。上述各种指纹都借鉴了指纹的特性：稳定性和唯一性，可用来进行“身份”识别认定的特征信息，表 4-1 是几种常见指纹的对比。

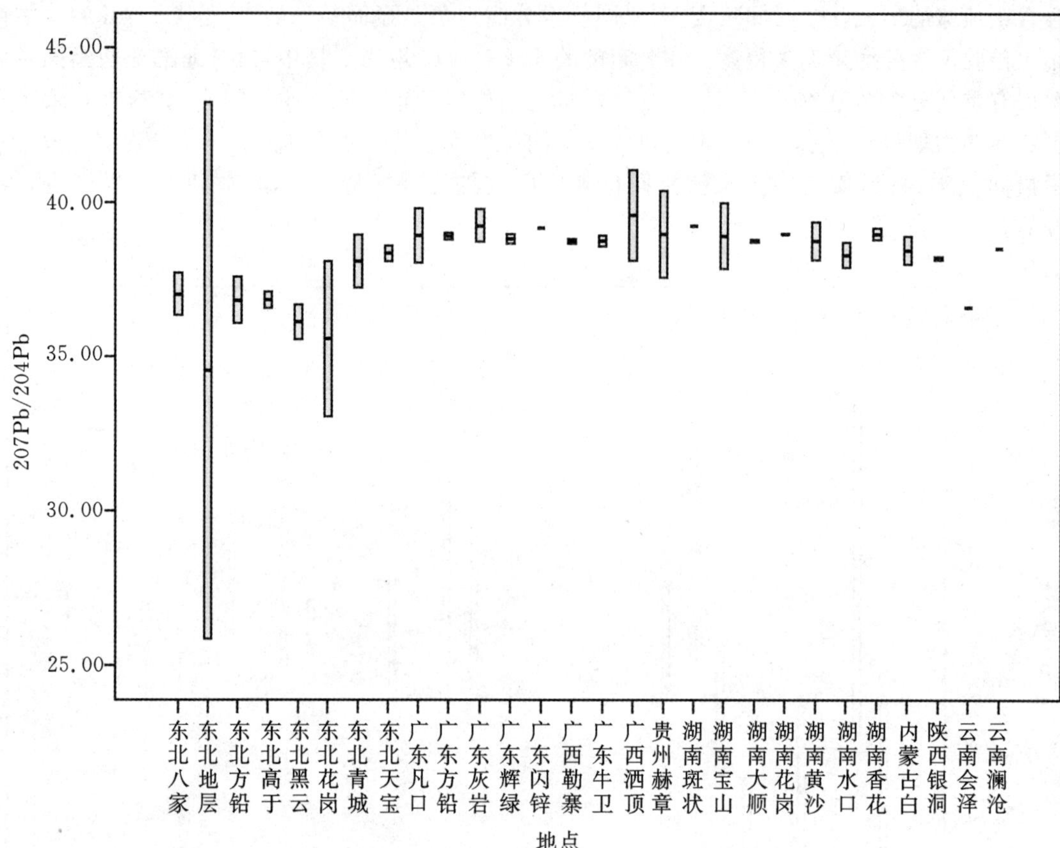

图 4-3　各地区矿石^{208}Pb/^{204}Pb 的比值分布

表 4-1　几种不同指纹的对比

名称	元素	作用	特征标记
手指纹	纹线	激光照射法	纹线的起点、终点、结合点和分叉点
DNA 指纹	核 DNA 的酶切片段	杂交放射自显影	等位基因组成的长度不等的杂交带图纹
中药指纹	化学成分	光谱、波谱、色谱、核磁共振	光谱、色谱图(化学特征)
油指纹	化合物	光谱、波谱、色谱	光谱、色谱图(化合物特征)
铅指纹	铅同位素	电感耦合等离子体质谱(ICP-MS)	铅同位素比值
信息指纹	词组	算法(例如 MD5)	代码

通过表 4-1 对各种指纹的对比分析可知，指纹是一个对象所具有的模式，模式是由若干元素或成份按一定关系构成的。这些元素或成分可称为特征，而其关系有时也称为特征。模式标志了研究对象之间隐藏的规律关系，而这些模式并不必然是图像、图案，也可以是数字或

抽象的关系。

定义 1　指纹是研究对象中若干元素的属性相互关系模式具备稳定性、唯一性及系统性的固有特征标记的集合。

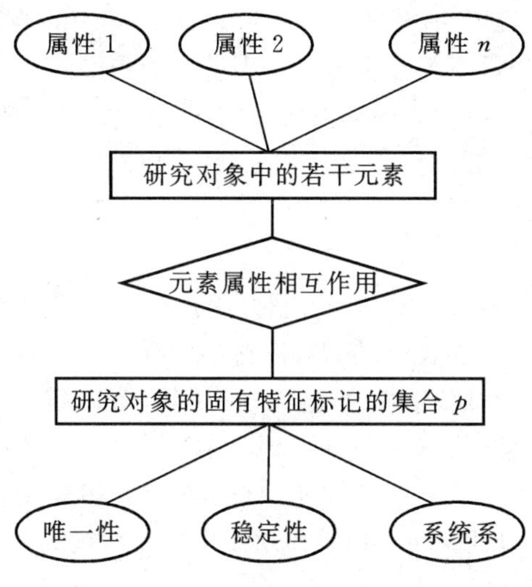

图 4-4　指纹 E-R 图

指纹的提取过程如下：

$$\text{对象}\xrightarrow{\text{选取}} S \xrightarrow{\text{提取}} S' \xrightarrow{f} P \tag{4.1}$$

S 为选取的元素集，S' 为元素的属性集，f 为研究对象中若干元素的属性相互关系，具有稳定性、唯一性及系统性的特征标记的集合 $P = \{p_1, p_2, \cdots, p_m\}$。

4.2.1　铅的成因与分类

铅在自然界中最主要的独立矿物是方铅矿，其次是各种硫盐。岩石中铅的最主要载体是钾长石，其次是云母。各种岩石中铅的含量不一，超基性岩最低，平均为 0.3mg/kg，花岗岩最高，平均为 20mg/kg。Pb 在地球中分布很广，不仅作为 U、Th 的放射成因子体出现，而且还形成不含 U、Th 的独立矿物，Pb 在岩石中呈微量元素。Th 有 6 个天然存在的放射性同位素，其中 ^{232}Th 的丰度接近 100%，衰变常数 $\lambda^{232} = 4.9475\times10^{-11}$，其他 5 种 Th 的同位素是 U、Th 衰变系列的短寿命放射性中间子体。

表 4-2　U、Th 同位素丰度和衰变常数

Isotope	Abundance(%)	Halflife(years)	Decay Constant(y^{-1})
^{238}U	99.2743	4.468×10^{9}	1.55125×10^{-10}
^{235}U	0.7200	0.7038×10^{9}	9.8485×10^{-10}
^{234}U	0.0055	2.45×10^{5}	2.829×10^{-6}
^{232}Th	100.00	14.010×10^{9}	4.9475×10^{-11}

U 和 Th 的放射性衰变反应：

$$
\begin{aligned}
&{}^{238}_{92}U \rightarrow {}^{206}_{82}Pb + 8{}^{4}_{2}He + 6\beta^{-} + Q(Q = 47.4\text{MeV/atom}) \\
&{}^{235}_{92}U \rightarrow {}^{207}_{82}Pb + 7{}^{4}_{2}He + 4\beta^{-} + Q(Q = 45.2\text{MeV/atom}) \\
&{}^{232}_{92}U \rightarrow {}^{208}_{82}Pb + 6{}^{4}_{2}He + 4\beta^{-} + Q(Q = 39.8\text{MeV/atom})
\end{aligned}
\tag{4.2}
$$

母体^{238}U、^{235}U、^{232}Th经过系列衰变最终分别转变为稳定的子体^{206}Pb、^{207}Pb、^{208}Pb，Pb 有 4 种天然存在的同位素，即除了以上三种放射成因的同位素以外，还有一种非放射成因的稳定同位素^{204}Pb。自然界的铅按成因可分为原生铅、原始铅、放射成因铅、初始铅、混合铅和普通铅。

4.2.2　铅的特征

自然界中铅以^{204}Pb、^{206}Pb、^{207}Pb、^{208}Pb四种同位素的形式存在，相对丰度分别为 1.48%，23.6%，22.6%，52.3%。严格说来，自然界，特别是岩石、矿物中的铅同位素组成，随着样品形成时代和环境差异而不同，所有放射性衰变体系的子体同位素都具有这一特点。如果一组样品是同源的，那么，它们的铅同位素比值如^{204}Pb、^{206}Pb、^{207}Pb、^{208}Pb等也是相同的。铅的四种同位素^{204}Pb、^{206}Pb、^{207}Pb、^{208}Pb由于其质量重，同位素间的相对质量差较小，在次生过程中受到所在系统的温度、压力、pH、Eh 和生物等作用而发生变化极其微小。

表 4-3　不同类型铅的同位素丰度比值对比

铅类型	测定对象	$^{206}Pb/^{204}Pb$	$^{207}Pb/^{204}Pb$	$^{208}Pb/^{204}Pb$
原始铅	陨硫铁(Troilite)	9.307	10.294	29.476
现代铅	洋底淤泥(Marine low silt)	18.549	15.681	38.373
原始铅	铅锌矿(Lead and zinc mine)	17.871	15.589	37.973

4.2.3　铅指纹概念模型及定义

1. 基本假设

(1)同一来源的铅在迁移扩散过程中保持同位素丰度不变；

(2)同一来源的^{204}Pb、^{206}Pb、^{207}Pb、^{208}Pb以相同的概率进入同一受体；

(3)不同来源的^{204}Pb、^{206}Pb、^{207}Pb、^{208}Pb同位素丰度存在差异。

2. 铅指纹概念模型

指纹概念体系的建立关键在于提取研究对象中特有元素之间具有系统性、稳定性和唯一性的固有特征，我们主要考虑带有明显示踪意义的铅的同位素指纹。在重金属铅污染事件的调查中，为了正确查找到铅污染源，首先要分析被污染对象及潜在污染源的铅指纹。

定义 2　铅指纹是指铅源及铅污染对象当中^{204}Pb、^{206}Pb、^{207}Pb、^{208}Pb同位素丰度相互比值构成的具有唯一性、稳定性及系统性的向量。

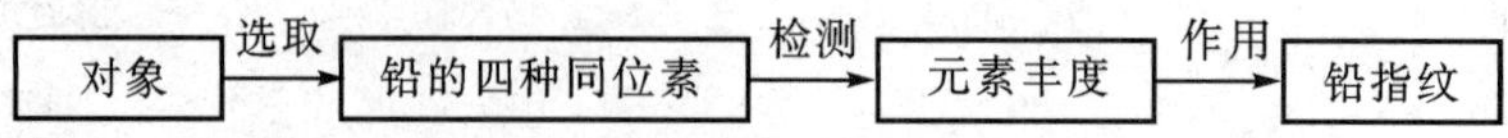

图 4-5　铅指纹提取框架图

用向量表示为 $\boldsymbol{P}=\left\{\frac{^{206}\mathrm{Pb}}{^{204}\mathrm{Pb}},\frac{^{207}\mathrm{Pb}}{^{204}\mathrm{Pb}},\frac{^{208}\mathrm{Pb}}{^{204}\mathrm{Pb}},\frac{^{206}\mathrm{Pb}}{^{207}\mathrm{Pb}},\frac{^{207}\mathrm{Pb}}{^{207}\mathrm{Pb}},\frac{^{208}\mathrm{Pb}}{^{206}\mathrm{Pb}}\right\}$。

$$\begin{cases}\mathrm{Lbject}\xrightarrow{\mathrm{Select}}\mathrm{Eelement}\xrightarrow{\mathrm{Detect}}\mathrm{Attributes}\xrightarrow{f}P\\ S=\{^{204}\mathrm{Pb},^{206}\mathrm{Pb},^{207}\mathrm{Pb},^{208}\mathrm{Pb}\}\\ S'=\{f_{^{204}\mathrm{Pb}},f_{^{206}\mathrm{Pb}},f_{^{207}\mathrm{Pb}},f_{^{208}\mathrm{Pb}}\}\\ P=\left\{\frac{^{206}\mathrm{Pb}}{^{204}\mathrm{Pb}},\frac{^{207}\mathrm{Pb}}{^{204}\mathrm{Pb}},\frac{^{208}\mathrm{Pb}}{^{204}\mathrm{Pb}},\frac{^{207}\mathrm{Pb}}{^{206}\mathrm{Pb}},\frac{^{208}\mathrm{Pb}}{^{206}\mathrm{Pb}},\frac{^{208}\mathrm{Pb}}{^{209}\mathrm{Pb}}\right\}\\ f_{^{204}\mathrm{Pb}}+f_{^{206}\mathrm{Pb}}+f_{^{207}\mathrm{Pb}}+f_{^{208}\mathrm{Pb}}=1\end{cases}\tag{4.3}$$

以上是铅指纹分析模型。其中，S 为元素集，S' 为元素属性集，P 为铅指纹集，$f_{^{204}\mathrm{Pb}}+f_{^{206}\mathrm{Pb}}+f_{^{207}\mathrm{Pb}}+f_{^{208}\mathrm{Pb}}$ 为铅同位素 $^{204}\mathrm{Pb}$、$^{206}\mathrm{Pb}$、$^{207}\mathrm{Pb}$、$^{208}\mathrm{Pb}$ 在研究对象中的同位素丰度，$\frac{^{206}\mathrm{Pb}}{^{204}\mathrm{Pb}}$、$\frac{^{207}\mathrm{Pb}}{^{204}\mathrm{Pb}}$、$\frac{^{208}\mathrm{Pb}}{^{204}\mathrm{Pb}}$、$\frac{^{207}\mathrm{Pb}}{^{206}\mathrm{Pb}}$、$\frac{^{208}\mathrm{Pb}}{^{206}\mathrm{Pb}}$、$\frac{^{208}\mathrm{Pb}}{^{207}\mathrm{Pb}}$ 为铅同位素的丰度比。

铅指纹是一种可以把某一对象与其他对象区分开或认定为同一对象的一种模式，而铅指纹模式所具有的特定性、稳定性和系统性，使区分或认定为同一铅来源变得更为容易和便于操作。

4.2.4 铅指纹的表现形式

铅指纹可以理解成将不同的铅同位素丰度比作为分量构成的一个多维向量到多维空间中一个点的映射，来源不同的铅的指纹对应的这些点是不会重合的，因此这些铅同位素比值组成的向量就成了不同铅源所具有独一无二铅的指纹。在具体问题中也可以就铅指纹特征集合的某个子集进行研究。对应表 4-3 中的陨硫铁、洋底淤泥和铅锌矿对应铅指纹为(9.307，10.294，29.476)、(18.549，15.681，38.373)、(17.871，15.589，37.973)。

在实际应用中可以选择二维图表示，但有时仅用一张二维图表示时会使铅指纹特征表现不全面。在污染源比较复杂时，判断受体铅指纹和铅污染源之间相关关系时用三维图比较准确。

提出的铅指纹概念模型，建立铅指纹图谱为整体上研究复杂铅指纹叠加体系提供了技术工具，对下一步铅指纹图谱相似性分析，样品铅组成的总体波动情况估测，铅同位素组成的差异性和波动情况的定量描述，铅污染源辨析等方面的研究具有重要作用。

4.3 指纹图谱相似性计算理论

在进行铅指纹图谱的相似性计算时必须要解决两个问题：首先必须建立能表征铅同位素组成特征的标准指纹图谱，唯一确定铅的特征；其次找到计算铅指纹图谱相似性的方法。这样才能通过计算待测样品指纹图谱与标准指纹图谱间的相似度，对监测点的样品的指纹图谱波动情况作出整体分析和评价。

4.3.1 铅指纹图谱的建立

铅有四种稳定同位素：$^{204}\mathrm{Pb}$，$^{206}\mathrm{Pb}$，$^{207}\mathrm{Pb}$ 和 $^{208}\mathrm{Pb}$，后三种分别是 $^{238}\mathrm{U}$，$^{235}\mathrm{U}$，$^{232}\mathrm{Th}$ 放射性衰

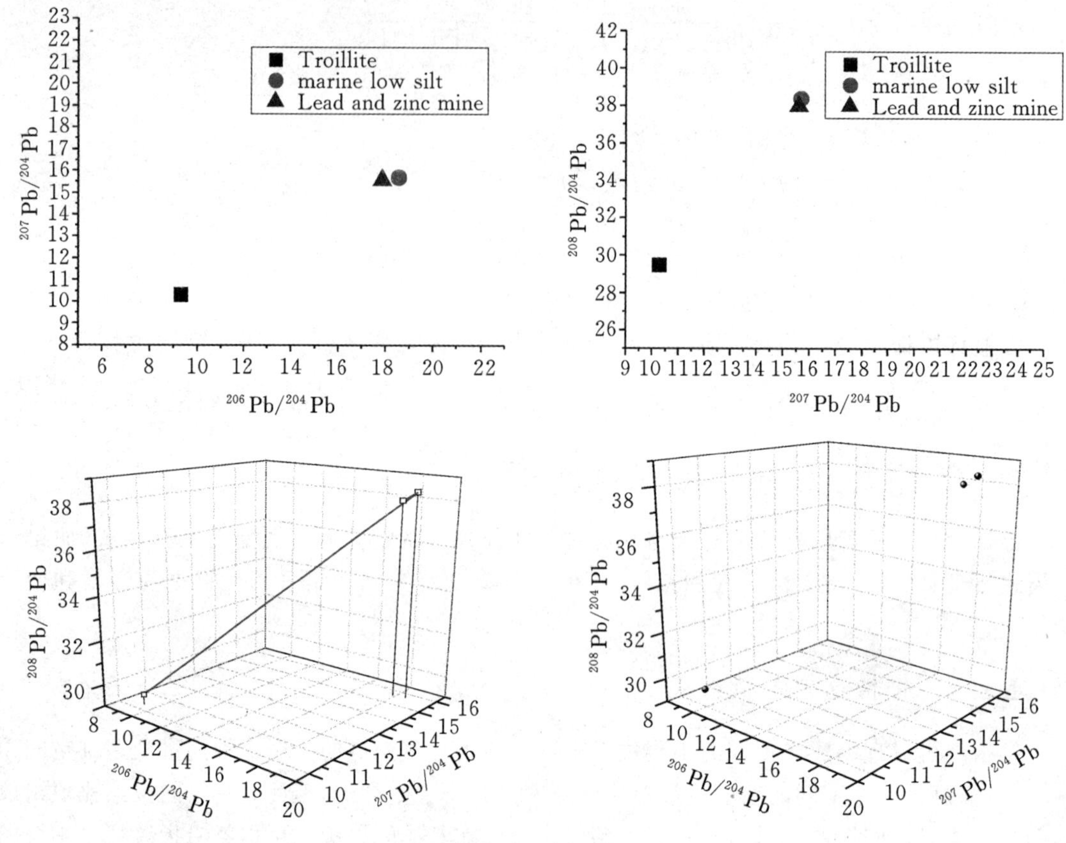

图 4-6　铅指纹图谱

变最终产物。天然物质由于原生的铅以及铀和钍的含量不同、年代不同，铅的同位素丰度组成也不同，成为一种特征。四种铅同位素具有独立的 3 个同位素比值：$^{206}Pb/^{204}Pb$，$^{207}Pb/^{204}Pb$ 和 $^{208}Pb/^{204}Pb$，代表了 3 个同位素体系，应用同位素比值的分布范围可以比较样品与来源的相关信息。因此，可以用一个三维向量 $\boldsymbol{X}=(a1,a2,a3)$ 来表示某种铅指纹图谱。还可以进一步建立其他两两同位素丰度的比值：$^{208}Pb/^{207}Pb$，$^{208}Pb/^{206}Pb$ 和 $^{207}Pb/^{206}Pb$，也可用一个六维向量 $\boldsymbol{X}=(a1,a2,a3,a4,a5,a6)$ 来表示某种铅指纹图谱。

4.3.2　铅指纹图谱的相似性测度计算

相似度，顾名思义是指两个对象之间的相似程度。根据研究对象的不同，出现了多种相似度的细化概念，如向量相似度、系统相似度、形状相似度等等。相似度测度一般有两种方法：距离测度法和相似性函数法。

铅指纹图谱相似性测度是指用于表征指纹图谱间相似性的度量衡，即量测指纹图谱相似度的计算比较式。这里，定义指纹图谱中的各指纹峰谷值构成一个模式空间，即视各指纹峰谷测量参数值为某模式向量的一组元素；令指纹峰谷数为模式空间的维数，将一张指纹图谱在模式空间中表达为一个模式向量，从而将 N 张指纹图谱间相似性的量化比较转化为计算模式空间中 N 个模式向量的相似度，由此可将度量模式向量相似性的测度用作铅指纹图谱相似性测度。

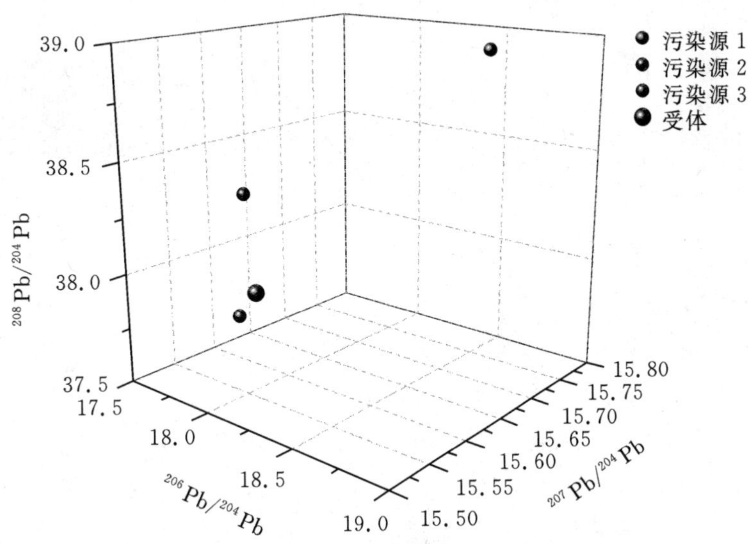

图 4-7 不同铅指纹在三维空间中的分布图

设某铅指纹图谱由一个谱峰和两个谱谷组成，以这三个谱峰谷的峰谷高度值 x_1, x_2, x_3 构成模式向量空间坐标，用向量 $\boldsymbol{X}_b=(x_1, x_2, x_3)$ 表征标准指纹图谱，而用向量 $\boldsymbol{X}_s=(x_1, x_2, x_3)$ 表征待测指纹图谱。这样，待测指纹图谱与标准指纹图谱间的相似度就可通过计算向量 $\boldsymbol{X}_b$ 与 $\boldsymbol{X}_s$ 间的相似度来获取。

两向量的距离测度的方法有很多种，一般两向量的距离应满足下面的性质：

设向量 $\boldsymbol{x}$ 和 $\boldsymbol{y}$ 的距离为 $d(\boldsymbol{x},\boldsymbol{y})$ 则：

(1) $d(\boldsymbol{x},\boldsymbol{y})\geqslant 0$，当且仅当 $\boldsymbol{x}=\boldsymbol{y}$ 时，等号成立

(2) $d(\boldsymbol{x},\boldsymbol{y})=d(\boldsymbol{y},\boldsymbol{x})$

(3) $d(\boldsymbol{x},\boldsymbol{y})\leqslant d(\boldsymbol{x},\boldsymbol{z})+d(\boldsymbol{z},\boldsymbol{y})$

其中：$\boldsymbol{x}=(x_1, x_2, x_3, \cdots, x_n)'$，$\boldsymbol{y}=(y_1, y_2, y_3, \cdots, y_n)'$。

模式向量 $\boldsymbol{X}_b$ 与 $\boldsymbol{X}_s$ 间相似度可以用向量间距离、夹角余弦法、相关系数法、广义 Dice 系数法、广义 Jaccard 系数法及最大相异系数计算得到。此处空间距离的计算式可采用 Minkowsky 距离(明氏距离)：

$$d(\boldsymbol{x},\boldsymbol{y}) = \left(\sum_{i=1}^{N} |x_i - y_i|^m\right)^{\frac{1}{m}} \tag{4.4}$$

此处向量的相似性函数采用夹角余弦法，夹角余弦用来度量两组向量之间夹角的大小，亦称为相关系数，表达式为：

$$\mathrm{sim}(\boldsymbol{x},\boldsymbol{y}) = \cos(\boldsymbol{x},\boldsymbol{y}) = \frac{(\boldsymbol{x},\boldsymbol{y})}{\|\boldsymbol{x}\| \cdot \|\boldsymbol{y}\|} = \frac{\sum_{i=1}^{n} x_i \cdot y_i}{\left(\sum_{i=1}^{n} x_i^2 \cdot \sum_{i=1}^{n} y_i^2\right)^{\frac{1}{2}}} \tag{4.5}$$

夹角余弦的几何意义是在由 N 个元素组成的 N 维空间中，表征两个向量之间夹角的余弦值。一般在使用前需要对向量中的各元素进行无量纲化处理，使各元素都为正，这时夹角余弦的取值范围为 [0,1]，取值越大表明两向量夹角越小，两者越接近，值为 1 时，两向量完全相

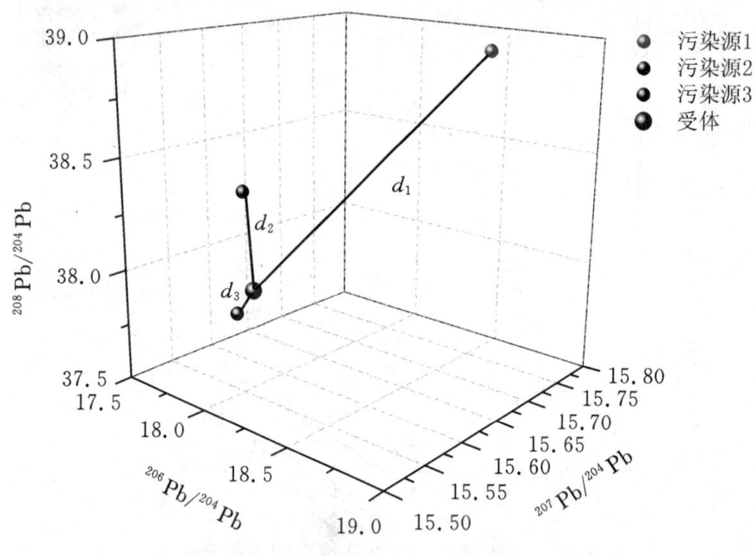

图 4-8　铅指纹相似性关系图

同。另外，夹角余弦规范化了向量的长度，这意味着在计算相似度时，不会放大数据对象重要部分的作用。

4.3.3　铅源解析及贡献率分析

利用铅指纹的形似度来判断铅源是通过多个铅源的铅指纹在 n 维空间中的表示，通过建立多个铅源的“铅指纹”及受体样本中的“铅指纹”之间的相似度来计算判定不同铅源对环境受体的铅相当贡献率。

利用铅指纹向量在多维空间中表示为点与点之间的关系，$d(\boldsymbol{x},\boldsymbol{y})$越小说明相似度越高，$d(\boldsymbol{x},\boldsymbol{y})$越大说明相似度越小，用 $d(\boldsymbol{x},\boldsymbol{y})^{-1}$ 作为相关性的权重解析不同污染源对受体土壤的相对贡献率：

$$f_i = \frac{d_i}{\sum d} \tag{4.6}$$

采用夹角余弦法 $\mathrm{sim}(\boldsymbol{x},\boldsymbol{y})$作为相关性的权重解析不同污染源对受体土壤的相对贡献率：

$$f_i = \frac{\mathrm{sim}}{\sum \mathrm{sim}} \tag{4.7}$$

铅指纹的概念应用在铅源解析中已取得了很多成果，但铅指纹的表示本文首次提出铅指纹在多维空间中的表示及利用相似性测度解析铅源及计算铅源的贡献率的思路。本文提出的方法可用于铅指纹图谱相似性测度的计算比较分析，有助于铅指纹图谱分析技术在铅源解析等领域的推广应用。

4.4 铅同位素比值测定

4.4.1 试样前处理方法

铅同位素比值的测定运用多接收电感耦合等离子质谱法(MC－ICP－MS),为了保证样品检测的质量,样品的前期处理均在超净无尘实验室进行。铅同位素比值的测定主要采用以下两种不同的前处理方法,分别是完全消解法和酸提取法。完全消解法测量的是样品全铅的同位素比值,这种方法能够测量整个样品的铅同位素的比值,但是不能区分外来污染与本地土壤之间的差别;而酸提取法能够在实验阶段就区分出外来污染源与本地土壤之间的差别。根据有关研究,外来污染源的铅主要结合在土壤中结构不稳定的部分,很容易用浓度较稀的酸提取出来,而残留在硅酸盐部分中的铅主要是自然背景中的铅。酸提取部分的铅同位素比值显示的是外来人为源的铅同位素,完全消解的铅同位素比值则包含外来人为源和自然背景铅同位素。

样品前处理实验使用的主要试剂见表 4－4 所示。

表 4－4 试验中使用的主要试剂

主要试剂	级别	生产厂家
浓硝酸(HNO_3)	高纯	自制 Teflon 提纯装置蒸馏
浓氢氟酸(HF)	高纯	自制 Teflon 提纯装置蒸馏
高氯酸($HClO_4$)	高纯	自制 Teflon 提纯装置蒸馏
HBr(1 mol/L)	高纯	默克 MLtrapur
HCl(6 mol/L)	高纯	默克 MLtrapur
高纯水	18.2kΩ	美国 Millipore 公司
阴离子树脂	Dowex－I(200～400 mesh)	陶氏化学

4.4.1.1 完全消解法

1. 溶解流程

方法一

(1)称取样品 100mg 左右于 Teflon 坩埚内;

(2)加入 600μL 二次浓硝酸(HNO_3),润湿样品粉末;

(3)加入 2mL 二次浓 HF(氢氟酸),拧紧盖子,静置过夜;

(4)打开坩埚盖,蒸干样品溶液(不要蒸得过干,呈湿盐状即可);

(5)加入 2mL 二次浓硝酸(HNO_3),拧紧盖子置于 100～120℃电热板上过夜;

(6)确认样品已经完全溶解,开盖,将样品溶液蒸干;

(7)加入 2mL 6mol/L HCl,拧紧坩埚盖置于 110～120℃电热板上过夜;并确认样品完全溶解,将溶好的样品溶液蒸干(如果该步骤发现样品没有溶好,可在蒸干的样品中加入 100μL 高氯酸($HClO_4$),并将其蒸至不再冒白烟为止);

(8)加入 1mL 1mol/L HBr(氢溴酸),转入离心管,离心 15 分钟左右(3000r/min),然后取出离心管静置,并保持离心管底部的残余物不被扰动。

方法二

(1)称取样品 100mg 置于 Teflon 坩埚(溶样弹)中；

(2)用 1～2 滴高纯水润湿样品，然后依次加入 1.8mL 二次浓硝酸(HNO_3)和 1.8mL 二次浓氢氟酸(HF)(顺序不能颠倒)；

(3)将 Teflon 坩埚置于钢套中，拧紧后置于烘箱中于 190±5℃加热 48h 以上；

(4)待溶样弹冷却，开盖后置于电热板上(115℃)蒸干，然后加入约 100μL 高氯酸($HClO_4$)，蒸至不再冒白烟，加入约 6mol/L HCl 1～2mL，若此时仍有沉淀，则重复该步操作，直至不再有沉淀；

(5)加入 1mL 1mol/L HBr(氢溴酸)，转入离心管，离心 15 分钟左右(3000r/min)，然后取出离心管静置，上清液待上树脂柱分离.

2. 分离流程

表 4-5 采用阴离子交换树脂分离

步骤	操作	酸介质	体积	备注
1	洗柱	～6mol/L HCl	满柱	
2	洗柱	二次去离子水	满柱	
3	洗柱	～6mol/L HCl	满柱	
4	洗柱	二次去离子水	满柱	
5	平衡柱	1mol/L HBr	1mL	
6	上样	1mol/L HBr	1mL	
7	样品淋洗	1mol/L HBr	1mL	
8	洗杂质(弃液)	1mol/L HBr	4mL	
9	接铅	6mol/L HCl	4mL	接铅前冲洗树脂柱底部
10	收柱	～6mol/L HCl	>2mL	

接下来的铅液于 120℃电热板上蒸干(全干)，加入 200μL 二次浓硝酸蒸干(去除残留的 HBr)。即可点样。

3. 实验流程图

4.4.1.2 酸提取法

1. 溶解流程

(1)称取样品 300mg 左右于 Teflon 烧杯中(精确到 0.0001g)；

(2)加入 20mL 4%HNO_3 超声消解 40min；

(3)静置，将上清液导入离心管，烧杯中未溶解的部分加 15mL 4%HNO_3 超声消解 20min，静置，继续将上清液导入离心管，烧杯中未溶解的部分继续加 15mL 4%HNO_3 超声消解 20min，之后，将溶液完全转移到离心管中；

(4)离心(4000r/min，15min)；

(5)将离心管中的上清液完全倒入已称重的 Teflon 烧杯中，称重(烧杯和液体总重)，用移液管取 4mL 溶液于进样管中，待测 Pb 含量用；离心管中的未溶解的部分待进一步完全消解以测 Pb 同位素比值；

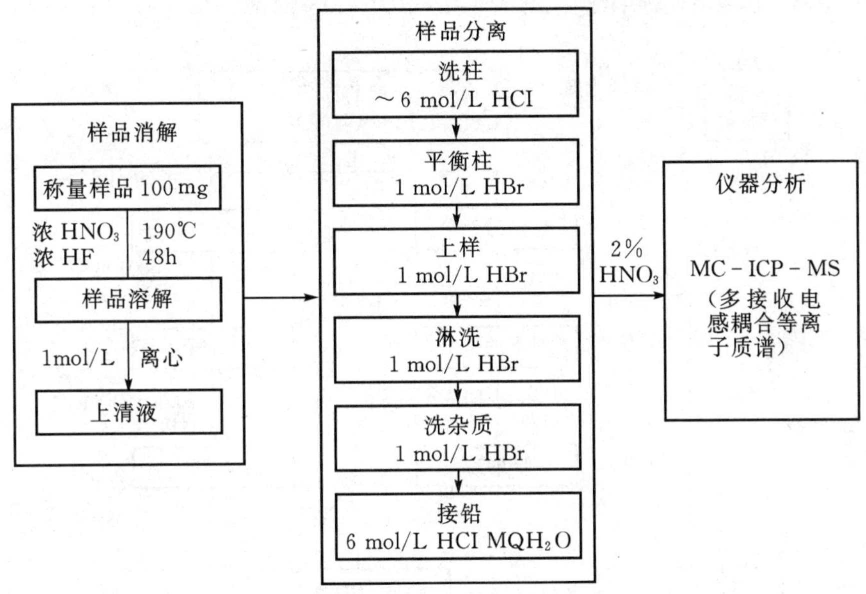

图 4-9　完全消解法试验流程图

(6)烧杯于160℃电热板，蒸干，之后加2mol/L HCl约2mL，继续在160℃电热板上加热蒸干，待Pb分离用。

2. 分离流程

表 4-6　Pb分离流程

步骤	操作	酸介质	体积
1	洗柱(空柱)	6.0M HCl	满柱
2	加树脂	AG50X	满柱
3	洗柱	6.0M HCl	满柱
4	洗柱	MQ H_2O	满柱
5	洗柱	6.0M HCl	满柱
6	洗柱	MQ H_2O	满柱
7	洗柱	6.0M HCl	满柱
8	洗柱	MQ H_2O	满柱
9	样品上柱	1.0 M HBr	满柱
10	洗柱	1.0 M HBr	满柱
11	洗柱	2.0 M HCl	满柱
12	接 Pb	6.0M HCl	满柱

注:样品用混酸溶解后上样，混酸是2体积的2M HCl与1体积的1M HBr。

收集的Pb于160℃的电热板上加热蒸干，然后加入200μL王水(三滴 HCl和一滴 HNO_3，目的是为了溶解可能从树脂柱中流下的树脂)，蒸干，在加入一滴 HNO_3 继续蒸干(目的是赶走里面残留的王水),密闭保存以备 MC - ICP - MS 测试。

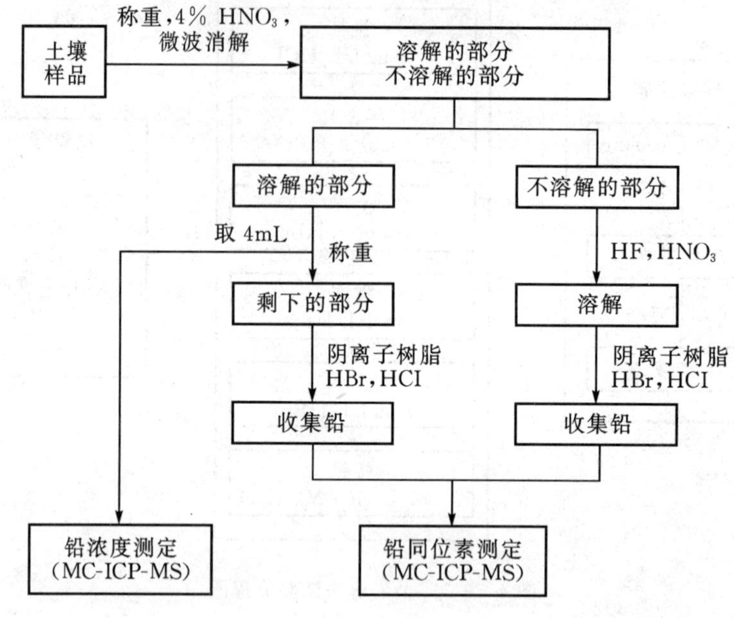

图 4 - 10 试验流程图

3. 实验流程图

4.4.2 试样测定

MC - ICP - MS 全称是多接收电感耦合等离子体质谱(Multicollector Inductively Coupled Plasma—Mass Spectrometry),它是一种将 ICP 技术和质谱结合在一起的分析仪器。本研究的仪器型号:Neptune Plus。

4.4.2.1 原理

ICP 利用在电感线圈上施加的强大功率的射频信号在线圈包围区域形成高温等离子体,并通过气体的推动,保证等离子体的平衡和持续电离,在 ICP - MS 中,ICP 起到离子源的作用,高温的等离子体使大多数样品中的元素都电离出一个电子而形成了一价正离子。MS 是一个质量筛选器,通过选择不同质荷比(m/z)的离子通过并到达检测器,来检测某个离子的强度,进而分析计算出某种元素的强度。

4.4.2.2 试剂

水:18MΩ 去离子水或相当纯度的去离子水。

硝酸:ρ=1.4g/mL,优级纯。

盐酸:ρ=1.16g/mL,优级纯。

高氯酸:ρ=1.67g/mL,优级纯。

氢氟酸(HF):ρ=1.16 g/mL,优级纯。

氢溴酸(HBr):优级纯。

阴离子交换树脂:Dowex - I(200 - 400 mesh)。

标准物质 NBS 981:NBS 997 Tl。

气体:高纯氩气。

4.4.2.3 仪器

型号:Neptune Plus

1. 进样系统

可以控制样品输送量,安装有可控流量的蠕动泵、雾化器和喷雾室等组成。为了降低溶液产生的物理干扰,提高喷雾效率,也可以使用超生波雾化器。

2. ICP 离子源

由等离子体炬、电感耦合圈构成,炬管通常为三个同心石英管,由中心管导入样品。

3. 质谱部分

MS 部分为四极快速扫描质谱仪,通过高速顺序扫描分离测定所有离子,扫描元素质量数范围从 5 到 260,并通过高速双通道分离后的离子进行检测,浓度线性动态范围达 9 个数目级从 ppb(10^{-12})到 1000ppm(10^{-9})直接测定。

4. 测定条件

射频功率(Power):1200W;
载气流量(Nebulizer gas):0.1mL/min;
辅助气体流量(Auxiliary gas):0.8 L/min;
等离子体气体流量(Plasma gas):13 L/min。

4.4.2.4 测定

1. 样品测定

采用内标法对样品进行测试,利用 NBS 997 Tl 溶液进行内部校正。要求被测元素的同位素中应具有"稳定同位素对",该"稳定同位素对"必须是非放射性的并有一个稳定公认的比值,利用该值作为标准化值可对其他的同位素比进行质量歧视校正。如铊(Tl)元素的$^{205}Tl/^{203}Tl = 2.3871$ 就是长期稳定的同位素对,这一稳定值可作为标准化值,由实际测量的$^{205}Tl/^{203}Tl$ 值与标准化值相比得出质量歧视校正因子,利用该因子可计算其他铅同位素比的真实值。

2. 质量监控

在整个实验和检测过程中,每检测 4 个样品之后,检测一个质量控制样,以确保仪器的稳定性,质量监控样选用 NBS 981($^{208}Pb/^{206}Pb=2.167710$,$^{207}Pb/^{206}Pb= 0.914750$,$^{206}Pb/^{204}Pb=16.9405$,$^{207}Pb/^{204}Pb=15.4963$,$^{208}Pb/^{204}Pb=36.7219$),长期再现性(2－10ng Pb)$^{207}Pb/^{206}Pb < 0.02\%$,$^{208}Pb/^{206}Pb < 0.02\%$,$^{206}Pb/^{204}Pb < 0.04\%$,全流程过程本底<50pg。

4.5 实验结果及分析

4.5.1 铅同位素比值范围变化

在自然界中,典型的铅同位素比率$^{206}Pb/^{204}Pb$ 在 14～30 范围内、$^{207}Pb/^{204}Pb$ 在 15～17 范

围内、$^{208}Pb/^{204}Pb$ 在 35～50 范围内，在这个范围以外的是非常少见的。表 4-7 是中国主要煤和土壤中铅同位素的组成。铅同位素比率的不同只取决于源头的不同，因此样品中铅同位素的测量反应的是源头或者混合后的铅同位素比率（存在多个铅源）。

表 4-7　中国主要煤和土壤中铅同位素组成

种类	铅同位素比率	$^{206}Pb/^{207}Pb$	$^{208}Pb/^{207}Pb$	$^{208}Pb/^{206}Pb$
煤	上海用煤	1.140～1.208		
	中国北方煤	1.178±0.022		2.101±0.030
	INCAR-CSIC 样品煤	1.155		2.125
土壤	东北地区	1.153～1.175	2.431～2.444	
	扬子江地区	1.152～1.170	2.449～2.456	
	北方地区	1.040～1.160	2.373～2.489	
	华夏地区	1.180～1.203	2.458～2.495	
	中印地区	1.189～1.208	2.461～2.490	

注：铅同位素通常表示为平均值±偏差或者最小值～最大值

在环境物质的研究中，土壤的情况较为特殊，它是由复杂的碎屑和胶结物组成的。有效的萃取源区物质特别重要，由于各地地质结构不同，铅同位素具有地域特征。本研究区域第一次样品包括土壤样品、电厂原煤、冶炼厂原煤、冶炼厂矿石原材料、植物样品（小麦）和生物样品（水库里面的鱼），做出样品的铅同位素组成三维图见图 4-11；第二次样品包括土壤样品、电厂原煤、冶炼厂原煤、冶炼厂矿石原材料、周围区域的大气降尘和验证区域背景、验证冶炼厂原煤，做出样品的铅同位素组成三维图见图 4-12；第三次样品包括周围区域的大气降尘、王家崖水库沉积物和原煤，做出样品的铅同位素组成三维图见图 4-13；以上都是用全铅方法测得的铅同位素，用酸溶态方法对第二次样品的铅同位素重新测定，做出铅同位素组成分布图见图 4-14。

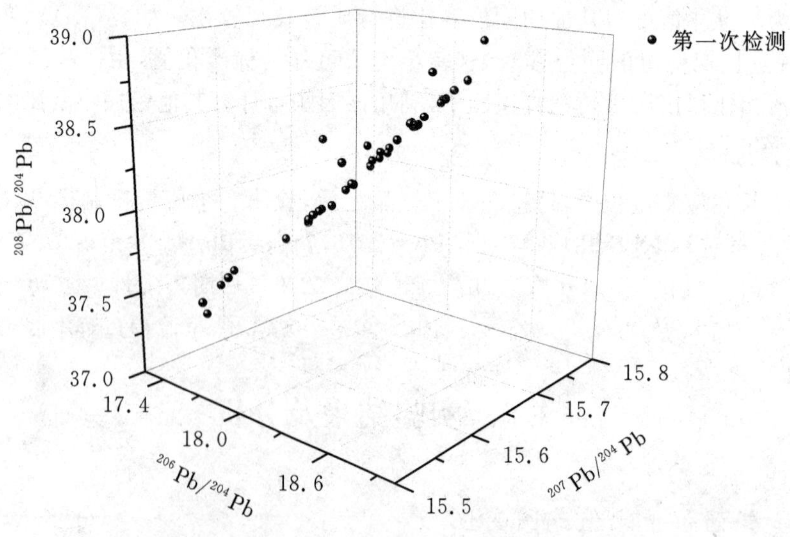

图 4-11　第一次土壤样品的铅同位素组成分布

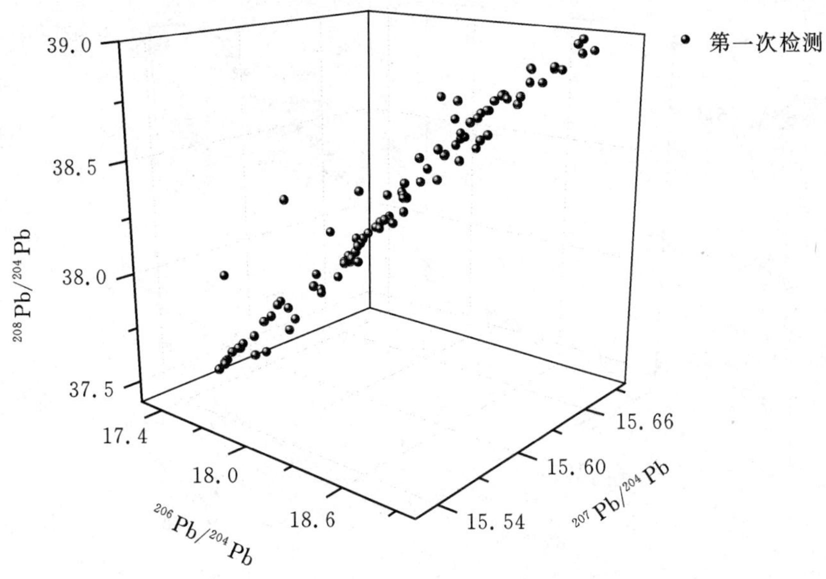

图 4-12 第二次土壤样品的铅同位素组成分布

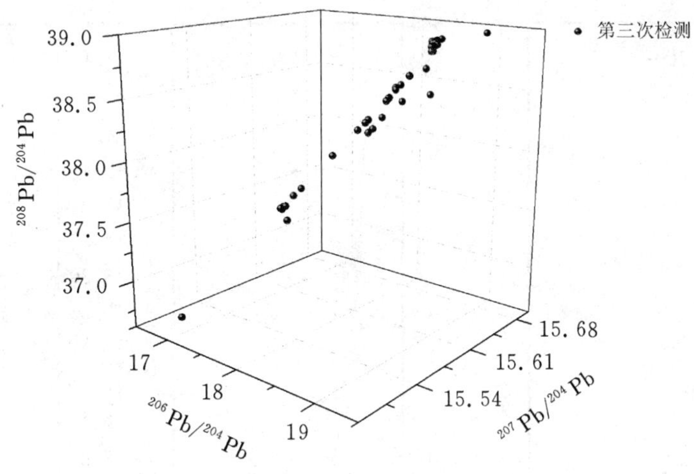

图 4-13 第三次样品的铅同位素组成分布

4.5.2 土壤中铅同位素比值与质量浓度之间的关系

根据采集样品的铅同位素比值做出土壤的铅同位素和铅质量浓度的关系图见图 4-15，由图可知，随着质量浓度的增加，铅同位素比值均呈现减小的趋势，由对数拟合曲线知，$^{208}Pb/^{204}Pb$、$^{207}Pb/^{204}Pb$ 和 $^{206}Pb/^{204}Pb$ 的回归系数分别高达 0.881，0.778 和 0.836，说明，土壤中铅质量浓度越高，即污染越严重的地方，样品中铅同位素的比值越低。可以发现，土壤背景中铅同位素的比值都比较大，而污染源中铅同位素比值均比较小。

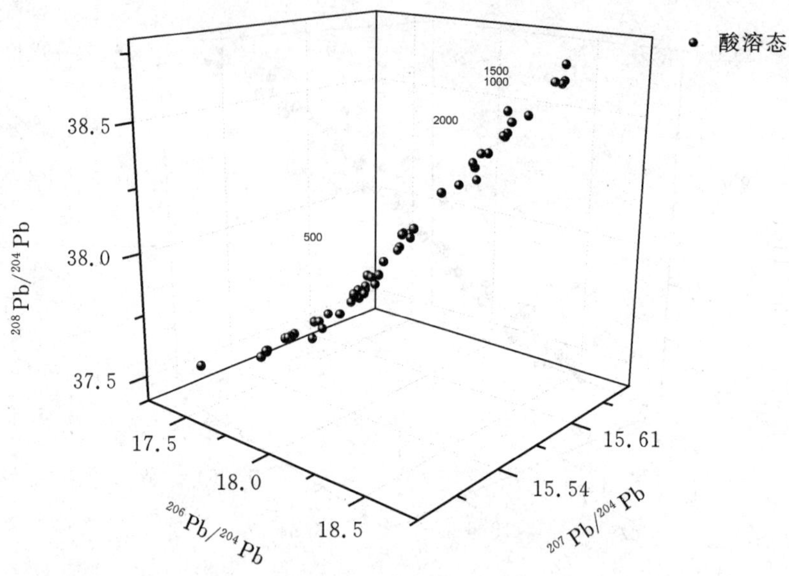

图 4-14　第二次土壤样品(酸溶态)的铅同位素组成分布

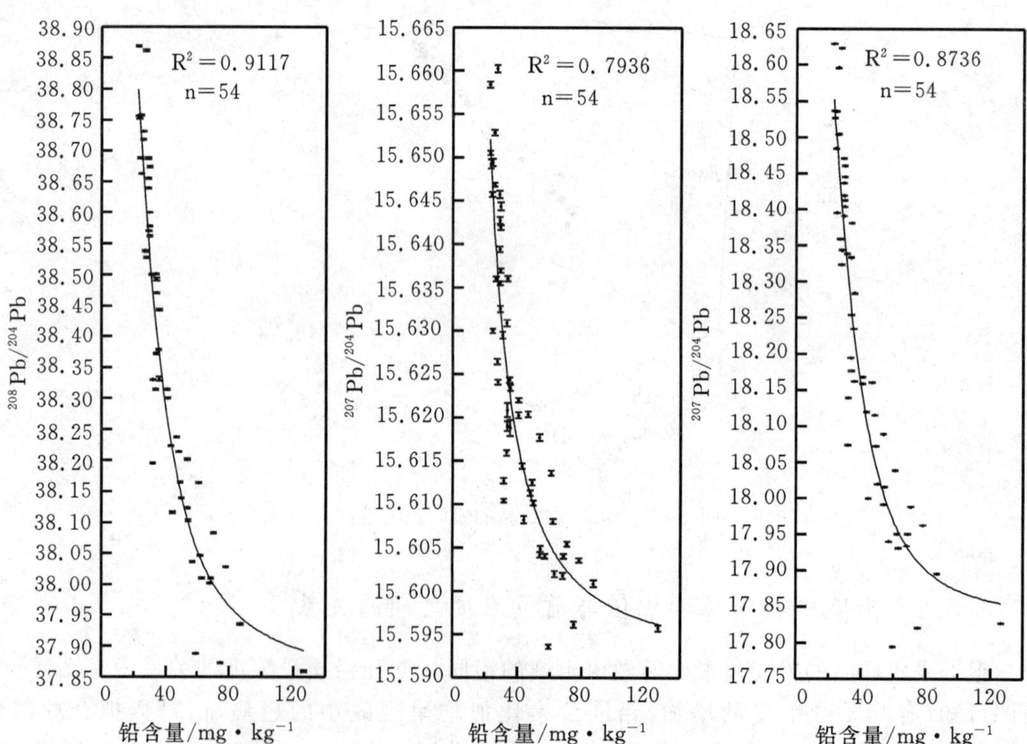

图 4-15　土壤中铅同位素比值与铅浓度的关系

4.6　铅同位素示踪污染源

4.6.1　污染源解析技术

环境物质的铅同位素组成、铅同位素构造环境信息、铅同位素混合模型和源区参数计算结果的有机配合，可强有力地示踪环境物质来源和转移规律。将铅同位素用于污染物质来源和运动的示踪，可以弥补标志元素地球化学研究的某些不足，为环境系统污染物源解析提供了新的途径。

铅同位素比值数据通常被用来做铅同位素比值散点图，其中以$^{207}Pb/^{206}Pb$的比值为横坐标、$^{208}Pb/^{206}Pb$为纵坐标的散点图，通常被称为A式图；以$^{206}Pb/^{204}Pb$为横坐标、$^{207}Pb/^{204}Pb$为纵坐标的称为B式图。

污染源解析技术是对污染物来源进行定性或定量研究的一系列方法，最初发展于以排放量为基础的扩散模型，早期主要应用于大气颗粒物的来源研究。20世纪70年代出现的确定各类污染源对受体贡献值的源解析技术得到了迅速的发展，主要的数学分析方法有：富集因子法(EF)、相关分析法、化学质量平衡法(CMB或CEB)、因子分析法(FA)等。在多种受体模型中，化学质量平衡受体模型原理简单易懂，可以定量地给出各类排放源的分担率，成为实际研究工作中研究最多、应用最广的受体模型。

4.6.2　研究区土壤铅同位素示踪污染源定性解析

利用铅同位素示踪污染源，首先要确定端元物质，以便利用混合模型计算各元的贡献率。以第二次采集的样品为例，对土壤背景值、冶炼厂原煤、电厂煤样和矿石原材料的铅同位素组成进行比较(表4-8)，由表4-8看出，电厂煤的铅同位素差异很大，这是由于电厂发电对煤品没有要求，导致电厂煤来源不统一，从而使得电厂中铅的同位素差异较大，无法作为确定的污染端元；同时，采样点距离电厂相对较远，基本超出了电厂烟气扩散范围，原则上讲，距离研究区域越远，对土壤的影响越小。综合以上两点原因，我们不考虑电厂煤的贡献率。因此确定土壤背景、原煤和矿石原材料是土壤铅的主要端元物质。

表4-8　不同铅源的铅同位素组成

铅源	$^{206}Pb/^{204}Pb$	$^{207}Pb/^{204}Pb$	$^{208}Pb/^{204}Pb$
背景	18.8265	15.6728	38.9927
冶炼混合煤	17.9671	15.5574	38.3801
电厂混合煤	17.6375	15.5914	37.6495
电厂原煤	18.3133	15.6935	38.7844
矿石	17.7945	15.5807	37.7622

为了进一步确定端元物质，做出各个方向的土壤样品和可能污染源的铅同位素组成三维分布图，选取第一次采样结果为研究对象做图4-16、图4-17、图4-18、图4-19、图4-20、图4-21、图4-22和图4-23。图中依次表示出了正北、东北、正东、东南、东南、正南、西南、

正西和西北八个方向的土样与端元物质的铅同位素组成，从图中可以看出，土壤样品的铅同位素比值基本落在背景、原煤、矿石原材料之间，并且从正北方向顺时针旋转，越靠近南边，土壤的铅同位素组成越靠近矿石原材料的铅同位素组成。

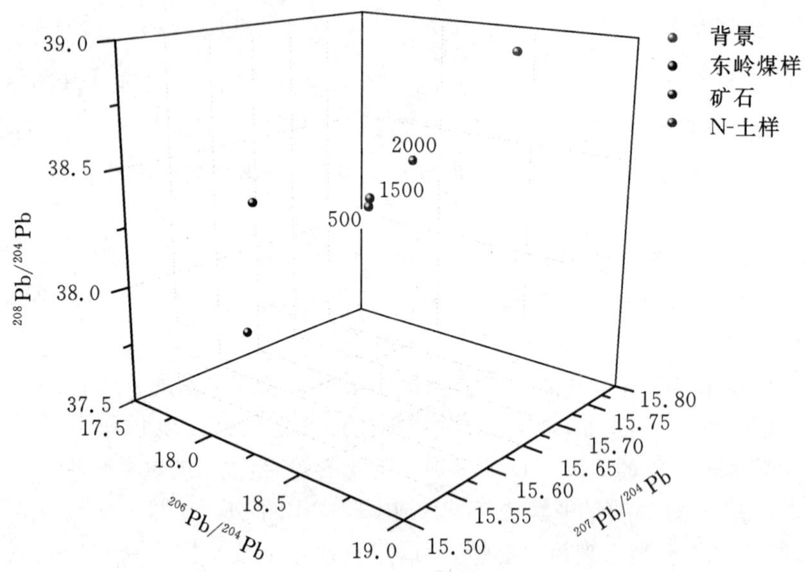

图 4-16　正北方向铅同位素组成分布

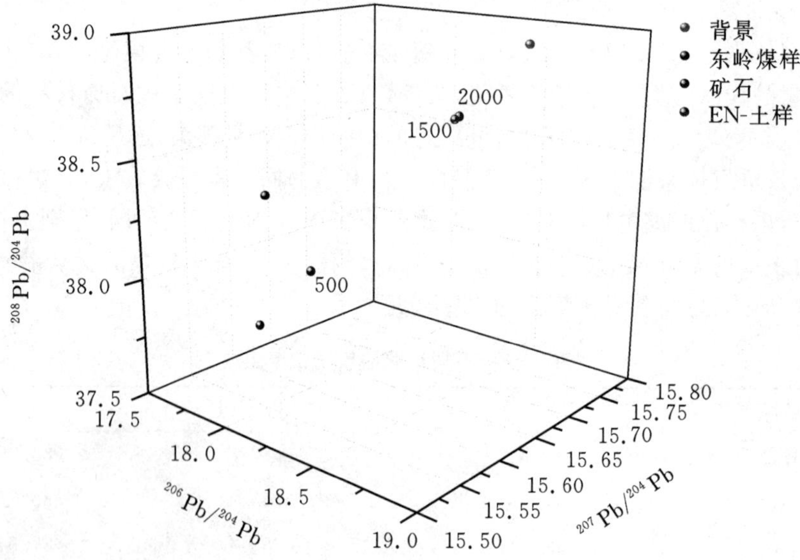

图 4-17　东北方向铅同位素组成分布

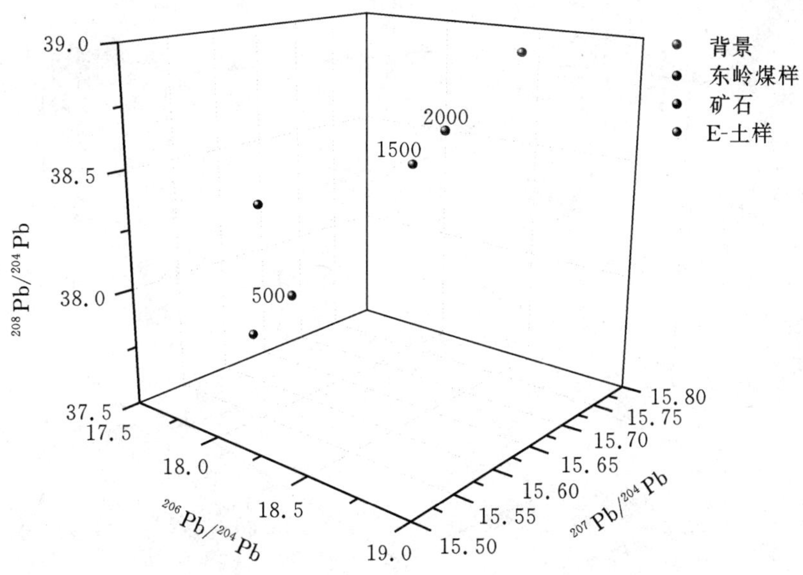

图 4-18　正东方向铅同位素组成分布

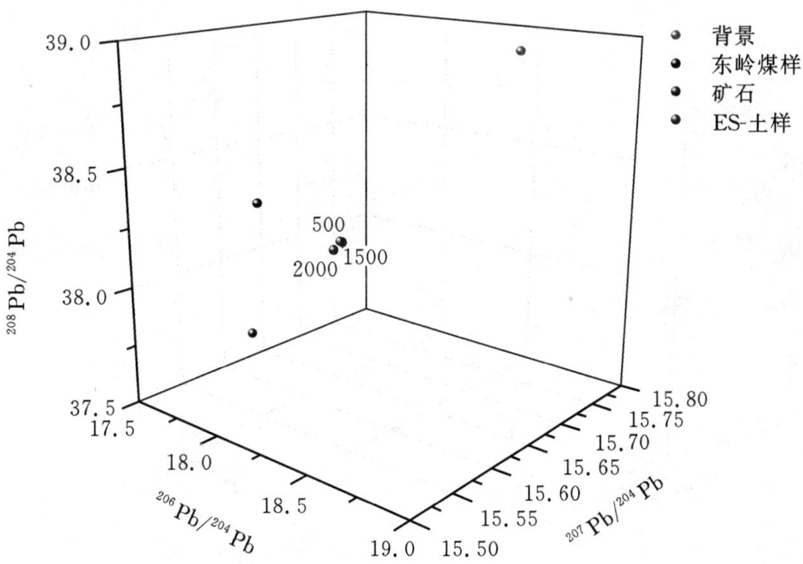

图 4-19　东南方向铅同位素组成分布

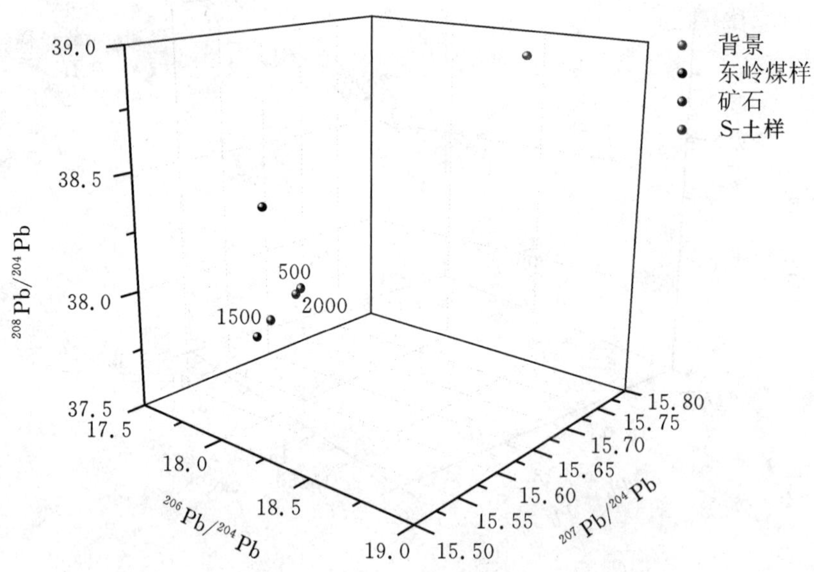

图 4-20　正南方向铅同位素组成分布

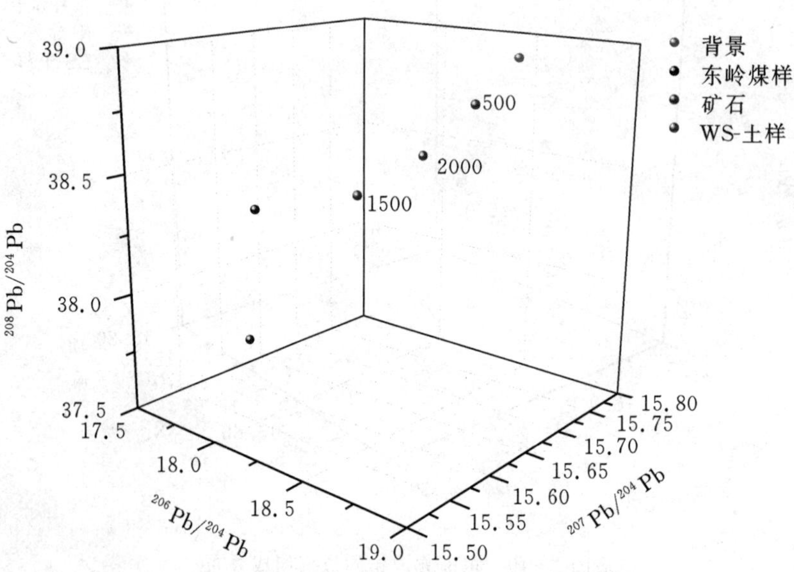

图 4-21　西南方向铅同位素组成分布

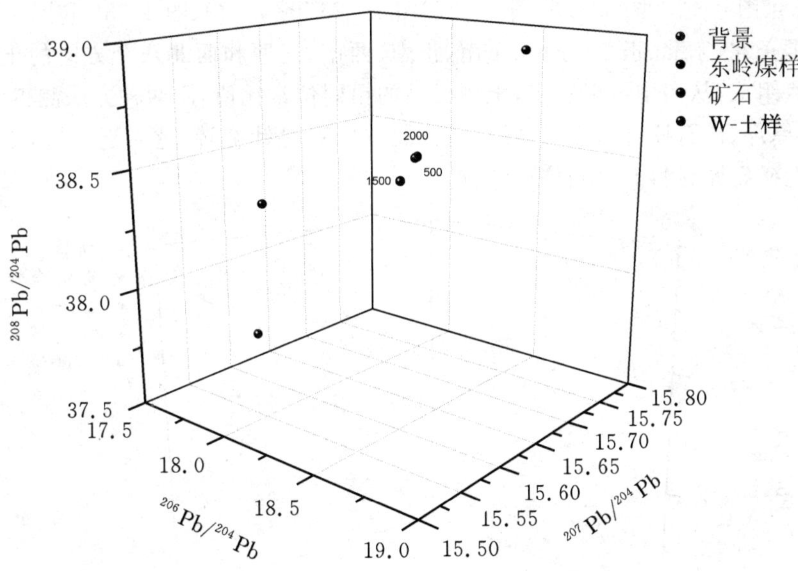

图 4-22 正西方向铅同位素组成分布

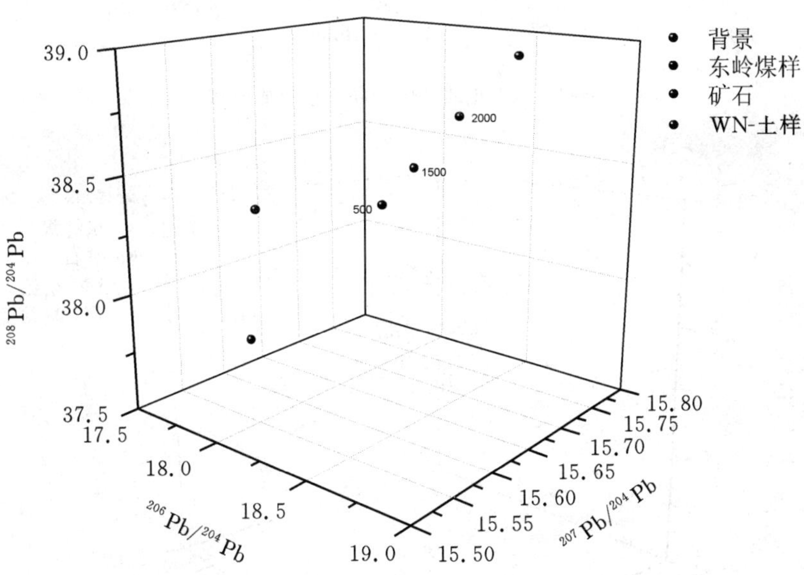

图 4-23 西北方向铅同位素组成分布

选取第二次采样结果为研究对象，做出各个方向的土壤样品的铅同位素比值（全铅方法测量的铅同位素比值和酸提取方法测得的铅同位素比值）和可能污染源的铅同位素组成三维分布图（图 4-24、图 4-25、图 4-26、图 4-27、图 4-28、图 4-29、图 4-30 和图 4-31）。图中依次表示出了正北、东北、正东、东南、东南、正南、西南、正西和西北八个方向的土样与端元物质的铅同位素组成，从图中可以看出，土壤样品的铅同位素比值，用两种方法测得的比值，基本都落在背景、原煤、矿石原材料之间，并且从正北方向顺时针旋转，越靠近南边，土壤的铅同位素组成越靠近矿石原材料的铅同位素组成。

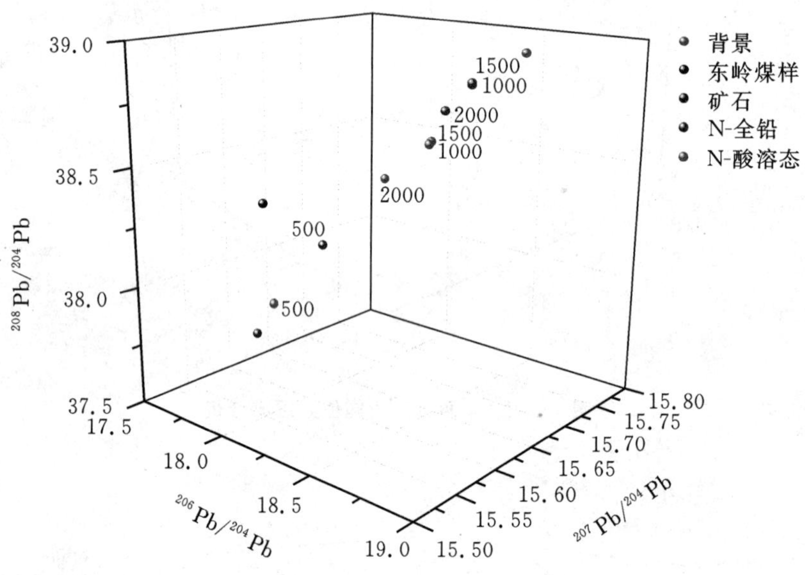

图 4-24　正北方向铅同位素组成分布

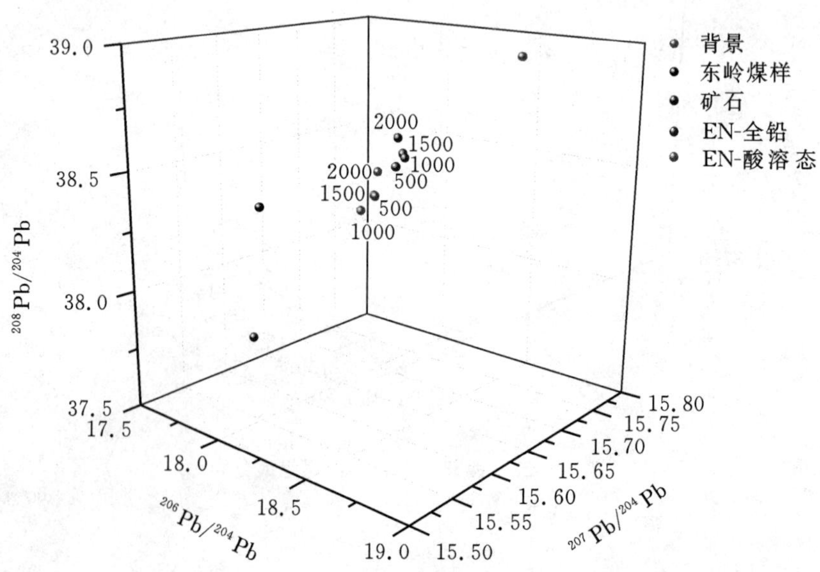

图 4-25　东北方向铅同位素组成分布

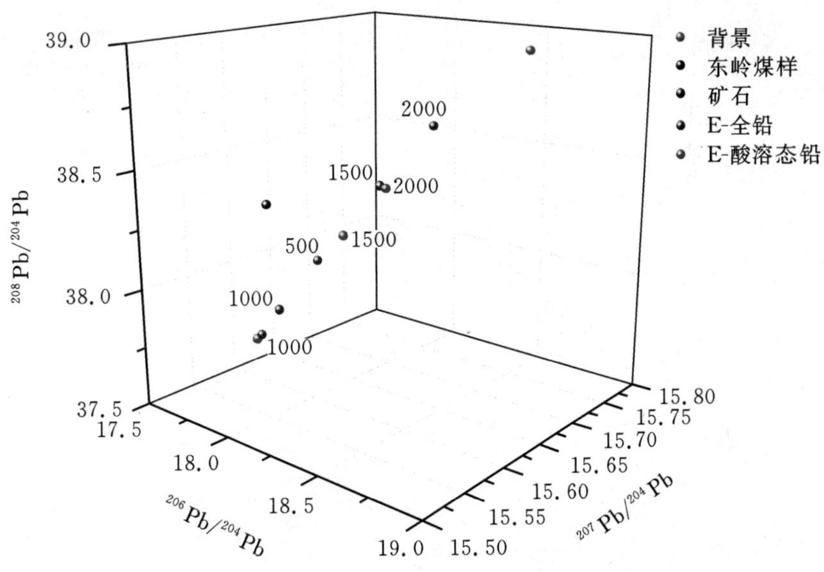

图 4-26 正东方向铅同位素组成分布

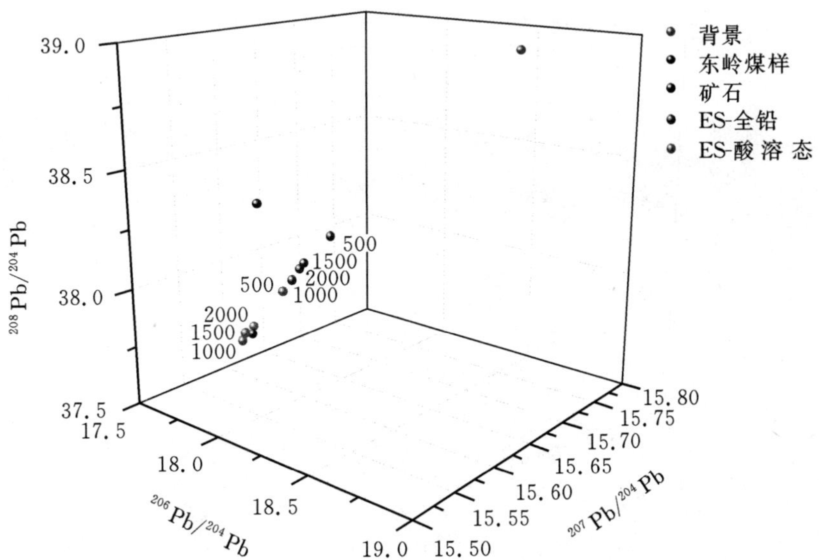

图 4-27 东南方向铅同位素组成分布

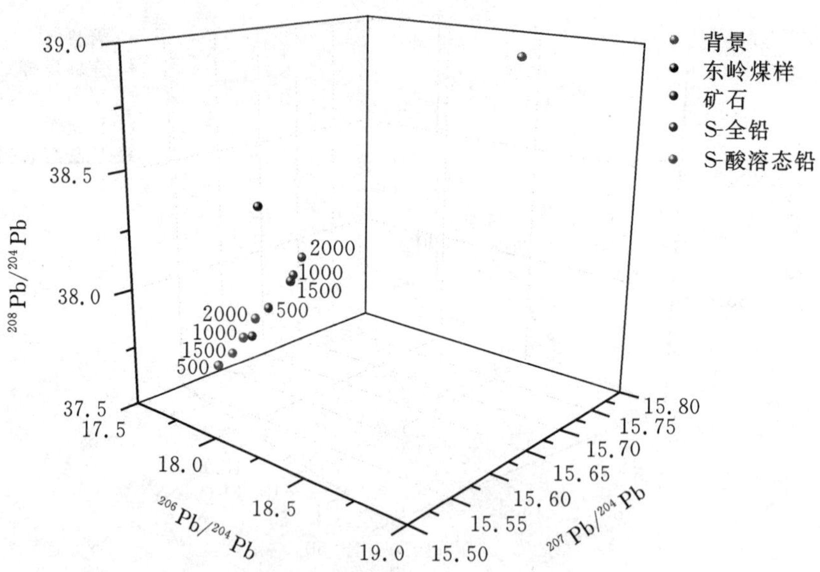

图 4-28　正南方向铅同位素组成分布

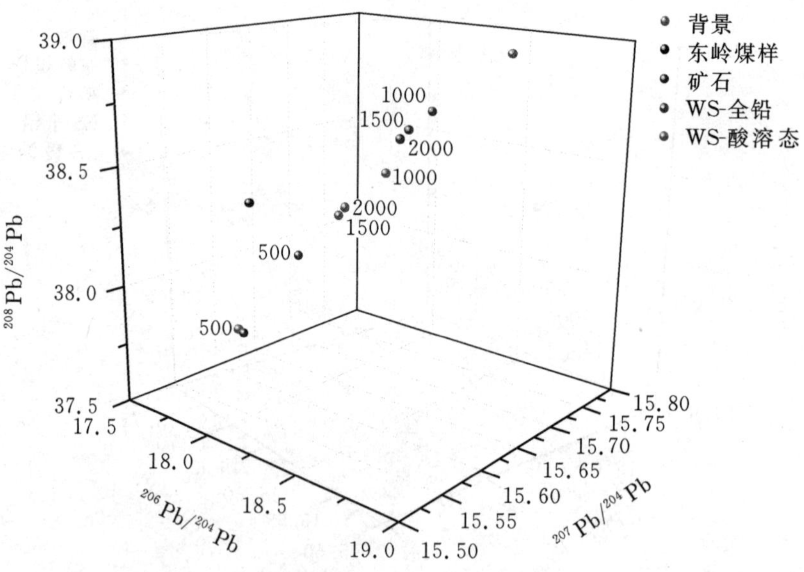

图 4-29　西南方向铅同位素组成分布

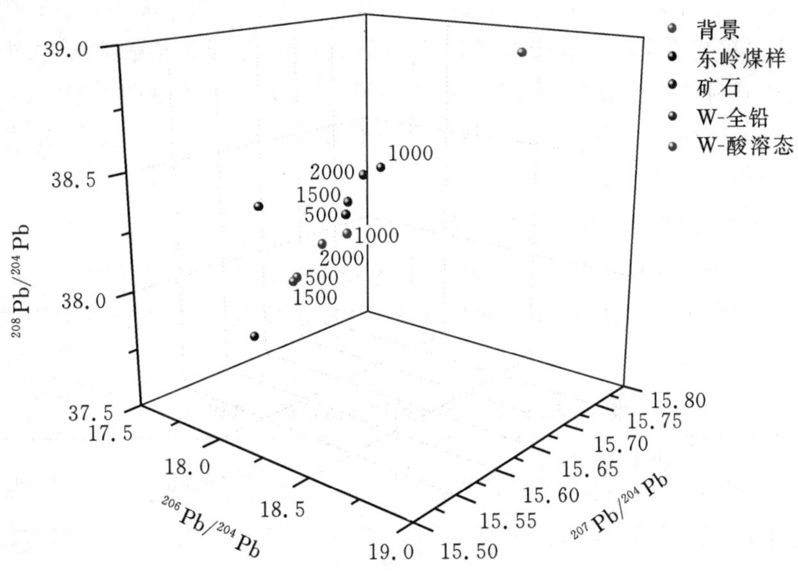

图 4-30　正西方向铅同位素组成分布

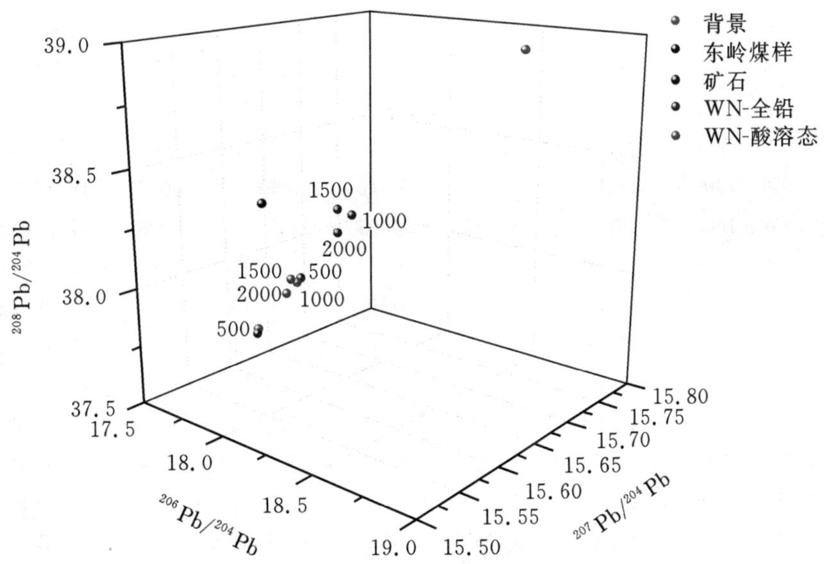

图 4-31　西北方向铅同位素组成分布

综合两次样品的实验结果进行分析，造成这种结果的主要原因可能是位于铅锌冶炼厂厂区西北方向的焦化厂的烟囱比较高，并且虽然当地盛行东南风，但西北方向风速较大，导致大气沉降物降落在东南方向，致使东南方向的铅同位素比值向矿石原材料的铅同位素比值靠近。综合土壤样品与各端元物质的铅同位素二维分布和三维分布，得知背景、原煤、矿石原材料是端元物质。

4.6.3 酸溶态铅同位素组成

土壤中的铅是由自然背景铅和人为来源铅组成。自然背景铅主要由岩石和矿物的自然风化作用产生，主要存在于土壤的硅酸盐部分，结构比较稳定，不易被稀酸溶解；人为来源铅主要是人类活动排放到自然界中最终停留在土壤中的铅，主要存在于土壤的不稳定相中，很容易被稀酸溶解从而被分离出来。酸提取法检测的铅是土壤中不稳定相中的人为铅，完全消解法检测的铅是自然铅和人为铅的总和。

4.6.3.1 酸溶态铅与总铅同位素比较

为了能通过实验区别自然源铅与人为源铅，本研究选取了土壤样品中的主要的 8 个方向上和铅质量浓度较高的样品共计 34 个样品进行了酸提取实验，得到酸溶态的铅同位素的比值如表 4－9 所示。

表 4－9　表层土壤样品酸溶态铅同位素组成

序号	编号	铅质量浓度/ mg · kg^{-1}	$^{208}Pb/^{204}Pb$	$^{207}Pb/^{204}Pb$	$^{206}Pb/^{204}Pb$
1	E－1000	90.72	37.7341±0.0015	15.5817±0.0005	17.7583±0.0006
2	E－1500	20.36	38.2224±0.0012	15.6117±0.0004	18.1356±0.0005
3	E－2000	14.46	38.4386±0.0032	15.6227±0.0011	18.3187±0.0015
4	S－500	52.78	37.6285±0.0021	15.5607±0.0007	17.6853±0.0009
5	S－1000	37.86	37.7525±0.0015	15.5767±0.0004	17.7605±0.0006
6	S－1500	41.51	37.6872±0.0017	15.5680±0.0005	17.7381±0.0006
7	S－2000	35.00	37.8433±0.0021	15.5813±0.0007	17.8128±0.0009
8	W－500	24.22	38.0460±0.0025	15.5950±0.0005	17.9911±0.0009
9	W－1000	13.77	38.2219±0.0016	15.5918±0.0006	18.1551±0.0006
10	W－1500	16.82	38.0256±0.0065	15.5939±0.0023	17.9742±0.0027
11	W－2000	14.38	38.2032±0.0013	15.6373±0.0143	18.0894±0.0005
12	N－500	39.32	37.9086±0.0017	15.5845±0.0006	17.8837±0.0006
13	N－1000	11.78	38.6294±0.0013	15.6401±0.0005	18.4943±0.0005
14	N－1500	9.32	38.6398±0.0009	15.6410±0.0004	18.5019±0.0004
15	N－2000	10.88	38.4807±0.0012	15.6242±0.0004	18.3326±0.0005
16	ES－500	33.80	37.9590±0.0011	15.5943±0.0004	17.9166±0.0005
17	ES－1000	43.54	37.7380±0.0015	15.5724±0.0005	17.7736±0.0006
18	ES－1500	42.47	37.7877±0.0028	15.5688±0.0011	17.8133±0.0011
19	ES－2000	39.34	37.7976±0.0014	15.5808±0.0005	17.8029±0.0005
20	WS－500	27.88	37.7768±0.0011	15.5786±0.0004	17.7727±0.0004
21	WS－1000	10.67	38.5086±0.0010	15.6282±0.0004	18.3926±0.0004
22	WS－1500	14.09	38.3364±0.0015	15.6034±0.0006	18.2511±0.0007
23	WS－2000	14.54	38.3580±0.0020	15.6134±0.0007	18.2389±0.0007
24	WN－500	44.71	37.7788±0.0014	15.5822±0.0005	17.7933±0.0005
25	WN－1000	22.65	38.0047±0.0019	15.5957±0.0007	17.9673±0.0008

续表

序号	编号	铅质量浓度 /mg·kg^{-1}	$^{208}Pb/^{204}Pb$	$^{207}Pb/^{204}Pb$	$^{206}Pb/^{204}Pb$
26	WN－1500	16.46	38.0344±0.0030	15.5858±0.0012	17.9826±0.0013
27	WN－2000	24.30	37.9529±0.0012	15.5910±0.0004	17.9256±0.0004
28	EN－500	11.67	38.4179±0.0012	15.6251±0.0005	18.2982±0.0005
29	EN－1000	15.98	38.3530±0.0010	15.6202±0.0004	18.2396±0.0003
30	EN－1500	13.44	38.4240±0.0014	15.6232±0.0005	18.2967±0.0005
31	EN－2000	10.70	38.5234±0.0016	15.6221±0.0004	18.3220±0.0006
32	EES－500	78.16	37.8407±0.0010	15.5870±0.0003	17.8394±0.0005
33	SWS－500	59.20	37.6563±0.0010	15.5723±0.0003	17.6367±0.0004
34	NWN－500	86.95	37.7429±0.0013	15.5783±0.0006	17.7517±0.0005

从表 4-9 中可以看出，酸溶态铅同位素比值变化范围比较大，酸溶态铅同位素$^{208}Pb/^{204}Pb$的比值介于 37.6285～38.6398，$^{207}Pb/^{204}Pb$的比值介于 15.5607～15.6410，$^{206}Pb/^{204}Pb$的比值介于 17.6367～18.5019，相对于表层土壤样品，酸溶态铅同位素的$^{208}Pb/^{204}Pb$，$^{207}Pb/^{204}Pb$和 $^{206}Pb/^{204}Pb$比值均较小。为了更好的说明酸提取实验的效果，区分出人为源铅同位素的特点，根据实验结果，绘制出表层土壤酸溶态铅与全铅的同位素比值在不同方向，不同位置的铅同位素比值的变化图(见图 4-32)，如图 4-32 所示，在每个点位上，酸溶态铅同位素$^{208}Pb/^{204}Pb$(见图 4-32a)和 $^{206}Pb/^{204}Pb$(见图 4-32c)的比值分别小于对应点的全铅的$^{208}Pb/^{204}Pb$和 $^{206}Pb/^{204}Pb$的比值；除点 N－2000 外，$^{207}Pb/^{204}Pb$(见图 4-32b)酸溶态铅同位素比值均分别小于对应点的全铅的$^{207}Pb/^{204}Pb$的比值。由此可以断定，人为源的铅同位素比值明显要比自然源铅的同位素的比值低。

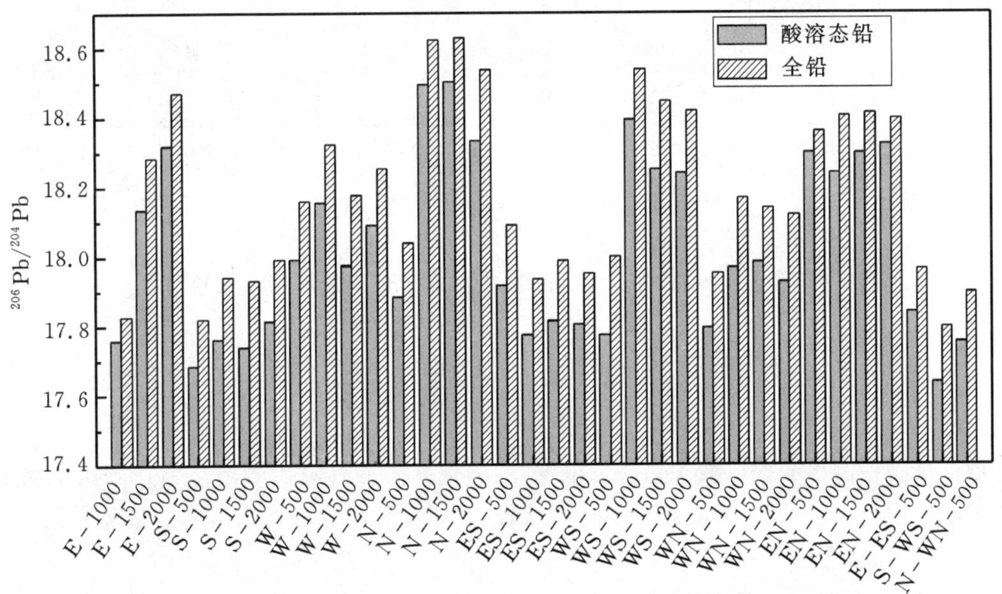

(a) 酸溶态铅与全铅的同位素比值$^{208}Pb/^{204}Pb$比较

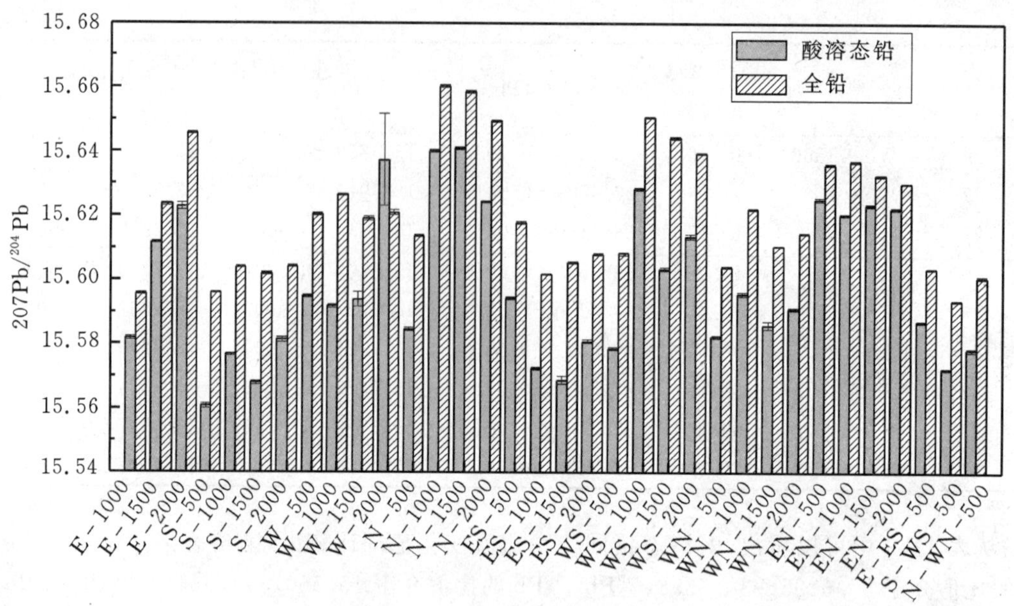

(b) 酸溶态铅与全铅的同位素比值 207Pb/^{204}Pb 比较

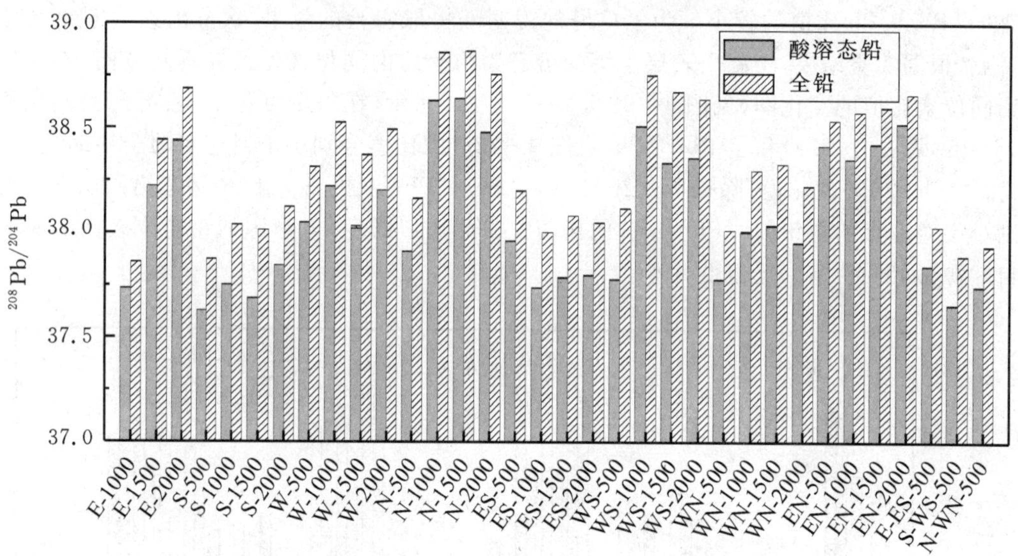

(c) 酸溶态铅与全铅的同位素比值 207Pb/^{204}Pb 比较

图 4-32　酸溶态铅与全铅的同位素比值比较

4.6.3.2　人为铅贡献率

通过仪器检测出酸提取液中铅质量浓度，然后根据实验计算出酸溶态铅在表层土壤的初始质量浓度，与土壤表层土壤总铅含量进行比较，可以计算出稀酸提取出来的铅含量占总铅含量的比重，可以认为这个比重即为人为铅的贡献度。人为铅的贡献率范围为 41.01%～71.72%，平均值为 55.34%，如图 4-33 所示，铅质量浓度较高的点，酸溶态铅所占的比重明显高于铅质量浓度较低的点。

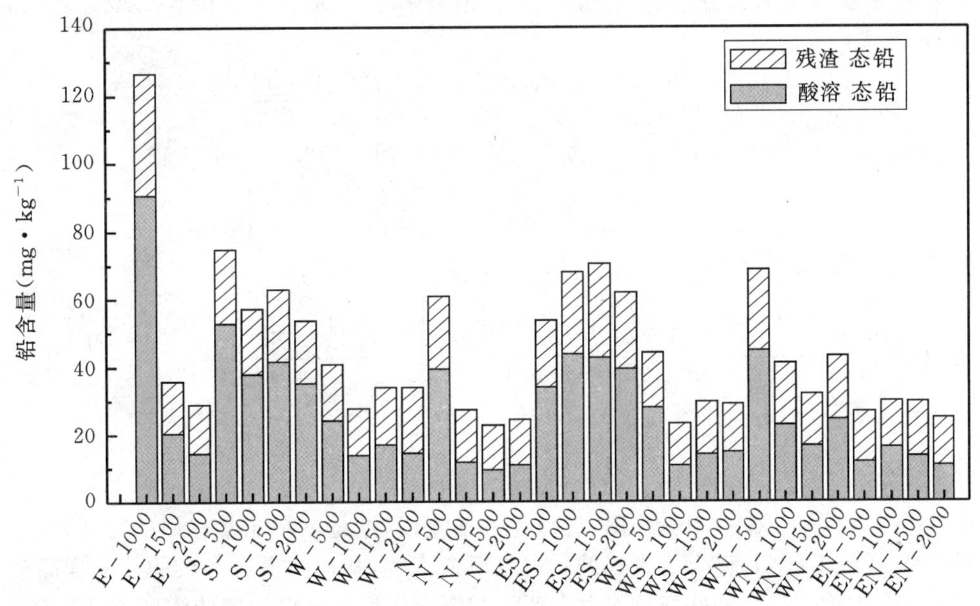

图 4-33 酸溶态铅在样品中的比重

4.6.4 研究区土壤铅同位素示踪污染源定量解析

4.6.4.1 铅同位素混合模型

1. 二元混合模型

对环境中污染物来源认知既要判断其主要污染源,又要定量计算污染源的贡献率,即对污染源进行源解析。

混合模型最早应用于地质学当中,这种方法同样适用于环境污染的调查研究中,下面由二元混合模型开始,进一步研究多源混合模型。

假设混合发生以后,产生混合物的组成不再受到各种反应或过程的改变。假设参数 f 为不同的比例将两种成分 A 和 B 混合在一起,f 的表达式如下:

$$f=\frac{A}{A+B} \tag{4.8}$$

任意一种元素 X 在这种混合物中的浓度为:$X_M=X_Af+X_B(1-f)$

在单位重量的混合物中,^{206}Pb 原子的总数为:

$$^{206}\text{Pb}=\frac{\text{Pb}_A Ab_A^{206}Nf}{W_A}+\frac{\text{Pb}_B Ab_B^{206}N(1-f)}{W_B} \tag{4.9}$$

其中 Pb_A 和 Pb_B 表示 A 和 B 两种组分中铅的浓度、Ab_A^{206} 和 Ab_B^{206} 表示 A 和 B 两种组分中 ^{206}Pb的同位素丰度、W_A 和 W_B 表示铅原子量,N 为阿伏加德罗常数,f 为混合参数。

根据上述方程同样可以,得到^{207}Pb 和^{208}Pb 的类似的方程。可以计算得到^{206}Pb/^{207}Pb 的比值,消去阿伏伽德罗常数。

$$\left(\frac{^{206}\text{Pb}}{^{207}\text{Pb}}\right)_M=\frac{\text{Pb}_A Ab_A^{206}fW_B+\text{Pb}_B Ab_B^{206}(1-f)W_A}{\text{Pb}_A Ab_A^{207}fW_B+\text{Pb}_B Ab_B^{207}(1-f)W_A} \tag{4.10}$$

如果在 A 和 B 两种组分中的 $^{206}Pb/^{207}Pb$ 比值差别不大，那么 W_A 和 W_B、Ab^{206} 和 Ab_B^{206} 近似相等，对上式可以简化

$$\left(\frac{^{206}Pb}{^{207}Pb}\right)_M = \frac{PbAb_A^{206}f + Pb_BAb_B^{206}(1-f)}{Ab^{207}[Pb_Af + Pb_B(1-f)]} \tag{4.11}$$

令 $Ab_A^{206}/Ab^{207} = (^{206}Pb/^{207}Pb)_A$，$Ab_B^{206}/Ab^{207} = (^{206}Pb/^{207}Pb)_B$，得到方程

$$\left(\frac{^{206}Pb}{^{207}Pb}\right)_M = \frac{Pb_Af}{Pb_M}\left(\frac{^{206}Pb}{^{207}Pb}\right)_A + \frac{Pb_B(1-f)}{Pb_M}\left(\frac{^{206}Pb}{^{207}Pb}\right)_B \tag{4.12}$$

然后在将参数方程 f 代入到上式，得到二元混合模型方程式

$$\left(\frac{^{206}Pb}{^{207}Pb}\right)_M \approx \frac{Pb_APb_B\left[\left(\frac{^{206}Pb}{^{207}Pb}\right)_B - \left(\frac{^{206}Pb}{^{207}Pb}\right)_A\right]}{Pb_M(Pb_A - Pb_B)} + \frac{Pb_A\left(\frac{^{206}Pb}{^{207}Pb}\right)_A - Pb_B\left(\frac{^{206}Pb}{^{207}Pb}\right)_B}{Pb_A - Pb_B} \tag{4.13}$$

简单表达式为

$$\left(\frac{^{206}Pb}{^{207}Pb}\right)_M = \frac{a}{Pb_M} + b \tag{4.14}$$

通过($^{206}Pb/^{207}Pb$)对 $1/Pb_M$ 作图，近似为一条直线，这是一个非常有用的特征，我们能够通过对($^{206}Pb/^{207}Pb$)和 $1/Pb_M$ 为坐标的数据点拟合直线，从而从混合形成的一套样品参数的测量得出混合方程。拟合的好坏是对混合假说和混合作用发生以后铅的浓度和($^{206}Pb/^{207}Pb$)比值都没有改变的假设的一种正确性检验。

二端元混合体系，既可用方程计算，也可以用作图法表示。三端元体系一般可用作图法表示，具体方法是：在平面直角坐标系图中标出端元物质同位素数据点的位置，连接三个端元物质同位素数据点，环境物质的同位素数据点应该落在这三个端元物质构成的三角形的范围之内，根据环境物质的数据点与端元数据点的距离，可以估计端元物质在环境物质中的混合比。

2. N 元混合模型

通过质量守恒的定理，来计算 N 个端元体系的贡献率。

N 端元混合方程体系，设两组同位素记为 a_{ij} 和 b_{ij}，其中 i 表示元素类别，j 表示端元，a_i、b_i 为混合样品中同位素。令 f_j 表示混合样品中端元 j 所占的比率，由质量守恒公式可以得到

$$a_i = f_1a_{i1} + f_2a_{i2} + \cdots + f_na_{in} \tag{4.15}$$

$$b_i = f_1b_{i1} + f_2b_{i2} + \cdots + f_nb_{in} \tag{4.16}$$

令 $x_i = a_i/b_i$，那么将(4.16) * x_i—(4.15)，等到如下方程

$$0 = (x_ib_{i1} - a_{i1})f_1 + (x_ib_{i2} - a_{i2})f_2 + \cdots + (x_ib_{in} - a_{in})f_n \tag{4.17}$$

其中，$\sum_{i=1}^{n}$，x_i 可以通过实验测量。即

$$\begin{bmatrix} x_1b_{11} - a_{11} & x_1b_{12} - a_{12} & \cdots & x_1b_{1n} - a_{1n} \\ x_2b_{21} - a_{21} & x_2b_{22} - a_{22} & \cdots & x_2b_{2n} - a_{2n} \\ \vdots & \vdots & & \vdots \\ x_ib_{i1} - a_{i1} & x_ib_{i2} - a_{i2} & \cdots & x_ib_{in} - a_{in} \end{bmatrix} \begin{bmatrix} f_1 \\ f_2 \\ \vdots \\ f_n \end{bmatrix} \tag{4.18}$$

上述矩阵有非零解，即

$$\begin{vmatrix} x_1b_{11} - a_{11} & x_1b_{12} - a_{12} & \cdots & x_1b_{1n} - a_{1n} \\ x_2b_{21} - a_{21} & x_2b_{22} - a_{22} & \cdots & x_2b_{2n} - a_{2n} \\ \vdots & \vdots & & \vdots \\ x_ib_{i1} - a_{i1} & x_ib_{i2} - a_{i2} & \cdots & x_ib_{in} - a_{in} \end{vmatrix} \tag{4.19}$$

4.6.4.2 N 元混合模型的应用

为显示出土壤样品与各端元的铅同位素比值分布，选取第二次样品数据为例，以$^{206}Pb/^{207}Pb$为横坐标，以$^{208}Pb/^{206}Pb$为纵坐标，做出土壤样品与背景、原煤、矿石原材料的铅同位素比值散点图(图 4-34)。由图 4-34 可以看出，土壤样品的铅同位素比值基本落在以背景、原煤和矿石原材料的铅同位素组成为顶点的三角形中。

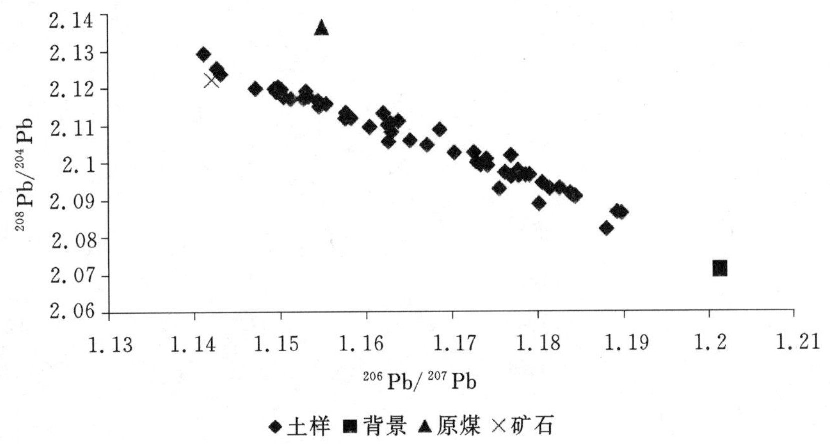

图 4-34 土样与端元物质的铅同位素比值

通过上述方法可以计算多个源的贡献率，针对研究区域具体情况，f_1 代表背景，f_2 代表原煤，f_3 代表矿石原材料，简化方程如下：

$$^{206}Pb/^{207}Pb_{土壤}={}^{206}Pb/^{207}Pb_{背景}\times f_1+{}^{206}Pb/^{207}Pb_{原煤}\times f_2+{}^{206}Pb/^{207}Pb_{矿石}\times f_3 \quad (4.20)$$

$$^{206}Pb/^{207}Pb_{土壤}={}^{206}Pb/^{207}Pb_{背景}\times f_1+{}^{206}Pb/^{207}Pb_{原煤}\times f_2+{}^{206}Pb/^{207}Pb_{矿石}\times f_3 \quad (4.21)$$

$$f_1+f_2+f_3=1 \quad (4.22)$$

用 matlab 软件对上述方程组编程，针对 54 组土壤样品的铅同位素数据，分别求得不同的 f_1、f_2、f_3，见表 4-10，去除负值对 f_1、f_2、f_3 取平均得出$\overline{f_1}=0.3731$、$\overline{f_2}=0.1954$、$\overline{f_3}=0.4316$，也就是说，背景对土壤铅的贡献率是 37.31%，原煤对土壤铅的贡献率是 19.54%，矿石原材料对土壤铅的贡献率是 43.16%，数据显示矿石原材料对土壤铅的贡献最大。但是计算结果中显示正东 1000m、正南 500m、南偏西南 500m、北偏东北 2000m、北偏西北 1500m 和北偏西北 2000m 这六个点处的端元贡献率出现了负值，观察图 4-34 发现，恰好是这六个点的铅同位素分布不在三角形之内，说明这几个点应用多元混合模型计算不合理。

通过此例说明多元混合模型不是普适性模型，如果前提满足样品点在端元物质组成的三角形之内，多元混合模型可以计算出端元物质的贡献率，并能进行直观比较，但是如果存在样品点不在三角形之内，多元混合模型不适用。

表 4-10　各端元对土壤样品的贡献率

编号	背景 f_1	原煤 f_2	矿石原材料 f_3
E－500	0.1792	0.1413	0.6795
E－1000	－0.004	0.0965	0.9076
E－1500	0.4359	0.1896	0.3745
E－2000	0.6027	0.2218	0.1755
S－500	－0.0217	0.1422	0.8795
S－1000	0.0891	0.1841	0.7269
S－1500	0.0891	0.1527	0.7583
S－2000	0.1301	0.2493	0.6206
W－500	0.2987	0.2168	0.4846
W－1000	0.4575	0.2706	0.2719
W－1500	0.3006	0.3041	0.3953
W－2000	0.3667	0.3755	0.2578
N－500	0.1814	0.1958	0.6227
N－1000	0.7528	0.2063	0.0409
N－1500	0.7604	0.2128	0.0269
N－2000	0.67	0.213	0.117
ES－500	0.2417	0.1451	0.6131
ES－1000	0.0979	0.1276	0.7745
ES－1500	0.1437	0.1642	0.6921
ES－2000	0.0983	0.1702	0.7315
WS－500	0.1453	0.1998	0.6549
WS－1000	0.6717	0.2033	0.1249
WS－1500	0.5699	0.2551	0.1751
WS－2000	0.5476	0.2547	0.1978
WN－500	0.1186	0.1	0.7814
WN－1000	0.3185	0.1598	0.5217
WN－1500	0.2666	0.3243	0.4091
WN－2000	0.283	0.1276	0.5894
EN－500	0.5022	0.1857	0.312
EN－1000	0.5536	0.1641	0.2823
EN－1500	0.5606	0.2025	0.2369
EN－2000	0.5053	0.3862	0.1084
E－ES500	0.1309	0.1087	0.7605

续表

编号	背景 f_1	原煤 f_2	矿石原材料 f_3
E－ES1000	0.2362	0.118	0.6457
E－ES1500	0.3589	0.1415	0.4996
E－ES2000	0.4825	0.1779	0.3396
E－EN500	0.2828	0.1247	0.5925
E－EN1000	0.3876	0.1623	0.4501
E－EN1500	0.4863	0.2504	0.2633
E－EN2000	0.5378	0.1821	0.2801
W－WS500	0.6576	0.2253	0.1171
W－WS1500	0.6344	0.2354	0.1302
W－WN500	0.2241	0.1805	0.5954
W－WN1000	0.165	0.1976	0.6374
W－WN2000	0.2967	0.2505	0.4528
S－WS500	－0.07	0.2491	0.8209
N－EN500	0.4929	0.1659	0.3412
N－EN1000	0.6242	0.1907	0.185
N－EN1500	0.5663	0.2381	0.1956
N－EN2000	0.7814	－0.0196	0.2382
N－WN500	0.0674	0.0798	0.8528
N－WN1000	0.3375	0.0442	0.6183
N－WN1500	0.569	－0.0137	0.4447
N－WN2000	0.6477	－0.0157	0.368

4.7　各端元相对贡献率距离相关模型定量分析

鉴于以上多元混合模型方法应用在此研究中存在不合理结果，正东1000m、正南500m、南偏西南500m、北偏东北2000m、北偏西北1500m和北偏西北2000m这六个点处的端元贡献率出现负值，负值属于无效值，但是这几个点处的铅浓度比较高，不能忽略。我们在4.3节中给出了铅指纹图谱的相似性测度计算原理，依据夹角余弦法相对贡献率计算，可以简化为向量在多维空间中距离的相对贡献，我们定义为距离相关模型。

4.7.1　距离相关模型计算贡献率

4.7.1.1　理论依据

端元物质的研究方法认为铅同位素比值分布图上距离样品点越近的端元对样品贡献率越大，基于这一原理，认定铅同位素比值分布三维图中距离样品点越近的端元为贡献率越大的端元物质。

4.7.1.2 假设条件

(1)每一个点可以利用铅同位素比值的特性在空间坐标系中表示出来；

(2)贡献率的大小与距离的倒数成一定的正相关 $f \propto 1/l_i$

4.7.1.3 计算

(1)每一个点可以利用铅同位素比值的特性在空间坐标系中表示出来；

(2)贡献率的大小与距离的倒数成一定的正相关 $f \propto 1/l_i$

设有 N 个端元物质，其空间坐标为($^{206}Pb/^{204}Pb$, $^{207}Pb/^{204}Pb$, $^{208}Pb/^{204}Pb$)$_i$，($i=1,2,\cdots,n$)；其中，f_i 表示第 i 端元相对贡献率；l_i 表示某一样品到第 i 端元的距离。

现有一样品，空间坐标为($^{206}Pb/^{204}Pb$, $^{207}Pb/^{204}Pb$, $^{208}Pb/^{204}Pb$)，则由空间两点的距离公式知

$$l_i = \sqrt{\left[\frac{^{206}Pb}{^{204}Pb} - \left(\frac{^{206}Pb}{^{204}Pb}\right)_i\right]^2 + \left[\frac{^{207}Pb}{^{204}Pb} - \left(\frac{^{207}Pb}{^{204}Pb}\right)_i\right]^2 + \left[\frac{^{208}Pb}{^{204}Pb} - \left(\frac{^{208}Pb}{^{204}Pb}\right)_i\right]^2} \tag{4.23}$$

又因为 $f_i \propto 1/l_i$，则某一端元的贡献率可表示为

$$f_i = \frac{1/l_i}{\sum_{i=1}^{n} 1/l_i} \tag{4.24}$$

N 个端元的相对贡献率之和为 1，即

$$\sum_{i=1}^{n} f_i = 1 \tag{4.25}$$

4.7.1.4 举例说明

现在用图 4-35 进行说明，图中点 A、B 和 C 表示三个端元物质，点 D 表示样品。由式(4.23)计算出点 D 到点 A、B、C 的空间距离 l_1、l_2、l_3，再由式(4.24)计算出端元 1、端元 2、端元

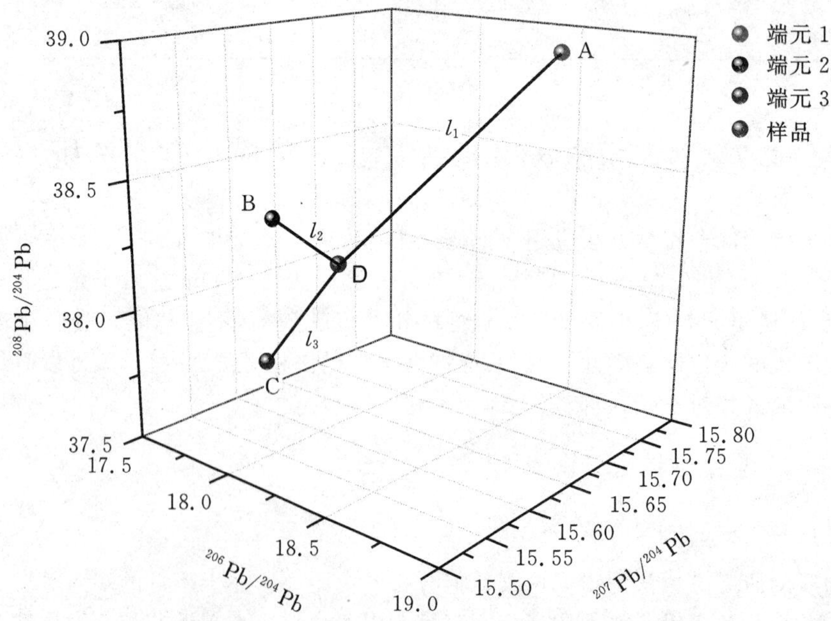

图 4-35 距离取倒数计算贡献率的图形演示

3 的相对贡献率 f_1，f_2，f_3

$$f_1 = \frac{1/l_1}{1/l_1 + 1/l_2 + 1/l_3} \tag{4.26}$$

$$f_2 = \frac{1/l_2}{1/l_1 + 1/l_2 + 1/l_3} \tag{4.27}$$

$$f_3 = \frac{1/l_3}{1/l_1 + 1/l_2 + 1/l_3} \tag{4.28}$$

4.7.2 距离相关模型的应用

4.7.2.1 土壤样品相对贡献率分析

根据距离相关模型计算各端元物质对土壤样品的相对贡献率，以正东 1000 m 处的土壤样品和各端元物质的距离为例，空间距离显示见图 4-36。

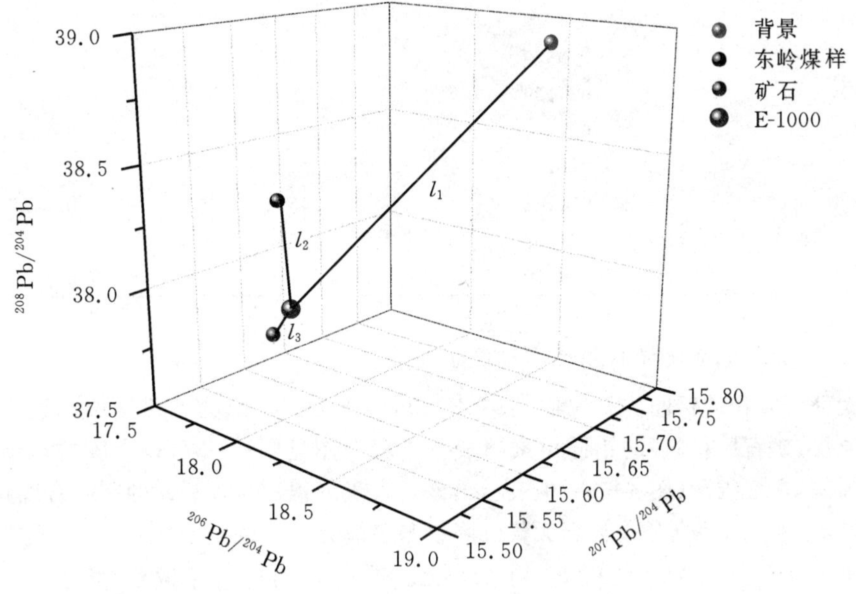

图 4-36 E-1000m 处距离取倒数计算贡献率

选取上述多元混合模型计算结果中出现负值贡献率的点，计算土壤样品与各端元物质的空间距离，并分别求出各端元物质的贡献率 f_1、f_2、f_3 见表 4-11。由表可知，对 f_1、f_2、f_3 取平均得出 $\overline{f_1}=0.2563$、$\overline{f_2}=0.2814$、$\overline{f_3}=0.4626$，即矿石贡献率最大，与多元混合模型计算结果一致。

选取铅浓度最高的前十个点，计算土壤样品与各端元物质的空间距离，并分别求出各端元物质的贡献率 f_1、f_2、f_3 见表 4-12。由表可知，对 f_1、f_2、f_3 取平均得出 $\overline{f_1}=0.0990$、$\overline{f_2}=0.4005$、$\overline{f_3}=0.5006$，即矿石贡献率最大，与多元混合模型计算结果一致。综合两种方法，得知矿石原材料对土壤铅的贡献最大。

表 4-11 各个端元的贡献率

编号	背景 f_1	原煤 f_2	矿石原材料 f_3
E—1000	0.0581	0.1601	0.7818
S—500	0.0629	0.1741	0.7630
S—WS500	0.0676	0.1842	0.7482
N—EN2000	0.6408	0.2361	0.1231
N—WN1500	0.2966	0.5203	0.1831
N—WN2000	0.4117	0.4138	0.1766
平均值	0.2563	0.2814	0.4626

表 4-12 各个端元的贡献率

编号	背景 f_1	原煤 f_2	矿石原材料 f_3
E—1000	0.0581	0.1601	0.7818
NEN—500	0.0943	0.3017	0.6040
EES—500	0.1142	0.4589	0.4269
S—500	0.0629	0.1741	0.7630
ES—1500	0.1159	0.5383	0.3458
WN—500	0.1123	0.4293	0.4584
S—1500	0.1116	0.4115	0.4768
ES—2000	0.1161	0.4652	0.4187
N—500	0.1053	0.6650	0.2297
平均值	0.0990	0.4005	0.5006

4.7.2.2 大气沉降物样品相对贡献率分析

选取大气沉降物的铅同位素比值(表 4-13),做出大气沉降物的铅同位素组成与端元物质(背景、原煤、矿石原材料)的铅同位素组成三维分布图见图 4-37,以在陈村东街采集的大气沉降物为例,在三维图(图 4-38)中表示出该处大气沉积物与各端元的空间直线距离 l_1、l_2、l_3,利用两点之间空间距离公式计算大气沉降物与各端元物质的空间距离,并分别求出各端元物质的贡献率 f_1、f_2、f_3 见表 4-14。由表 4-13 可知,对 f_1、f_2、f_3 取平均得出 $\overline{f_1}=0.1210$、$\overline{f_2}=0.2455$、$\overline{f_3}=0.6336$,即矿石贡献率最大。

表 4-13 大气沉降物的铅同位素组成

编号	采样地点	$^{208}Pb/^{204}Pb$	$^{207}Pb/^{204}Pb$	$^{206}Pb/^{204}Pb$
DQ01	陈村东街	37.5936	15.5693	17.5081
DQ02	高嘴头小学	37.5069	15.5654	17.4290
DQ03	修轮胎	37.5257	15.5648	17.4433
DQ04	洗车行	37.5306	15.5635	17.4577
DQ05	电厂北长青村十组	37.6201	15.5690	17.5332
DQ06	泰山石敢当	37.4885	15.5618	17.4202
DQ07	水库边	37.6499	15.5740	17.5613
DQ08	凤翔火车站	37.4848	15.5630	17.4108
DQ09	电厂招待所	37.5934	15.5685	17.5022

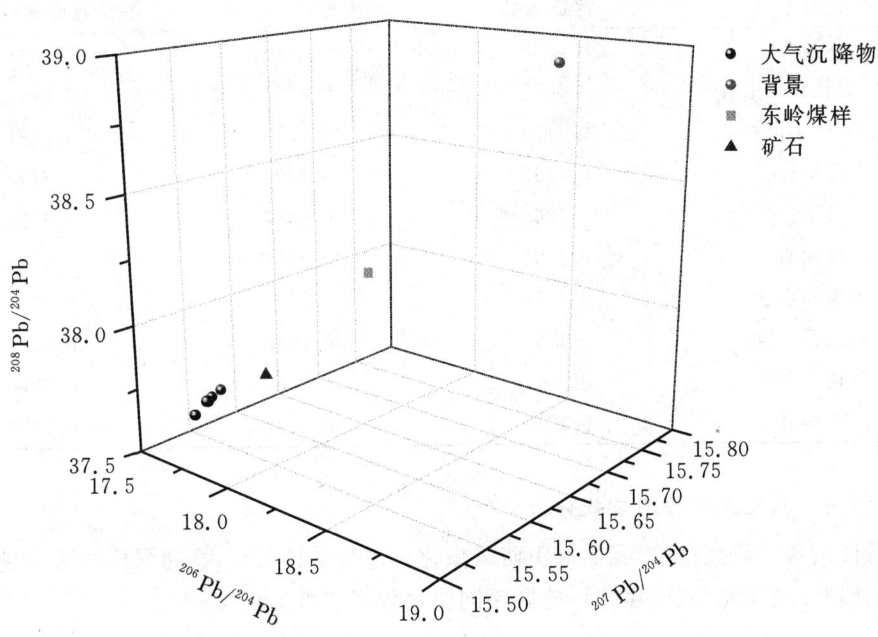

图 4-37 大气沉降物与各端元物质铅同位素组成分布三维图

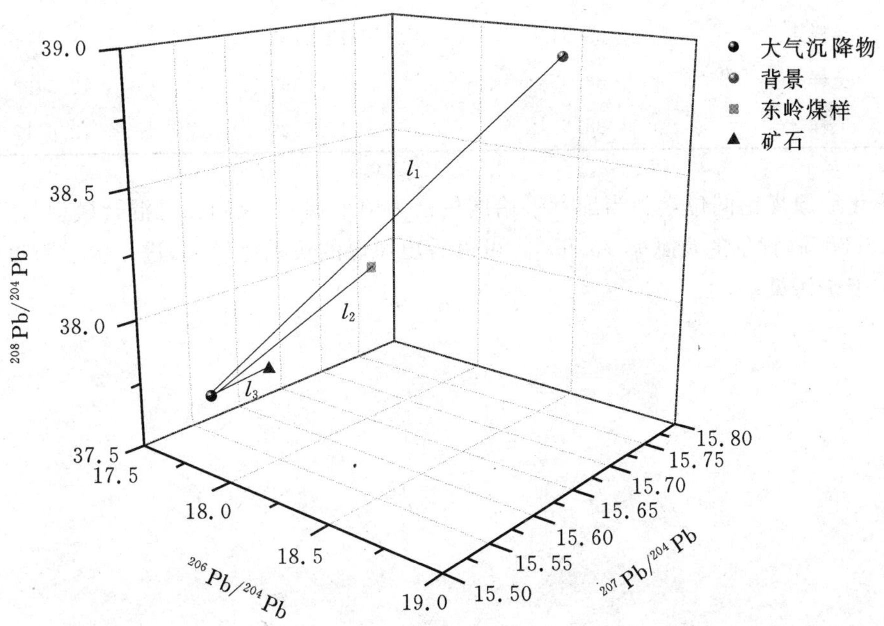

图 4-38 大气沉降物与各端元物质的空间距离表示

表 4-14 各个端元的贡献率

送样号	背景 f_1	原煤 f_2	矿石原材料 f_3
水库边	0.0969	0.2120	0.6911
电厂北长青村十组	0.1055	0.2251	0.6694
陈村东街	0.1126	0.2353	0.6521
电厂招待所	0.1137	0.2369	0.6494
洗车行	0.1265	0.2534	0.6201
修轮胎	0.1290	0.2565	0.6145
高嘴头小学	0.1325	0.2607	0.6068
泰山石敢当	0.1352	0.2638	0.6010
凤翔火车站	0.1367	0.2655	0.5977
平均值	0.1210	0.2455	0.6336

4.7.2.3 焦化工艺污染贡献分析

为验证冶炼厂研究结果,我们对山西某焦化厂进行采样研究,按照同样的方法进行样品的采集、前处理以及实验,测得焦化厂地区铅同位素数据结果见表 4-15。

表 4-15 地区铅同位素数据

送样号	$^{208}Pb/^{204}Pb$	$^{207}Pb/^{204}Pb$	$^{206}Pb/^{204}Pb$
原煤	38.4314	15.5746	18.2735
背景	38.8697	15.6632	18.7779
土样 1	38.9440	15.6762	18.8691
土样 2	38.9354	15.6697	18.8433
土样 3	38.7542	15.6429	18.6017

以焦化厂原煤铅同位素和当地背景铅同位素为两个端元,应用二元混合模型,计算出原煤贡献率 26.35%,背景的贡献率 73.65%,可以看出原煤的贡献比较大,进一步说明焦化厂焦化工艺确实带来污染。

5　树木年轮元素含量与环境变化

很长时间以来，人们关注的都是环境污染的短期急促效应和直接的破坏作用，很少从生物的长期适应和进化角度上思考这一问题。植物是生态系统中物质生产、物质循环、能量流动的主要成分，它在这种环境下，如何适应，有多大的适应能力，对环境的变化有无记载，能否反映环境污染历史及污染程度等问题，都逐渐成为人们思考的问题。因此，检测研究区域树木年轮中的污染元素的含量，了解和区分工业污染、生活污染及交通污染在环境污染中的作用，将具有十分重要的现实意义。目前，环境中污染物数量增加和浓度的上升已经引起了人们的关注，而选择正确有效并且快速的生物监测手段和途径是环境影响评价成功的关键之一。树木年轮作为环境变化的“档案”具有重要的科学研究意义，它受到了全世界环境科学家的广泛重视，在环境科学领域中的应用已得到快速的发展并且还在不断的扩展，已成为一门发展较快、跨领域的综合性学科。

5.1　树木年轮学的基本概念

树木年轮学是研究记录在树木年轮中的自然过程和人类影响过程的学科，树木具有较广泛的地理分布，并对外界的环境变化比较敏感，因此通过对树木年轮的研究可以获得在时空分布上都具有较高分辨率的生态、气候、地理及人类文化历史的变化信息。树木年轮化学(Dendrochemistry，简称年轮化学)是树木年轮学的一个分支，它用于示踪环境污染历史以及元素在环境中的运移特征。对环境(尤其是大气)污染变化的历史研究。在众多记录环境历史变化的信息源中，树木因其分布广泛、寿命长久，且能同时感应自然干扰和人为干扰的影响，其年轮保留着人类活动的痕迹，分辨率高，连续性强，年轮指标量测精确，因此树木体内的元素浓度能揭示环境中的污染元素生物有效性水平的历史变化，是可靠的年代信息源之一。

5.1.1　树木年轮解剖学特征

要进行树木年轮的研究，首先要了解树木生长及木材结构的知识。必须知道树木是从什么季节开始生长，每个季节的生长有什么特征，以及周围的环境因素如何影响树木的化学物理过程。众所周知，树木每年形成一个完整的年轮，整体来看树干的最外层是树皮，树皮大部分属于木本植物的韧皮部，韧皮部包裹的是材质。材质是树干的木质部，木质部是木材的来源，因而又称为木材。在韧皮部和木质部之间有一层生长特别活跃，处于不断分裂增生状态的细胞层，这一细胞层称为形成层(图 5－1)。树木的长粗主要是形成层细胞活动的结果。形成层细胞不断分裂，向内形成新的木材，向外形成新的韧皮部。

从图上可以看出早材是指在生长季节早期(通常自早春期)形成的木材，此时由于形成层活动旺盛，生长迅速，所形成的木质部细胞径大而薄，细胞间空隙较大，细胞纤维少，材质较松软，材色较浅；晚材是在生长季节晚期(夏末秋初)形成的木材，此时因营养物质流动减弱导致形成层活动减弱，形成的细胞径小而壁厚，细胞间空隙小，纤维成分较多，材色深且组织较致密。

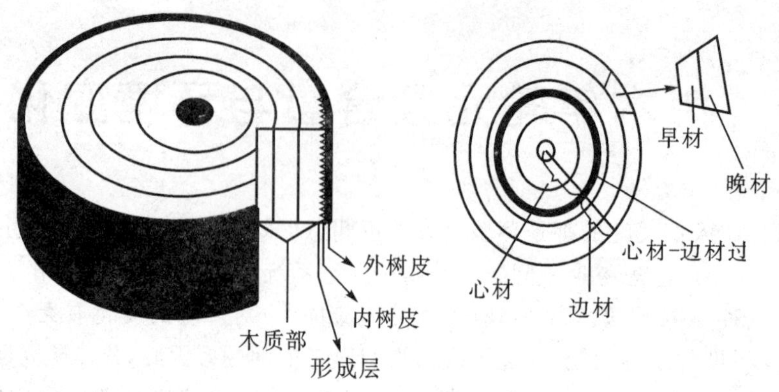

图 5-1 树轮结构示意图

5.1.2 树木年轮的基本概念

缺轮(Missing Ring)是指因反常的气候影响,使形成层不分化直到生长环境适合时才又开始活动形成年轮,如图 5-2(a)。这样在木材横切面上就会相应地出现生长轮缺失的现象,或者在树木一侧形成极窄轮而在另一侧消失。

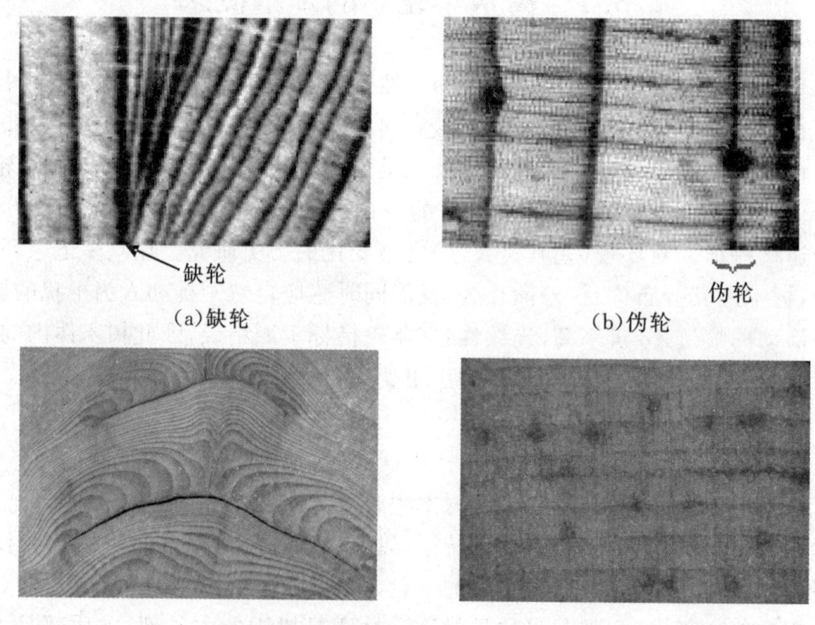

(a)缺轮 (b)伪轮

(c)霜轮

图 5-2 树轮中的异常轮

伪轮(False Ring)是指在一个真正的生长轮内出现两个或者更多个轮印,如图 5-2(b)。产生伪轮的主要原因是在一个生长周期内,由于生长条件的波动而导致形成层活动出现几次盛衰起伏而造成的。如当条件恶化时,树木在生长季节尚未结束前就形成了类似晚材的颜色深、体积小、细胞壁厚的细胞,当生长条件再次转好时又会形成大而薄的细胞,这样,在一个生长季节内就会产生多个年轮。气候的突变、长期干旱或虫害以及强台风的侵袭等都可能导致树木产生伪轮。如柑桔属(Citrus)茎中的形成层每年有三次活动高峰,因此一年能形成三个年轮。

霜轮(Frost Ring)霜轮是指由于霜、旱及火灾等原因使形成层原始细胞受到损害,结果产生含有不规则的薄壁组织带的年轮,如图 5-2(c)。霜轮中常有橡胶或树脂等填充物,呈现暗色,与年轮外观相似。

5.1.3　树木年轮学的基本原理

1. 均一性原理(The Uniformitarian Principle)

均一性原理也可以看作是自然科学中普遍适用的"将今论古"原理。它基本上适用于一切古气候研究,是 James Hutton 于 1985 年提出的。该原理基于这样一种假设:过去出现过的气候,今后必定会再次出现,而现在的气候类型必定可以从历史记录中找到相似的类型。它意味着同种的限制条件以同样的方式影响着过去和现在同样的过程。

均一性原理在树木年轮学中的应用主要表现在:树木在过去时间范围内所发生的物理、生物过程必须与目前的相同,而正是这些过程把树木生长和环境变化联系到一起。同样,现代气候类型与气候变化也必须与过去一致,但这些并不意味着古气候与现代气候完全相同,而是指限制树木生长的气候条件在过去与现在以相同的方式对树木产生相同的影响,只是它们的频率、强度和位置发生了变化。因此通过对树轮与气候之间的关系的分析,根据树木年轮可以提供过去较长时间的气候类型及气候变化,就可以推断未来的气候变化。

2. 限制因子原理(The Principle of Limiting Factors)

限制因子是限制生物生存和繁衍的关键性因子。在众多生态因素中,任何因素接近或超过某种生物的耐受性极限,即超过该种生物的生态上限和下限时,不管其他生态因素是否符合生物的生长、繁衍,该种生物都会受到影响甚至死亡,这种生态因素称为限制因子。

这一原理在树木年轮学的研究中非常重要,只有某个生态因素成为限制因子,持续足够长的时间,并且对一定的区域范围内的树木产生相同的影响,才能使一定区域内树木年轮的宽度或其他特征有着相同的变化,进而才能对树木年轮进行定年。即树木年轮宽窄变化在很大程度上反映了其生长的限制因子的变化,如果树木的生长不受任何气候或环境因子的限制,树木年轮中就不存在任何有关树木周围气候或环境的信息,定年工作就无法进行。

树轮气候学或生态学的主要目的是根据树木年轮变化推断过去生态环境状况,因此就应该选择那些作为研究对象的限制因子而制约其生长的树木为样本采集对象。如为了了解过去某个地方湿润状况的变化,应尽可能选择干旱、半干旱地区的树轮样本;如要研究过去温度变化的历史,则应选择位于高海拔地区或者山地、森林上线的树轮样本;要研究某地的污染历史就应选择生长在有特定污染源的区域内的树木作为研究对象。

3. 生态幅原理(The Principle of Ecological Amplitude)

生态幅原理实际上是限制因子原理的延伸,就无机或物理因素而言,每种生物对每一种环境因素都要求有适宜的量,过多或不足都可能使其生命活动受到抑制乃至死亡。生物对某一个因子耐受范围的大小称为生态幅,生态幅可分为生态最适范围、生态上限和下限。在生态上限和下限内,某种生物可以生存,但其中还有一个比较小的生态的最适范围,在这个范围内该种生物发育的最好，数量最多。

对于树木年轮学研究来说，生态幅原理极为重要。一般最适合树木年轮学研究的树木都生长在它们的生态幅的边缘，可以是该树种生存的经度、纬度或者高度范围的边缘。位于这些生态幅边缘的树木，其年轮的逐年变化可以达到最大，并且不同树木之间的宽窄变化也比较趋于一致，这就使得年轮序列中所含的气候变化量达到最大，其他噪音因子对年轮宽窄变化的影响达到最小。因此，这一原理对于野外采样有着特殊的指导意义。树轮学家必须根据自己的研究目的选择适当地点的树木作为研究对象，以获得更多自己希望的信息。

4. 交叉定年原理(The Principle of Cross-dating)

交叉定年原理是年轮分析中一个重要的原理，该原理的应用可以确定每一个年轮产生的具体年代，否则树木年轮的其他应用就无从谈起。交叉定年的基础是同一区域内的树木生长具有相同的环境限制因子，它们的年轮宽窄变化是同步的。

由于任何一棵树，其既受大的生态环境的影响，又受小的地理条件的制约，使得即使相邻很近的两棵树的生长过程也很难毫无差异，甚至同一棵树的不同方向的生长状况也不尽相同。树木在生长过程中，如果气候出现异常变化，其正常生长就会受到干扰，往往会形成缺轮、伪轮、断轮或霜轮。在四季变化不明显地区的部分针叶树种和阔叶树种以及一些年代久远的已经碳化了的古木中，往往年轮界限模糊不清。因此仅凭一两个树轮样本进行定年是不准确的，只有将同一地区，同一树种的许多树木的年轮样本加以比较，找出它们的共同特征，明确其同步性，才能比较准确地给出每一年轮具体所形成的年代，这样所得到的序列才具有代表性。即借助于交叉定年技术，都能精确地给出每一个年轮的具体形成年代。

交叉定年的基本步骤包括：①对各个可见的和统计上的样本年轮特征，包括轮宽、早晚材颜色和厚度的逐个变化等进行判断；②检查上述这些特征的同步性；③确定出与众多样本不吻合的个例；④进一步判断造成这种不吻合的原因，确定可能的伪轮、缺轮等差异并进行调整。

交叉定年可以通过骨架图的绘制及对比来完成，骨架图是指将树轮宽窄变化按一定规则转化到坐标纸上所画的图。骨架图重点反映的是树轮的宽窄变化情况，较窄(与它周围3～4轮相比较)的轮在坐标纸对应的线上作标记，年轮越窄坐标纸上相应位置的标记线就越长(图5-3)。骨架图完成之后，先将同一棵树的两颗芯进行对比、汇总，然后将不同树之间进行对比和汇总，这样就可以将多棵树的骨架图最终汇总到一起形成一个总的汇编图。汇编图的绘制主要是以骨架图中的窄轮为控制线，提取共同特征，在此过程中也要完成缺轮与伪轮的加减，并根据采样时间给出每个代表年轮的竖线以确切的日历年份，最后把每一个样芯的骨架图与最终的汇编图对比，确定每一个样芯的伪轮或缺轮年，并给出每个年轮的日历年份完成定年。

5. 敏感性原理(The Principle of Sensitivity)

树木生长的限制因子很多，其中树木年轮宽度的逐年变化是衡量气候对年轮生长限制的一个很好的指标，树木年轮学中把这种宽窄的逐年变化作为树木对气候因子的反映的敏感度。树木受环境因子的限制越强，树木中轮与轮之间的宽窄变化就越明显，树轮学家把树轮宽度上的这种变化称为敏感，而树轮宽窄上缺乏变化的称为满足。这种宽度的波动可以直接用肉眼对树轮观察而得到，也可以用一个同一概念——平均敏感度来表示，平均敏感度是指相邻两个年轮之间宽度变化的百分率。Fritts将其量化为

$$M_S = \frac{1}{n-1}\sum_{i=1}^{n-1}\left|\frac{2(x_{i+1}-x_i)}{x_{i+1}+x_i}\right| \tag{5.1}$$

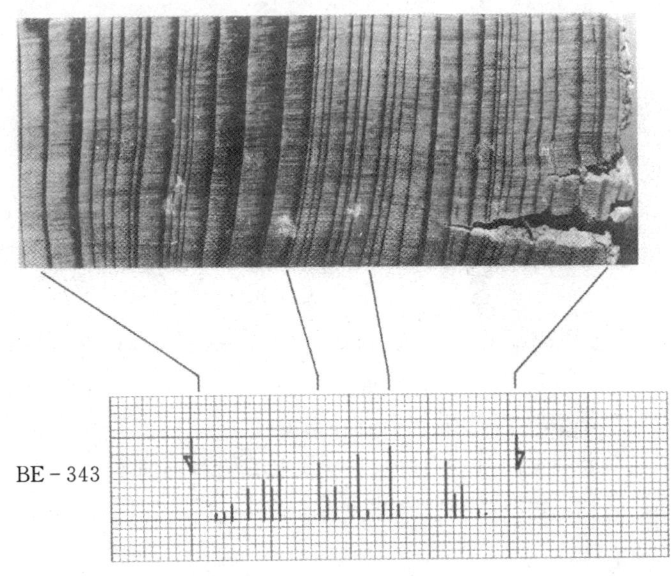

图 5-3 骨架图的绘制

式中：Ms 为平均敏感度；n 为该样本年轮总数 / 年；x_i 为第 i 轮宽度值 /mm；x_{i+1} 为第 $i+1$ 轮宽度值 /mm。

Ms 的取值范围为 $0 < M_S < 2$，M_S 值越大，气候因子的限制作用就越明显。显然，平均敏感度是度量相邻年轮之间年轮宽度变化的情况的，所以它主要反映气候的短期变化或高频变化。研究表明，平均敏感度较大的样本保留的气候信号较多，相应的噪音较少，不同生长环境的树木以及不同的树种对气候的敏感度均存在较大差异。

6. 复本原理(The Principle of replication)

复本原理是指在树木年轮学研究中，要求在同一采样地点采集一定数量的样本，而且要在每棵树的不同高度和不同方向上取样，这样不仅可以避免缺轮及伪轮的干扰以得到采样点的环境信息，还可以将其他因素所引起的噪音最小化。

大量的统计事实表明，利用树木年轮分析气候变化时，仅凭一两棵树的样本量是远远不足的，这样的结果是很不可靠的。因为仅靠这么少的样本量很难区分是气候因素影响该树的生长还是另有原因，如树木生理的影响、火灾、病虫害等，而且很难将年轮序列中的缺失年轮和伪轮进行识别并予以相应的补充或剔除，这样的偏差最终会导致整个序列面目全非。只有通过大量样本的比较、鉴别，行之有效的交叉定年等，才能避免上述现象，同时消除非气候因子的噪声干扰。虽然对于研究来说样本采集是越多越好，但是在实际工作中不可能无限制地采集样本，需要视具体情况而定，国际年轮库的标准是在一个采样点最少采集 10 棵树以上，在此基础上才有可能得到比较可信的平均年轮宽度年表。对于树木年轮化学并没有严格的样本量的要求。

5.2 树木年轮采样和元素检测

5.2.1 采样

具体采样方法:在污染源缘区取样,污染源下风向较佳,检测质量容易得到保证。因这些环境可以保证植物生长环境的连续性,污染源对树木的影响大,树木中所包含的环境信息相应地比较大。

树轮采样分采集轮芯和树盘两种方法,对于污染环境示踪,因为样品需求量大,一般采用采集盘方法。

采集树种:伪轮和断缺轮太多的树种不宜作为选择样本对象。全世界已有 200 多种树种可作为年轮气候、年轮分析使用。我国目前已知可用的树种有油松、华山松、红皮松、橡树、侧柏、杜松、祁连山圆柏、云杉、冷杉、落叶松、胡杨。

5.2.2 样品前处理

样品前处理主要采用湿法消化技术。

植物样品中微量元素的化学前处理方法一般有三种:干灰化法、湿化消化法和盐酸溶解法等。干灰化法所需时间长,试剂少,操作简单,污染小,缺点是干灰化法需马福炉,耗能大;盐酸溶解法所需时间短,对环境的污染小,但是由于盐酸氧化能力有限,因此该方法处理效果不是很好。

湿法消化法也称酸消化法,主要是指用不同酸或混合酸与过氧化氢或其他氧化剂的混合液,在加热状态下将含有大量有机物的样品中的待测组分转化为可测定形态的方法。湿法消解样品常用的消解试剂体系有:HNO_3、HNO_3—$HClO_4$、HNO_3—H_2SO_4、H_2SO_4—$KMnO_4$、H_2SO_4—H_2O_2、HNO_3—H_2SO_4—$HClO_4$、HNO_3—H_2SO_4—V_2O_5、碱分解法等。其中沸点在 120℃以上的硝酸是广泛使用的预氧化剂,它可以破坏样品中的有机质;硫酸具有强脱水能力,可以使有机物炭化,使难溶物质部分降解并提高混合酸的沸点;热的高氯酸是最强的氧化剂和脱水剂,由于其沸点较高,可在除去硝酸以后继续氧化样品。当样品基体含有较多的无机物时,多采用含盐酸的混合酸进行消解,而氢氟酸主要用于分解含硅酸盐的样品。酸消化通常在玻璃或聚四氟乙烯容器中进行。

由于湿法消解过程中的温度一般较低,待测物不容易发生挥发损失,也不易与所用容器发生反应。湿法消解操作简便,可一次处理较大量样品,适用于水样、食品、饲料、生物等样品中痕量金属元素的分析。该法的缺点是:①若要将样品完全消解需要消耗大量的酸,且需高温加热(必要时温度$>$300℃);②某些混酸对消解后元素的光谱测定存在干扰,例如当溶液中含有较多的 $HClO_4$ 或 H_2SO_4 时会对元素的石墨炉原子吸收测定带来干扰。

5.2.3 常用的分析方法

研究树木年轮化学的工作十分复杂,树木中微量元素的分析常采用干法或湿法溶解样品后再进行仪器分析。早期年轮化学的研究工作常受高新分析技术条件的制约,大多数早期研究所采用的分析技术是原子吸光技术(AAS),但其成本很高,不能同时分析多种元素,而且受检测浓度水平的限制。为了让有限的树木年轮资料提供更多的环境变化信息，交叉学科的研究方法不断地被年轮学家引入到年轮化学的研究中，例如：统计学被成功地用来研究年轮资料在时间和空间上的分布，并从中提取相关的部分来反映污染元素在时间上的变化，重现了区域大气污染的历史；为克服元素在年轮间的移动在重建污染历史时所带来的混淆，地质学中的同位素分析技术在树木年轮化学中也被经常使用，并取得了巨大成效。目前仪器分析通常采用的方法有：电感耦合等离子体质谱仪（ICP－MS）、等离子体原子发射光谱（ICP－AES）、原子吸收光谱（AAS），微探技术如中子活化分析技术（NAA）、X射线荧光光谱法（XRF）、原子荧光光谱（AFS）、离子层析色谱分析等。

原子吸收光谱法（AAS）是目前测定微量元素使用最广泛的方法之一，分为火焰原子吸收光谱法、非火焰原子吸收光谱法和低温原子化法。火焰原子化法中常用的是乙炔-空气火焰；非火焰原子化法中常用的是石墨炉电热原子化法；低温原子化法有氢化物发生法和汞低温气化法。原子吸收光谱法的特点是灵敏度高、选择性好、原子吸收检测信号专一、抗干扰能力强、分析速度快、应用范围广，且样品用量少，但它的缺点是目前尚不能进行多元素同时测定。

中子活化分析法（NAA）的特点是：分析灵敏度高，该法可测定原子序数在 9～86 范围内的所有元素，对大多数元素的灵敏度为 $10^{-11}\sim10^{-14}$ g；选择性好，精密度和准确性好，试样有时不需要进行化学处理，实现无破坏分析，即使分离也不需定量分析，且不必担心玷污，因此操作简单，能进行多元素同时测定。但中子源放射性强，分析设备复杂，价格昂贵且分析周期长，不宜推广。

采用X射线荧光光谱法（XRF）分析样品，无论是粉末、固体、液体，无论从痕量斑点到大件物体，无论从单层薄膜到局部物体均可测量，且均可无损多次测量。但其缺点是价格比较昂贵。

原子荧光光谱法（AFS）的原理与原子吸收光谱法有很多相似之处，该法广泛应用于阴离子和非过渡金属离子的痕量分析，具有试样用量少。重现性好，操作简单，工作曲线的动态范围宽，能多元素同时测定的优点。缺点是共存物干扰大，荧光对环境因素敏感，且应用范围不够广泛。

电感耦合等离子体质谱仪（ICP－MS）是当今测定微量元素的最好方法之一，该法灵敏、准确、快速、干扰小且可以多元素同时测定，但由于仪器结构复杂，价格昂贵，且必须用氩气做工作气体，所以使用费用较高。

元素分析是化学分析的一个重要组成部分，如上所述，传统的元素分析方法各有优点，但也有局限性，或是样品前处理复杂，需萃取、浓缩富集或抑制干扰；或是不能进行多组分或多元素同时测定，耗时费力；或是仪器的检测限或灵敏度达不到指标要求等。电感耦合等离子体发射光谱法是利用处于基态的原子从外界能源获得能量，其电子从低能级跃迁到高能级上去，使原子具有更高的能量而呈激发态，激发态原子将多余能量以光的形式释放出来然后回到基态，从而产生特征光谱。原子发射光谱就是利用不同元素的特征光谱来进行定量分析的，是利用电感耦合等离子矩作为激发能源的发射光谱。由于该法具有高灵敏度，高精密度，低基体效应和同时多元素分析能力等一系列特点，自 1975 年出现商品仪器以来，很快在各分析领域得到广泛应用，成为材料、环境、地矿、冶金、食品、化工、生化、商品检验及科研领域最通用的无机元素分析工具。

综上所述，通过对比不同仪器检测的优缺点，元素分析主要采用电感耦合等离子体发射光谱法，对于某些在自然界本底值很低的微量元素，如镉和铅，由于其含量低于仪器的检出限，可以采用石墨炉原子吸收光谱法(GFAAS)进行检测。

5.3 环境重金属污染历史研究实例

5.3.1 树轮样品的采集

用于实验的两组样本于2007年分别取自西安市两个不同地点。第一组来自于西安市某钢铁厂厂区内，该企业始建于1966年，1997年5月停产，在2004年前后又重新恢复生产并扩大了生产规模。据调查，在停产期间该厂仍不定期进行小规模的生产或者来料加工。炼钢是在高温条件下用氧化剂把生铁中的杂质氧化为气体或炉渣除去，在这一过程中原料及燃料中的许多元素会以废气、废水、废渣等形式进入到环境中并通过多种途径被树木所吸收。另外，该钢铁厂附近有主要交通道路且车流量较大，汽车尾气污染(主要是Pb污染)比较严重。在该点分别采集编号CH1的椿树(Toona sinensis(A. Juss)Roem)和编号T1的桐树(Firmiana simplex(L.)W. Wight)完整树轮轮盘各一个，均取自近根部处，厚约8 cm。第二组取自西安市南郊长安区一村庄附近，该点周边没有工厂等污染源，远离主要公路。但是居民生活垃圾及农业化肥(主要是P污染)对附近的生态环境有不可忽略的影响。在该点采集了一个椿树树盘，编号CH2。

3个树盘经过表面打磨处理后分别确定树龄：CH1为16 a(1991—2006年)；T1为15 a(1992—2006年)；CH2为14 a(1993—2006年)。

在钢铁厂和长安区相应树木根部深约10 cm处各采集土壤样品一个。由于CH1和T1生长位置接近，故钢铁厂土壤样为两处土壤样的混合样，长安区土壤样为CH2根部土壤样品。应该说这两组土壤样品分别代表了供给树木生长所需养分的两种不同的土壤环境，是具有代表性的。

5.3.2 样品中化学元素分析

采用湿法消化和ICP法测定树轮中的痕量元素的质量浓度是目前树轮化学中常用的分析方法。该法精度高、取样量少、干扰少，并且可以同时进行多元素的分析。

本研究中，我们用不锈钢雕刻刀在覆盖每一生长年轮环形区域均匀取木质0.5 g，在干燥箱内保持75℃恒温条件烘干72 h，除去水分。样品粉碎后经硝酸、高氯酸溶解，转移至50mL容量瓶中，定容至刻度。然后用ICP光谱仪(IRIS Advantage)同时测定每轮木质样品中元素Mn、P、Zn的浓度。低含量的Cd和Pb元素浓度用双道原子荧光光度计(AFS－930)测定。实验所用原子波长如下：Cd为228.8nm；Mn为259.373 nm；P为214.914 nm；Pb为220.353nm；Zn为213.856 nm。土壤样品经风干、粉碎、湿法消化后用ICP光谱仪同时测定以上5种元素的质量浓度，各元素质量浓度单位均为mg/kg。在元素测定过程中均做平行实验，结果取平均值。分析过程中以国家标准物质研究中心提供的杨树叶溶液作为标样。

在元素测定过程中将取自树轮盘每轮的木质素样品分为两份，作平行实验，结果取两次测定结果的平均值。分析过程中以国家标准物质研究中心提供的杨树叶溶液作为标样。三个树轮盘中的元素质量浓度分别见表5-1、表5-2、表5-3。

表 5-1 CH1 中各元素质量浓度 (单位:mg·kg⁻¹)

日期/年	Cd	Mn	P	Zn	Pb
1991	0.034	0.44	22.5	8.45	0.57
1992	0.012	0.52	22.3	6.71	0.61
1993	0.0075	0.58	20.4	5.54	0.43
1994	0.011	0.58	31.4	4.66	0.39
1995	0.021	0.48	20.9	4.16	0.22
1996	0.006	0.49	20	5.08	0.48
1997	0.014	0.56	14	3.86	0.78
1998	0.015	0.52	17.5	3.56	0.41
1999	0.019	0.48	15.7	3.19	0.52
2000	0.031	0.54	16	4.1	0.47
2001	0.031	0.48	12.3	3.1	0.62
2002	0.04	0.48	21.2	2.97	0.68
2003	0.0075	0.71	188.4	4.19	0.64
2004	0.12	0.69	222.7	3.92	0.8
2005	0.24	0.73	259.2	4.82	3.13
2006	0.17	0.68	390.2	8.48	1.71

表 5-2 T1 中各元素质量浓度 (单位:mg·kg⁻¹)

日期/年	Cd	Mn	P	Zn	Pb
1992	0.061	11.38	210.6	4.15	0.03
1993	0.066	7.32	203.5	3.81	0.055
1994	0.051	6.61	140.7	3.06	0.025
1995	0.048	8.66	161.4	4.49	0.036
1996	0.027	5.89	78.7	1.94	0.036
1997	0.052	6.52	112.5	3.98	0.088
1998	0.033	5.77	113.9	2.98	0.074
1999	0.036	5.22	131.8	5.79	0.046
2000	0.037	4.53	126.5	2.7	0.052
2001	0.032	3.47	155	2.03	0.06
2002	0.032	3.12	197.3	1.89	0.052
2003	0.044	4.51	243.7	2.6	0.058
2004	0.067	3.88	265.2	2.43	0.089
2005	0.089	5.33	396.3	3.8	0.099
2006	0.157	10.49	573.1	8.11	0.037
1993	0.037	2.63	105	5.3	<0.005

表 5-3 CH2 中各元素质量浓度 (单位:mg·kg^{-1})

日期/年	Cd	Mn	P	Zn	Pb
1994	0.02	2.7	104	4.38	<0.005
1995	0.019	2.51	106	4.94	<0.005
1996	0.025	2.38	114	3.57	<0.005
1997	0.022	2.22	149	5.13	<0.005
1998	0.029	2.04	117	3.5	<0.005
1999	0.015	2.25	108	3.82	<0.005
2000	0.024	2.33	101	4.61	0.064
2001	0.015	2.09	120	3.67	<0.005
2002	0.019	2.68	187	4.34	0.059
2003	0.032	3.3	262	6.32	0.075
2004	0.006	2.68	238	3.57	<0.005
2005	0.009	2.68	255	4.34	<0.005
2006	0.012	3.06	415	3.88	<0.005

5.3.3 元素质量浓度与树轮宽度的关系

1. 三个树轮盘各年轮宽度的测定

将采自西安市两个不同地区(钢铁厂和长安区)的树轮盘带回实验室后,用砂纸打磨其表面至每一年轮清晰可见,然后在显微镜下精确定年。在树轮盘表面选择生长轮宽变化较平稳的两个方向,用 Lintab 轮宽测量系统对两方向的树轮宽度进行测量,测量精度为 0.01mm。年轮宽度值取两次测量的平均值,三个树轮中各年年轮宽度值如表 5-4 所示。

表 5-4 三个树轮各年年轮宽度

日期/年	CH1	CH2	T1
1991	14.08	—	—
1992	11.21	—	9.14
1993	21.95	6.42	12.90
1994	19.07	6.29	11.08
1995	14.48	3.40	9.39
1996	15.10	5.97	7.71
1997	14.02	5.03	6.80
1998	16.43	17.86	3.66
1999	13.12	8.29	5.97
2000	11.91	7.15	4.32
2001	7.43	7.82	9.35
2002	6.93	5.06	7.97
2003	4.87	3.62	3.87
2004	7.52	14.33	5.02
2005	7.15	7.79	3.41
2006	12.61	14.57	5.35

2. 不同元素与植物生长的关系

人体的健康成长需要从食物中获得各种各样的营养元素，这些元素有的是对人体有益的，有的元素在人体内超过一定限度就会对某些器官产生危害进而影响人体健康。植物的生长也和人体一样，需要从环境中吸收有用的元素同时避免有毒元素。高等绿色植物为了维持生长和代谢，需要吸收、利用无机营养元素(通常不包括氢、碳、氧)和矿物质营养元素。确定哪些元素是植物必不可少的，即必需元素，常根据以下三个原则：①为正常的生长或生殖所必需；②需要必须是专一的，不能被其他元素所代替；③这种元素必须在植物体内直接起作用，而不仅是使某些其他元素更容易生效，或者仅对其他有害元素起拮抗作用。现在公认的植物必需元素有16种，即氢、碳、氧、氮、钾、钙、镁、磷、硫、氯、硼、铁、锰、锌、铜及钼。其中除氢、碳、氧一般不看作矿物质营养元素外，其他的分为大量元素(在植物体内含量为植物干重的千分之几到百分之几)：氮、磷、钾；中量元素：钙、镁、硫；微量元素(在植物体内含量占干重的十万分之几到千分之几)：铁、锰、铜、锌、硼、钼、氯等。这些元素一方面可以作为植物组织的构成成分或直接参与新陈代谢而起作用，另外还可以改变植物的生长方式、形态和解剖学特性等。必需营养元素缺乏时出现的症状称为缺素症，是营养元素不足引起的代谢紊乱现象，任何必需元素的缺乏都影响植物的生理活动，并明显地影响生长。另外还有一些元素会对树木的生长产生毒害作用，如铅、镉、汞、硒、钡等。

磷是植物生长所需的三大营养元素(氮、磷、钾)之一，是植物体内许多重要有机化合物的成分(如核酸、磷脂、三磷酸腺苷等)，并以多种方式参与植物体内的生理、生化过程，对植物的生长发育和新陈代谢都有重要作用。核酸和蛋白质是原生质、细胞核和染色体的重要成分，在植物的生命活动和遗传变异中起重要作用，细胞分裂和新器官的形成都少不了它们。供给正常的磷营养，能加速细胞分裂和增殖，促进生长发育，并有利于保持优良品种的遗传特性。在氮素代谢中，磷也是重要的，如果磷不足，就会影响蛋白质的合成，严重时蛋白质还会分解，从而影响氮素的正常代谢。如果供磷不足，能使细胞分裂受阻，生长停滞；根系发育不良；叶片狭窄，叶色暗绿，严重时变为紫红色。大量事实表明，充足的磷营养能提高植物的抗旱、抗寒、抗病、抗倒伏和耐酸碱的能力，能促进植物的生长发育。

锌也是植物生长所必需的元素，它对树木的胸径有显著的影响，因为锌元素是200多种酶的组成部分，同时也是某些酶的活化剂，它是植物体内在合成一种重要激素吲哚乙酸时所不可缺少的元素。锌元素直接参与能量代谢和氧化还原过程，参与叶绿素和生长素的合成，在磷代谢和碳水化合物代谢中起着重要作用。锌能促使核酸和蛋白质的合成，调节淀粉的合成，对于农作物，它能提高籽实产量和籽粒重量，是作物生长发育和增产优质的重要元素，也是DNA酶RNA酶等的组成成分。某些植物缺锌，是生长反常的主要原因之一，缺锌导致植株生长严重受抑，呈矮生状态，影响植物生长。

锰对植物的生理作用是多方面的，它与许多酶的活性有关。它是多种酶的成分和活化剂，能促进碳水化合物的代谢和氮的代谢，与作物生长发育和产量有密切关系。锰元素与绿色植物的光合作用(光合放氧)、呼吸作用以及硝酸还原作用都有密切的关系，植物缺锰时，光合作用明显受到抑制，影响植物的正常发育。锰还能加速植物的萌发和成熟，增加磷和钙的有效性。

调研结果表明，铬、汞、硒、钡、碲、钽等元素对植物的生长发育有毒害作用。有关铅、镉污染对植物生长的危害，国内外都进行了较为广泛的研究。美国的营养液试验表明，铅是一种有毒重金属元素，它能引起各种生理异常。铅对植物的毒害与pH值有关，研究表明铅在低浓度时 pH 值越高则毒害越大;镉是一种动植物非必需的重金属元素,是毒性最强的重金属元素之一,镉对作物的毒害作用很大,含有镉的废水排入农田后能使秧苗枯死;即使成活,作物吸收、积累镉后,人吃了也会中毒。

3. 树轮宽度和树轮中元素质量浓度的关系

由于树木都是直接生长在土壤上,主要通过根系从土壤中吸收各种物质,除此之外,大气中的少量微量元素也会通过树叶或树皮渗入。但是不同的大气质量以及土壤在物质组成、酸碱度、氧化还原条件、有机质和转化关系等方面有所不同,这些综合的因素会对不同的树种产生不同的影响。首先看看同是生长在钢铁厂厂区内的椿树和桐树,两棵树的树龄接近,分别为16 年和 15 年。在相同的外界环境的影响下,它们每年的树轮生长宽度的变化存在何种关系。

1)CH1 和 T1 的树轮宽度对比

图 5-4 是 CH1 和 T1 的树轮宽度对比曲线,由图可以看出两棵树每年的生长宽度有较大差异,椿树的生长明显快于桐树,这是由树木本身的生理因素决定的。从图中还可以发现在1992 年～1997 年期间和 2002 年以后两棵树的轮宽变化趋势非常一致,如 1992 年～1993 年增加,1993 年～1995 年减少,2002 年～2003 年减少等,而在该钢铁厂关闭期间(1997 年～2002 年),两棵树的年轮宽变化则各有不同的特点。由此可以推断钢铁厂生产期间所排放的Cd、Mn、Zn 等元素进入环境中,被树木吸收,它们对树木生长的影响已远远大于本来环境中的元素含量以及其他自然因素对树木的影响。因此,即使是不同的树种,相同的生长环境使椿树CH1 和桐树 T1 吸收相似成分的元素,这也使它们的生长趋势变得一致。

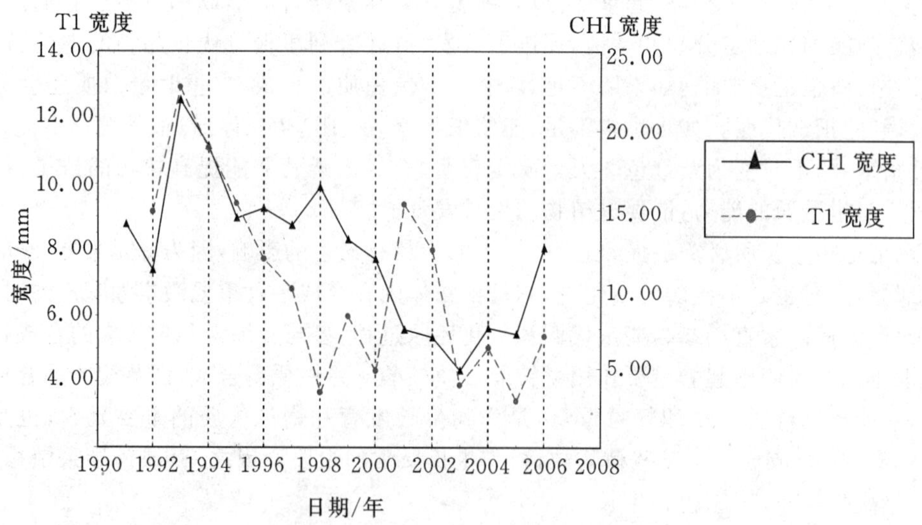

图 5-4 CH1 和 T1 的树轮宽度对比图

由以上的分析得出当有外界因素影响环境时,会迫使生长在其中的树木的生长趋势趋于一致,因此若能知道不同元素对树木生长具有促进作用还是抑制作用,同时结合树轮宽度的变化和树轮中每年各元素浓度的变化就可能推断出该地受污染的情况和污染程度。

2)CH1 轮宽-元素质量浓度

图 5-5 为采自钢铁厂的椿树 CH1 树轮中 Cd、Mn、P、Zn、Pb 五种元素的质量浓度曲线以及各年树轮宽度曲线图。从图中可以看出生长在钢铁厂的椿树树轮中重金属元素铅、镉质量浓度高的年份，椿树当年的年轮就较窄；而在铅、镉质量浓度相对低的年份，椿树当年的年轮又较宽。如在 1993 年，可以看出当年年轮中铅和镉的质量浓度都比较低，而相对应的当年的年轮就较宽；在 1997 年年轮中铅和镉的质量浓度相对较高，该年的树木年轮就较窄；此后的 1998 年和 2006 年都可以明显地看出低的铅、镉质量浓度对应较大的年轮宽度；在 2005 年，铅、镉质量浓度急剧升高，该年树轮的生长宽度就对应的有所减少。除此之外，在 1999 年、2001 年等年份都可以看到类似的现象。这说明铅、镉元素质量浓度的增加会对椿树的生长有抑制作用。

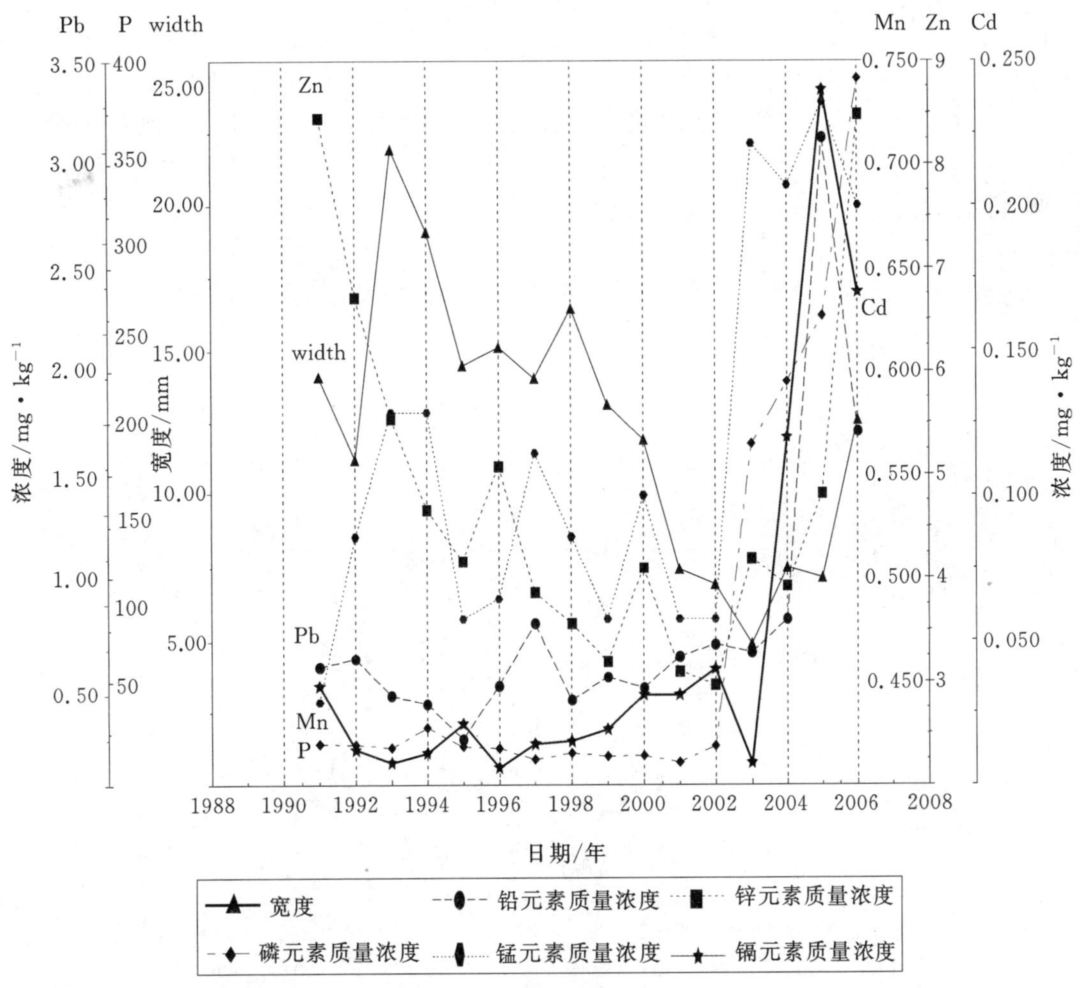

图 5-5　CH1 宽度-元素浓度曲线

从图 5-5 还可以看出在 2002 年以后该椿树的树轮生长宽度迅速减少，这可能是因为外界环境污染的加重使更多的化学元素进入到树木体内，包括植物生长需要的营养元素和对树木有害的重金属元素等，这些元素在树木体内的量已大大超过了其生长的需求，并且开始抑制树木的正常生长。图中也显示我们所检测的这五种元素 Cd、Mn、P、Zn、Pb 在树轮中的质量浓度在这一时期都有所增加。除此之外，在 2002 年之前，树轮中的 Zn、Mn 元素质量浓度变化与树轮宽度的变化基本呈正相关，即树轮较宽的年份其 Zn、Mn 元素质量浓度较高，如 1993 年、2000 年等；而树轮较窄的年份其 Zn、Mn 元素质量浓度则较低，如 1995 年，1999 年，2001 年等。这说明在一定的浓度范围内锌和锰是树木生长所需要的营养元素。对于磷元素，该椿树树轮宽度并未表现出与 P 元素质量浓度的明显相关关系，但大量研究表明 P 是植物生长所必需的营养元素之一，它对植物的生长发育有着非常重要的作用。

3）T1 轮宽-元素质量浓度

图 5－6 为采自西安某钢铁厂的桐树 T1 的树轮中 Cd、Mn、P、Zn、Pb 五种元素的质量浓度曲线以及各年树轮宽度曲线图。T1 和 CH1 都生长在西安市某钢铁厂厂区内，因此它们的生长环境是一样的，从图 5－6 可以发现 T1 的树轮宽度变化和各元素质量浓度之间的关系与 CH1 呈相似的规律，即在 2002 年以后桐树的树轮宽度也有明显的减少，而对应的则是所检测的树轮中五种元素质量浓度的持续升高。参照表 5－2 发现 T1 中的各元素含量在 2002 年以后由于钢铁厂的恢复生产都有不同程度的增加，因此可以推断不论是树木生长所必需的元素

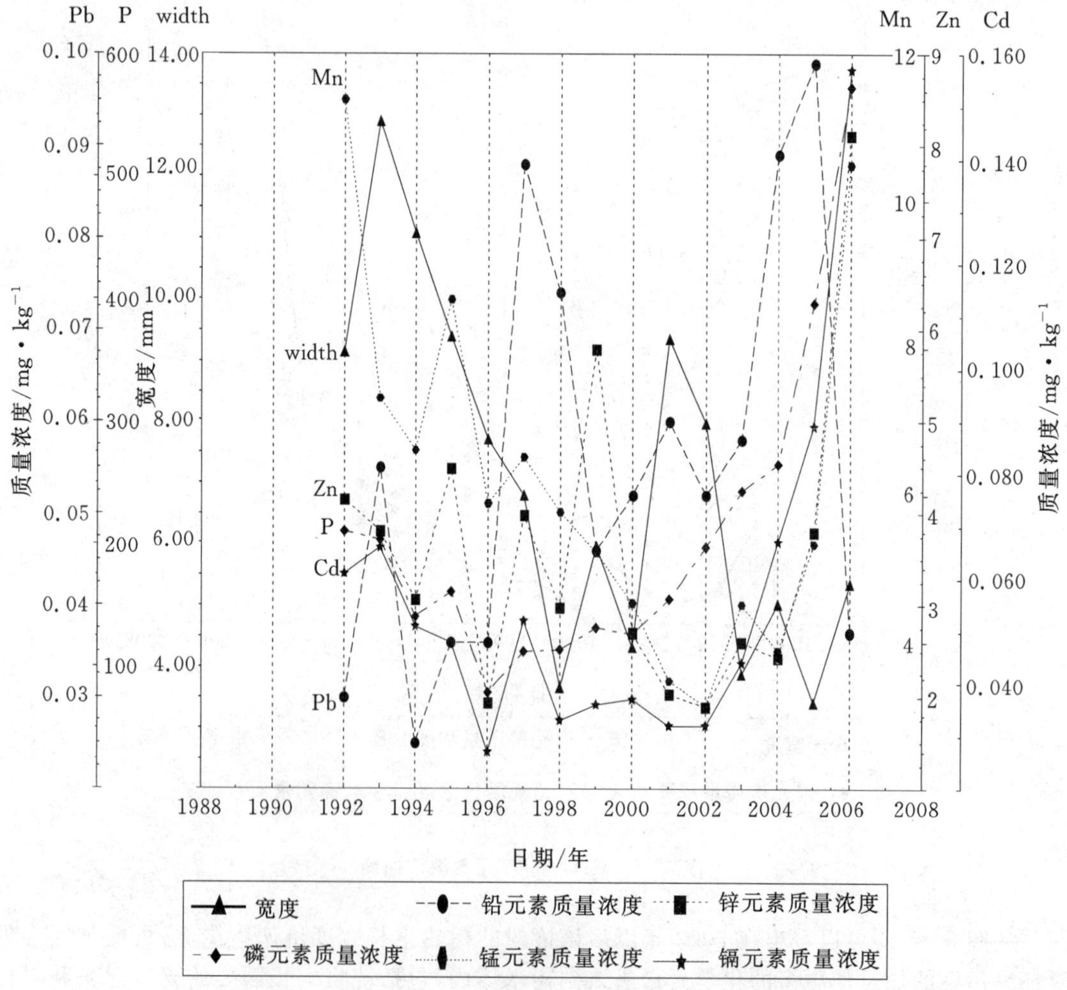

图 5－6　T1 宽度-元素质量浓度曲线

还是对树木有害的元素，当其在树木体内蓄积的质量浓度超过一定量时都会在一定程度上抑制树木的生长。这一过程是多种元素以及环境因素等原因综合作用的结果，由于条件的限制我们只对树轮中的五种元素进行了检测，而环境中的各种元素对树木生长的影响机理及过程非常复杂，对于这方面的详细解释还有待进一步的研究。

4)CH2 轮宽-元素质量浓度

CH2 是采自西安市长安区的椿树树盘，该地处于郊区，周围无工业污染并且远离主要交通道路，但当地居民的生活污水和农业生产所产生的废物会对周围环境产生一定的影响，除此之外无严重的污染源。CH2 和 CH1 同属椿树，且树龄分别为 14 年和 16 分，从图 5-7 可以看出 CH2 的树轮宽度随着时间和各元素质量浓度的不同而发生变化。对于 CH1，其树轮宽度在 2002 年后明显变窄，这是由于钢铁厂重新开工排放更多的污染物，使更多的物质进入树木。而在 CH2 中并未出现类似的现象，这说明钢铁厂的生产所排放的大量污染物抑制了树木 CH1 的正常生长。

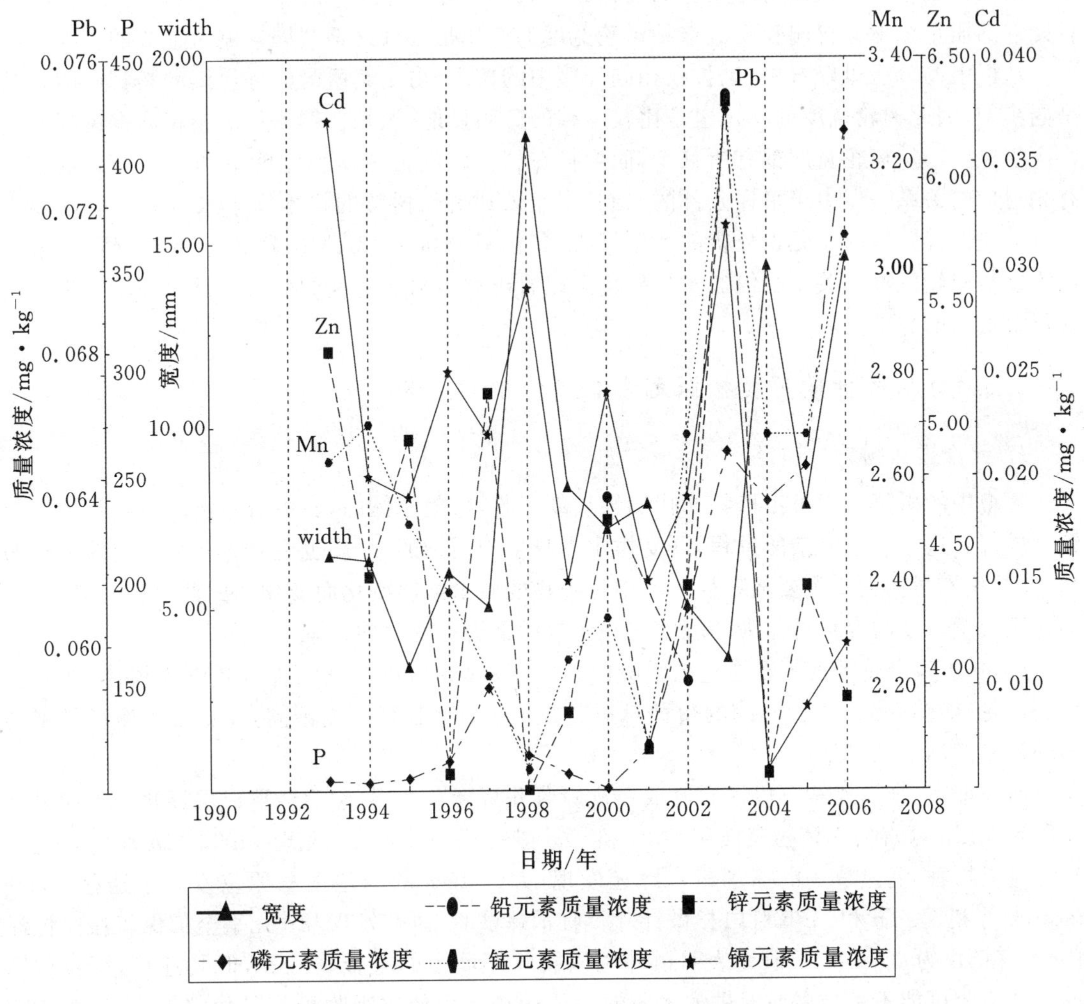

图 5-7　CH2 宽度—元素质量浓度曲线

由于该采样点远离交通干道，环境中的铅污染较轻，所以CH2中除在2000年、2002年和2003年的树轮中检测出Pb元素外，其他年份的Pb元素质量浓度均低于仪器的检测限，故未检测出。从图5-7可以看到Pb元素质量浓度高的这几年所对应的树轮宽度都较窄，这与Pb对CH1的影响相似，这说明树木年轮中过高的Pb元素质量浓度会影响树木的正常生长。从CH1中树轮宽度和元素质量浓度的曲线我们得出宽度和Cd元素质量浓度呈负相关的关系，但从图5-7可以看出CH2中Cd元素并未明显抑制树轮宽度，这是因为CH2中Cd元素的质量浓度非常低，远远低于CH1中Cd元素的质量浓度，说明即使是植物生长所不需要的元素，植物在一定质量浓度范围内对其有忍耐性。相反，CH2中Mn元素的高质量浓度对应着较窄的年轮(2000年、2002年、2003年)，低质量浓度对应着较宽的年轮(1998年、2001年、2004年)，这也与CH1中相反，通过比较发现CH2中Mn元素的质量浓度高于CH1中，这一现象进一步验证了当植物生长所需要的元素过量时反而会对其生长起毒害作用。

如图5-7中所示，在树轮较窄的年份，如1997年、2000年及2003年等，树轮中各元素的质量浓度都处于相对较高的时期。而在树轮生长的较宽的年份，如1998年和2004年，树轮中各元素的质量浓度又普遍较低。这种树轮宽度的变化是多种元素共同影响所造成的。

从以上的分析可以看出，生长在相同环境中的树木，由于其所受的外界影响是相同的并且是同步的，因此树轮宽度的变化也是比较一致的。明显地，生长在钢铁厂的椿树和桐树在该钢铁厂恢复生产后树轮宽度都有所减少，而生长在长安区的椿树树轮宽度也和其中的元素含量有相对应的关系。但由于采样条件的限制，未能采到更长树龄的树木样本来分析长时间段内的对应关系，另外，由于元素分析的费用昂贵，我们只分析了Cd、Mn、P、Zn、Pb这五种元素质量浓度与树轮宽度的关系。但通过分析仍可以看出利用树轮宽度的变化来反映环境污染是具有很大潜力的。

5.3.4　从统计学角度初探元素在树轮中的行为

1. 元素进入树轮的途径

环境中的微量元素可由植物非代谢性被动吸收，富集于体内，其中有一定的量会积累在年轮木质部。这是一个复杂的过程，既受树木本身生理因子的影响，也受外界条件等诸多因子的制约，但积累量的大小主要随外界环境中污染物的质量浓度变化而变化。因此，树木年轮中化学元素质量浓度的变化可作为环境中这些元素污染历史变化的记录和指示。

Lepp认为金属元素可以通过根系吸收、树叶吸收和树皮渗透三种方式进入树体，然后汇聚到树轮(如图5-8)。但不同的树种对不同的元素的吸收很可能不同，究竟哪条途径是主要的却还未能确定。

研究证实，金属元素可以被树叶或树皮吸收并沉降在外层，然后经形成层迁移后进入最新的年轮。Lin等直接在植物表面用^{54}Mn和^{65}Zn进行同位素示踪，发现Zn和Mn都可以通过松针进入松香，通过单一的高剂量示踪还发现，大约10%的同位素从原位发生了迁移；Watmough等利用^{67}Zn和^{207}Pb对白杉做针叶吸收示踪试验，研究发现，Zn几乎全部保留在原位而Pb迁移量仅为1%。以上研究表明树叶可以吸收环境中的重金属元素，但其迁移量很小，因而叶片吸收可能不是金属元素进入木质的主要途径。而树皮吸收可能是稳定同位素(如Pb)进入木质的主要途径。Lepp和Dollard用^{210}Pb示踪，对不同树种的树皮吸收作了直接的示踪，发现冬眠与不冬眠的树中Pb从树皮向木质迁移的速率相似，表明树皮对金属元素的吸收全年都可进行。然而，也有人从解剖学的角度及器官功能角度分析树皮中元素的迁移量很小，故树皮吸收的可能性并不是最大的。Lin 等对树皮做的示踪实验也证实了这一说法。

对大多数金属元素来说，根吸收可能是进入树轮最主要的途径。并且金属元素主要向生长活跃区(树枝端梢)迁移。大量研究表明土壤的 pH 值对金属元素的根吸收有明显影响，通常 pH 值高的土壤胶体性质更明显，离子强度小，理论上金属元素更难进入树轮中。

元素进入树轮的途径是决定该树是否适合于年轮化学研究的主要因素。例如，生长在有利于根吸收条件下的神杉，其金属元素积累主要与径向迁移及水分传输有关；在不利于根吸收条件下生长的神杉，因元素最可能从树皮或树叶中直接进入树轮中，所以更适合于做大气微量元素沉降示踪。

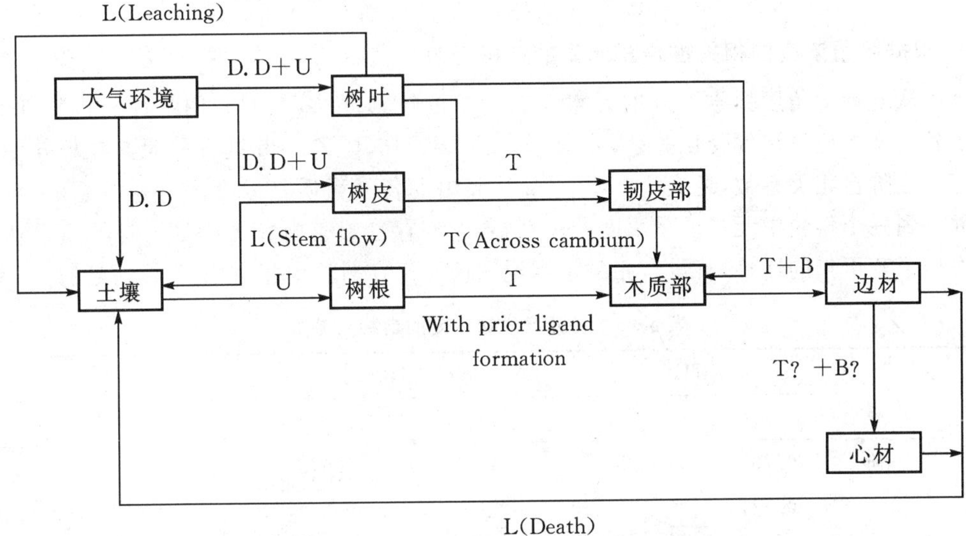

图 5-8 微量元素在环境与树木之间的循环模式

2. 重金属元素在树轮中的迁移

微量元素从土壤环境和大气环境中通过树根吸收、树皮及树叶渗透等方式进入到树木的韧皮部或木质部，形成边材最终成为心材。当树木死亡后，木质腐化分解，又以各种元素的形式回到环境中去，完成了元素在环境和植物体内的一个完整循环。元素沉积到树木年轮中后并不是固定不动的，有的元素在树轮中的位置相对稳定，沉积在当年所形成的树轮中，但还有些元素会发生径向迁移。微量元素的径向迁移是指元素在树木年轮之间发生的横向迁移。树轮微量元素径向迁移是从年轮中元素含量变化比实际污染历史相位超前这一现象中得到启示的。例如，Brownridge 发现年轮中^{137}Cs含量均在由核爆炸事件引起的实际^{137}Cs含量增加以前明显增加。

研究还发现即使在未受污染的土壤上，许多元素在树木茎中存在自然径向分布模式，但是由于元素种类多样、外界影响因素复杂，不同金属、不同树种之间分布模式存在差异。有些元素质量浓度从心材到边材稳定减少，有些则沿心材向外质量浓度增加，有些在心材和边材交界处质量浓度达到最高，还有些元素在径向上没有什么趋势，因此不同元素在树轮中的行为很难确定。有学者推测重金属在植物体内的迁移规律可能与植物自身的生理需求密切相关，即表现为：

对植物生理活动有重要作用的元素，植物可能会主动地从树干内部往树干外"运输"，传到生理活动活跃的形成层，表现为向外的径向迁移；当外界环境中这些金属元素达到一定质量浓度，植物从环境吸收的量已经足以维持其正常的生理活动，这时植物可能会停止元素的径向传输；当上述元素在环境中质量浓度很高时，植物可能会启动"解毒"机制，将多余的量从生理活跃区向内传输到非活跃区，即表现为向内的径向迁移。由于心材区细胞已经死亡，不能完成传输功能，从而使这些元素累积在心材和边材的过渡区，表现为在过渡区年轮中出现一个异常高的峰值。对于有毒重金属元素。当植物从外界吸收的量比较小的时候，这些元素对植物正常生理活动没有多大影响，这时可能不会发生元素的迁移；当在形成层浓度偏高时，植物启动"解毒"机制，将重金属元素向内传输；对植物生理活动无明显影响的元素，可能不会存在多大的迁移。

3. 根据质量浓度的相关性推断元素的迁移行为

为了从统计学角度探索不同的元素在树轮中的迁移规律，我们利用统计分析软件 SPSS 分析了各元素的质量浓度变化关系，分别计算了 Cd、Mn、P、Zn、Pb 这五种元素在树轮中质量浓度值的三阶自相关系数，见表 5-5。通过计算出的各元素质量浓度的自相关系数，可以分析相邻一到三个年轮中元素质量浓度的关系，若它们存在显著自相关则证明该元素在树轮中可能发生了若干年的迁移，若没有相关性则说明该元素在树轮中相对稳定，没有迁移。

表 5-5 各元素质量浓度的自相关系数

		CH1		CH2		T1	
		r	*p*(≤)	*r*	*p*(≤)	*r*	*p*(≤)
Cd	一阶	0.737	0.002	0.021	0.945	0.85	0.01
	二阶	0.421	0.134	0.044	0.892	0.465	0.109
	三阶	0.383	0.197	0.16	0.639	−0.14	0.663
Mn	一阶	0.619	0.014	0.512	0.074	0.463	0.096
	二阶	0.282	0.328	0.139	0.667	0.27	0.373
	三阶	0.163	0.594	0.294	0.38	0.355	0.258
P	一阶	0.921	0.0001	0.86	0.0001	0.95	0.0001
	二阶	0.818	0.0001	0.741	0.006	0.89	0.003
	三阶	0.676	0.011	0.751	0.008	0.56	0.058
Zn	一阶	0.71	0.1	−0.377	0.205	0.049	0.868
	二阶	0.82	0.01	0.054	0.867	−0.026	0.933
	三阶	0.9	0.001	0.036	0.916	−0.397	0.201
Pb	一阶	0.445	0.096	—	—	0.22	0.449
	二阶	0.349	0.221	—	—	−0.103	0.738
	三阶	0.371	0.212	—	—	−0.1	0.758

从表 5-5 可以看出，Cd 元素质量浓度在 CH1 和 T1 中均存在 1 年的显著自相关，相关系数分别为 0.737($p \leqslant 0.002$)、0.85($p \leqslant 0.01$)，在 CH2 中的相关性不显著。根据以上分析可以

推断 Cd 元素在树轮中最多可能存在 1 年的滞后效应，也即存在 1 年的向外迁移趋势。

表 5-5 显示 P 元素质量浓度在树轮样本 CH1 和 CH2 中都有较为明显的三阶自相关，在树轮 T1 中存在明显的两阶自相关。这表明 P 元素在所研究的树轮中存在 2 到 3 年的向外迁移现象。

有学者用不同的方法观察到了 Zn 元素质量浓度在树轮中存在从心材到边材增加的现象，得出 Zn 在树轮中有迁移趋势这一结论。从表 5-5 看到我们分析的三个树轮中 Zn 元素质量浓度仅在 CH1 中存在三阶显著自相关，在其他两个树轮中的迁移趋势并不显著，因此要验证 Zn 元素在树轮中的行为规律还需要采集更多的树轮样本并进行分析总结。

对于 Mn 元素和 Pb 元素，表 5-5 的计算结果显示其在三个树轮中的质量浓度之间均无显著自相关，即 Mn 元素和 Pb 元素在树轮中相对稳定，其本无迁移趋势。这也和其他学者的研究结果相一致。

以上对于 Cd、Mn、P、Zn、Pb 这五种元素在椿树和桐树中的迁移规律的分析，是利用统计学原理进行的初步探讨。由于目前树轮界对这一方面还没有十分确定的结论，因此本文的分析结果仅为今后的研究提供参考。

5.3.5 植物对环境污染的监测作用

1. 植物监测的定义及特点

生物监测是指利用生物对环境中污染物质或环境变化所产生的反应，即利用生物在各种污染环境下发出的各种信息，来判断环境污染状况的一种手段。早在 19 世纪，人们就已经开始利用敏感植物叶片的伤害症状对大气中的二氧化硫进行监测，后来又推广到对其他污染物的监测。20 世纪初，Kolkwitz 和 Marsson 又提出了污水生物系统，用以判断地表水体受有机污染的程度，后来又陆续出现了许多利用生物监测环境污染的手段和方法。生物监测按照生物类群可分为植物监测、动物监测和微生物监测等几类。植物监测就是以植物与环境的相互关系为依据，以污染物对植物的影响及植物对环境污染物的反应为指标来监测环境的污染状况。由于植物具有位置固定、管理方便，且对大气污染敏感等特点，大气污染的植物监测已被广泛应用。利用植物对环境污染或变化所产生的反应，可以从生物学角度为环境评价和环境管理提供依据。

与物理、化学监测相比，植物监测具有如下优点。

(1)能反映环境污染物对生物的综合效应。当今世界上已知的各类物质有百万种之多，其中仅人工合成的物质就达数十万种。这些物质中的绝大部分在生产和使用的过程中，都可能对环境造成不同程度的污染。因此，环境污染的成分极为复杂，即使使用世界上最先进的理化监测技术和手段，要对如此繁多的污染物全部进行监测分析，无论是在技术上还是在经济上都是不可能的。通过理化监测虽然能确定环境中部分污染物质的质量浓度水平及时空分布状况，但不能确切地说明环境中所有污染物在自然条件下对生物的综合影响。因为环境中各种污染物对生物的作用并不是简单的数学关系，各种离子或分子之间既有协同作用、加成作用，还有拮抗作用等，情况十分复杂。而生物监测可以反映出多种污染物在自然条件下对生物的综合影响，可以更加客观、全面地评价环境状况。

(2)能直接反映出环境的污染状况。理化监测的手段可以测定出环境污染物的种类及数量，但不能直接反映出环境的污染对生物的危害程度，即使是通过综合评价，也只能是理论推断。而生物监测具有直观性，环境污染如果对生物产生危害，生物就表现出相应的受害症状，也就是说生物的受害程度能直观地反映出环境的污染状况。

(3)能对生态环境进行连续监测。目前,由于受到技术和经济条件的限制,理化监测仅少数项目可以进行连续自动监测,多数监测项目还靠人工采样测试瞬时质量浓度或平均质量浓度值,时空代表性较差,不能反映监测前后污染物的变化情况。由于生物体生活周期较长,它们能贮存整个生活时期周围环境因素变化的各种信息。环境的污染和破坏必然作用于生物体,那么就可以通过生物体表征变化和非表征变化来监测环境污染。总之,在监测环境污染物变化的全过程方面,生物是理想的监测工具。

(4)对环境的监测具有长期性。环境中污染物的含量及性质会因时间和环境条件的改变而变化。理化监测只能代表取样时的瞬时污染情况,而生物监测可以把过去长时间的污染状况反映出来。美国加利福尼亚工科大学的研究人员,对三棵具有 8000 年树龄的针叶松进行研究,分析树轮中氢和重氢的比率,找到了地球处于寒冷期的根据,这一结论同冰样标本反映的地球气候变化几乎是一致的。

(5)对环境污染的监测具有敏感性。某些生物对环境污染很敏感,在一些情况下,甚至连精密仪器都不能测出的微量污染物质,对某些生物却有严重的影响,表现出受害症状。利用它们作为“指示生物”,可以灵敏地监测环境污染,既快速又简单。在水生生态和陆生生态系统中,已筛选出许多“指示生物”,用于监测水质污染和大气污染,均已获得良好的效果。例如,一般情况下,二氧化硫浓度在 1～5mg/L 时人能闻到气味,10～20mg/L 时才能有明显的刺激作用,而敏感植物在 0.3～0.5mg/L 时就会产生受害症状。当二氧化硫浓度为 0.087～0.154mg/L时,苔藓就不能正常生长。地衣对有毒气体最为敏感,空气中只要有微量毒气被它吸收,就会枯黄。由于苔藓、地衣生长在树皮、墙壁、岩石上,不受土壤成分和土壤污染的影响,所以对空气中污染物发出的警报信号最为准确,故称为“毒气自动检测站”。

(6)多功能性。一般的理化监测方法专一性较强,一种方法或一台仪器只能测定有限种类的污染物。生物监测具有多功能性,一种生物可以对多种污染物产生反应,而表现出不同的受害症状,根据这一特点可以监测多种污染物质。

生物监测除具有以上优点外,还具有经济、方便、操作简单等特点。

植物监测也具有自己的不足之处:它检测的灵敏性和专一性方面不如理化监测;某些生物监测需时较长;由于生物对环境污染有适应性,会对污染产生忍耐能力,从而降低了灵敏性。另外生物之间及生物与环境之间关系复杂,也降低了生物监测的专一性,使生物监测具有一定的局限性和片面性。因此植物监测不能代替理化检测,只能是理化监测的辅助和补充。

2. 植物监测的任务

概括地讲,植物监测的任务就是指示和监测环境变化。其任务可具体表现在以下几个方面。

(1)揭示环境变化的过程和程度。由于人为排放的温室气体,导致全球性气候变暖和生态系统的改变,包括水热失调、气候异常、海平面上升、荒漠化扩展、环境污染、生物多样性丧失、生态系统变迁与退化等。如何对全球变化的影响进行有效的预测呢?生物监测可助一臂之力。通过对北极泥炭藓碳同位素的测定,使人们了解到几百年前甚至几万年前的大气二氧化碳浓度的变化。目前所进行的全球变化及影响的研究从方法和理论上都是生物对大气污染物质的反映及其应用。树木年轮和古生物化石的一些指标如元素含量、放射性同位素含量及其变化也能帮助人们对环境污染的过程和程度进行监测。所有这些工作都会在揭示区域及全球性环境变化过程中起重要作用,是传统仪器监测所不能实现的。

(2)监测和评价环境污染。随着工农业生产的发展,"三废"排放及农药的使用所造成的局部地区(尤其是发展中国家)环境恶化的现象仍然持续出现。利用生物监测可对环境污染作出迅速指示,以便及时采取措施。大量研究表明:生物能够十分有效地监测大气、水体及土壤污染,并可以根据若干生物指数(如大气洁净指数、生物含污指数等)评价环境质量,如根据生物个体数量和群落结构的变动资料,宏观及微观的受害症状、急性和慢性的毒理反应和生物体污染物含量的分析,可以综合的监测和评价环境污染。

(3)反应污染物对生物的综合效应。当今世界已知的物质达百万之多,这些自然或人造的环境物质极其复杂,即使用最先进的理化手段对如此多的物质进行监测也无能为力。人类也来不及研制如此多的监测仪器,加上环境因子的多变性,致使污染物的影响效应复杂多变,而生物监测能反映污染物对生物体、生态系统以及人体健康的综合影响。通过分析检测生物的受害症状、群落结构的变化和污染物的含量,可以确定污染物对生物的危害部位及程度和阈值。生物监测最根本的任务应该是监测环境污染、维护生态平衡、创造优美的生态环境。

3. 植物监测的应用及发展

美国研究了模拟酸雨对植物的危害,根据植物对模拟酸雨的敏感性划分等级,敏感性由高到低的顺序是:草本双子叶植物、木本双子叶植物、单子叶植物、针叶植物。这样可根据受害植物的种类及症状,了解酸雨的危害程度。利用浮游植物总细胞数临界值及浮游植物总细胞数与叶绿素 a 含量的相关性,可以监测预报赤潮的发生。利用冷冻干燥的发光细菌来检测汽车尾气和氮气。科技工作者对黄河三角洲盐生植物与土壤盐分的相关性进行研究,根据植物群落类型来指示土壤含盐量,为开发利用荒地资源提供了科学依据。

由于生物对环境污染有适应性,能对污染物产生忍耐能力,从而降低了敏感性。另外生物之间及生物与环境之间的关系复杂,也降低了生物监测的专一性,使生物监测具有一定的局限性和片面性。因此,应加强对生物监测的研究,广泛应用微核测定等先进技术,使生物监测不断向深度发展。此外,把生物监测与高灵敏的电化学监测装置有机地结合起来,利用生物传感器来监测环境,使生物对环境的监测进一步完善,以发挥其独特的作用。

在高等植物监测技术中,由于树木年轮中的元素质量浓度能反映当年的气候、环境特征,也可对过去若干年的环境污染进行回顾性研究,因此树木年轮法成为近年来发展比较快的植物监测技术之一。

5.3.6 利用树轮中元素质量浓度的变化反演环境污染历史

在众多记录环境历史变化的信息源中,树木因其分布广泛、寿命长久,且能同时感应自然干扰和人为干扰的影响,其年轮保留着人类活动的痕迹,分辨率高,连续性强,年轮指标量测精确,而且树木体内的元素质量浓度相对高,能揭示环境中的污染元素生物有效性水平的历史变化,是可靠的年代信息源之一。下面根据树木年轮在环境中应用的基本原理,研究树木年轮中化学元素与其生长环境的相关性,并且分别通过检测到的树轮中 Cd、Mn、P、Zn、Pb 五种元素的逐年质量浓度变化反演两个采样点的环境污染历史。

1. 镉(Cadmium)

Cd是原子序号为48的金属元素，在自然界中相当稀少，常以化合物状态存在，伴生于硫化铅、锌矿特别是闪锌矿(ZnS)之中。镉的用途很广泛，用于镉盐、镉蒸灯、颜料、烟雾弹、合金、电镀、焊药、标准电池、冶金去氧剂等，并可做成原子反应堆中的中子吸收棒。金属矿的开采和冶炼、电镀、颜料等是镉的主要人为污染源。粗磷肥中含镉可达100mg/kg、普钙含镉可达50～170mg/kg。汽车废气中也有镉，资料表明，交通频繁的公路两旁土壤和草的含镉量，近处明显高于远处。另外烟草中也含有一定量的镉。

Cd是人体的非必需元素，在自然界中常以化合物状态存在，一般含量很低，在正常环境状态下不会影响人体健康。镉与锌是同族元素，在自然界中镉常与锌、铅等共生。当环境受到镉污染后镉可在生物体内富集，通过食物链进入人体，它是一种毒性很大的重金属，其化合物也大都属毒性物质。震惊世界的日本"痛痛病"就是稻田Cd污染引起的。含镉的矿山废水污染了河水及河两岸的土壤、粮食和牧草，通过食物链进入人体而慢慢积累在肾脏和骨骼中。Cd会对人体呼吸道产生刺激；经常接触Cd的人患前列腺癌的可能性会增大，引起慢性生殖系统疾病；体内长期积存也会对肝或肾脏造成严重危害；Cd会取代骨中钙，使骨骼严重软化；镉还会引起胃功能失调，干扰人体和生物体内锌的酶系统，使锌镉比降低，而导致血压上升。镉毒性是潜在性的。即使饮用水中镉浓度低至0.1mg/L，也能在人体(特别是妇女)组织中积聚，潜伏期可长达十至三十年，且早期不易觉察。资料表明，人体内镉的生物学半衰期为20～40年。镉对人体组织和器官的毒害是多方面的，且治疗极为困难。因此，各国对工业排放"三废"中的镉都作了极严格的规定。日本还规定，大米含镉超过1mg/kg即为"镉米"，禁止食用。日本环境厅规定0.3ppm(10^{-6})为大米中镉浓度的最高正常含量。由于镉化合物具有程度不同的毒性，用任何方法从废水中除镉，只能改变其存在方式和转移其存在的位置，并不能消除其毒性。

金属矿的开采和冶炼是Cd的主要人为污染源，钢铁厂的生产会产生含有Cd_2O_3的炉渣和粉尘，因此生长在钢铁厂附近的树木年轮中的Cd元素有一部分会来自这些排放物。由图5-9可以看出采自钢铁厂厂区内的树轮CH1和T1，其Cd元素质量浓度在过去16年里具有比较一致的变化趋势：① 在钢铁厂停产期间(1997年～2002年前后)树木年轮中的Cd元素质量浓度具有下降趋势；②钢铁厂从逐渐、局部恢复生产(2002年)后，树木年轮中的Cd元素质量浓度呈明显增加趋势(个别年份的反常现象除外)；③根据调查得知钢铁厂恢复生产以后由于引进新的生产线，其年钢铁产量大于停产之前，根据此事实从图中可以推断出随着钢铁产量的增加，排放到环境中的Cd元素量势必增加，树木年轮中所累积的Cd元素含量也增加。

对于来自长安区的树木年轮样本CH2，由于其生长的环境中没有其他Cd污染源，树木主要从当地土壤中吸收Cd元素。从图5-9也可以看出CH2中的Cd元素质量浓度变化无上述规律但总体呈下降趋势，这可能是随着土壤中Cd元素含量的逐渐减少和树龄的增加使树木吸收的Cd元素的量也随之减少。

从以上分析可以得出树轮CH1和T1中的Cd元素浓度变化和钢铁厂的运营历史相吻合，因此可以利用它来反演该环境中的Cd污染历史。另外长安区土壤中检测到的Cd元素质量浓度为0.153mg/kg，它大于钢铁厂土壤中Cd元素的质量浓度0.119mg/kg，但是从树木年轮中检测到的结果却是钢铁厂的椿树中Cd元素的质量浓度(0.0075～0.24mg/kg)大于长安区的椿树年轮中的质量浓度(0.006～0.037 mg·kg)，这说明生长于钢铁厂附近的椿树吸收的Cd元素主要来自钢厂的排放物，也表明该地的Cd污染已经比较严重。

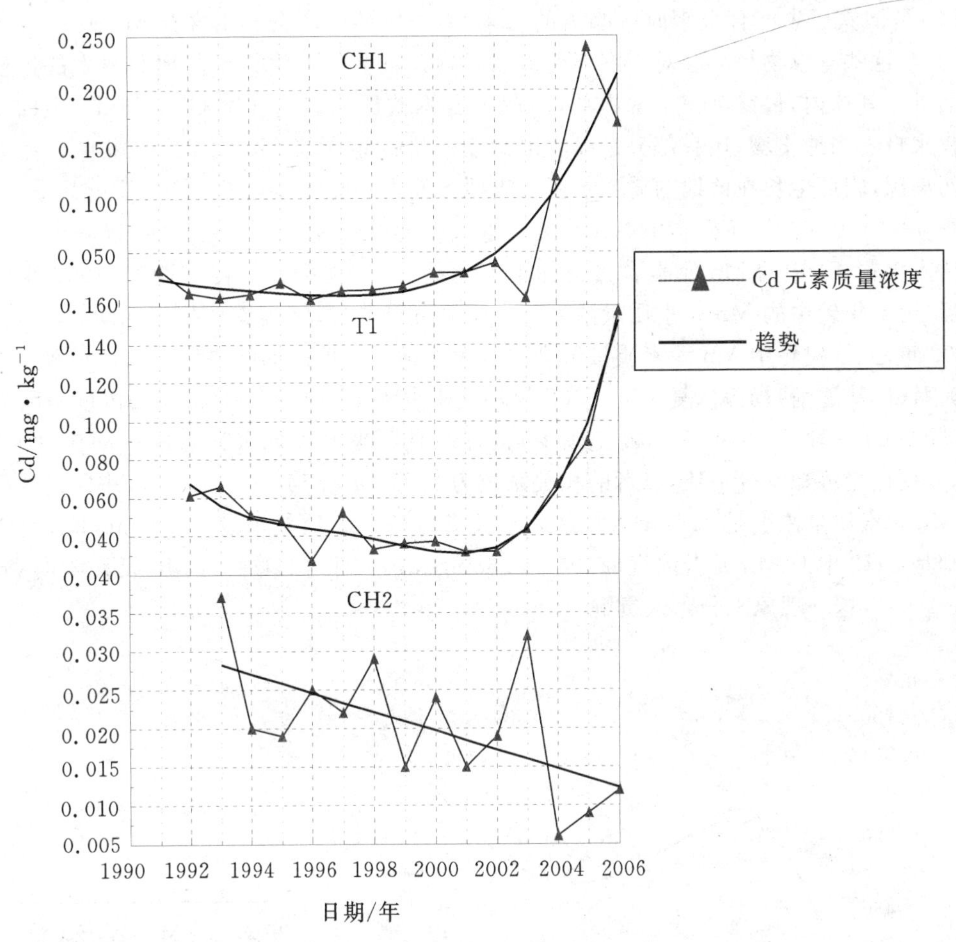

图5-9　树轮中Cd元素质量浓度的变化

2. 锰(Managnese)

Mn元素在自然界中主要存在于软锰矿(MnO_2)、硬锰矿(($Ba,H_2O)_2Mn_5O_{10}$)和菱锰矿($MnCO_3$)中,将二氧化锰与铝粉混合在熔炉中点燃也可以制得纯锰。Mn元素主要用于炼钢、制陶和造电池等,铁路钢轨中一般含有1.2%的锰。

维持人体内几十种生命元素的平衡是人类健康长寿最基本的关键因素,人体内元素的平衡有两层含义:一是某种元素在人体内的含量即不宜过多,也不宜过少,过多过少都会生病;二是摄入人体的各种元素之间要有一个合适的比例,才能充分发挥各种元素在人体内的生理作用,人体才能健康,比例失调就会生病。Mn是人体必需的微量元素之一,是细胞色素氧化酶、超氧化物歧化酶等的组成部分,它能够刺激免疫器官的细胞增殖,大大提高具有吞噬、杀菌、抑癌、溶瘤作用的巨噬细胞的生存率,参与人体糖、脂肪代谢,并影响生长发育,对增强人体免疫力有好处。另外,Mn对于维生素B_1的生效也有决定性的作用,还可以改善机体对Cu的利用效率。锰缺乏时可引起生长迟缓、骨质疏松和运动失常等,而且机体缺Mn可能是冠心病的诱发因素之一,坚果类、红叶蔬菜、豌豆、甜菜,以及未精制的谷类食品都是含富含锰的食物。但是过量的锰元素也会引起慢性生殖系统疾病。

Mn是钢铁厂生产合金钢时所必需的元素，钢铁厂的生产会产生含有MnO、MnS等的炉渣和粉尘，这些排放物势必会对周围环境造成影响并且会随着生长于此地的树木的生理代谢活动而进入其体内，最终沉积于木质部，因此采自钢铁厂的树轮样本CH1和T1中的Mn元素不仅来自于当地土壤，还有部分是吸收了钢铁厂排放物中的Mn元素。长安区附近无其他工业污染源，因此生长在该地的树木主要从当地土壤中吸收Mn元素。

图5-10为三个树轮样本中Mn元素质量浓度的逐年变化图，由图中可以看出采自钢铁厂的树木年轮T1中的Mn元素含量有如下变化趋势：①在钢铁厂停产期间（1997年～2002年前后）树木年轮中的Mn元素质量浓度具有明显下降趋势；②钢铁厂生产期间（1997年以前和2002年之后）树轮中Mn元素质量浓度明显大于钢铁厂停产期间树轮中Mn元素的质量浓度；③钢铁厂从逐渐、局部恢复生产（2002年）后，树木年轮中的Mn元素质量浓度呈明显增加趋势（除2004年较2003年有小幅度减少）。另外对于来自不同采样点的相同树种CH1和CH2，其变化趋势却十分一致，二者的相关系数为0.71（$n=14$，$p<0.01$），并且钢铁厂土壤中的Mn元素质量浓度是775mg/kg，这大于长安区的元素质量浓度441.2mg/kg，但树轮样本中却是CH2中的Mn元素浓度（2.04～2.68mg/kg）大于CH1中的Mn元素浓度（0.44～0.73mg/kg），这一现象十分令人费解。

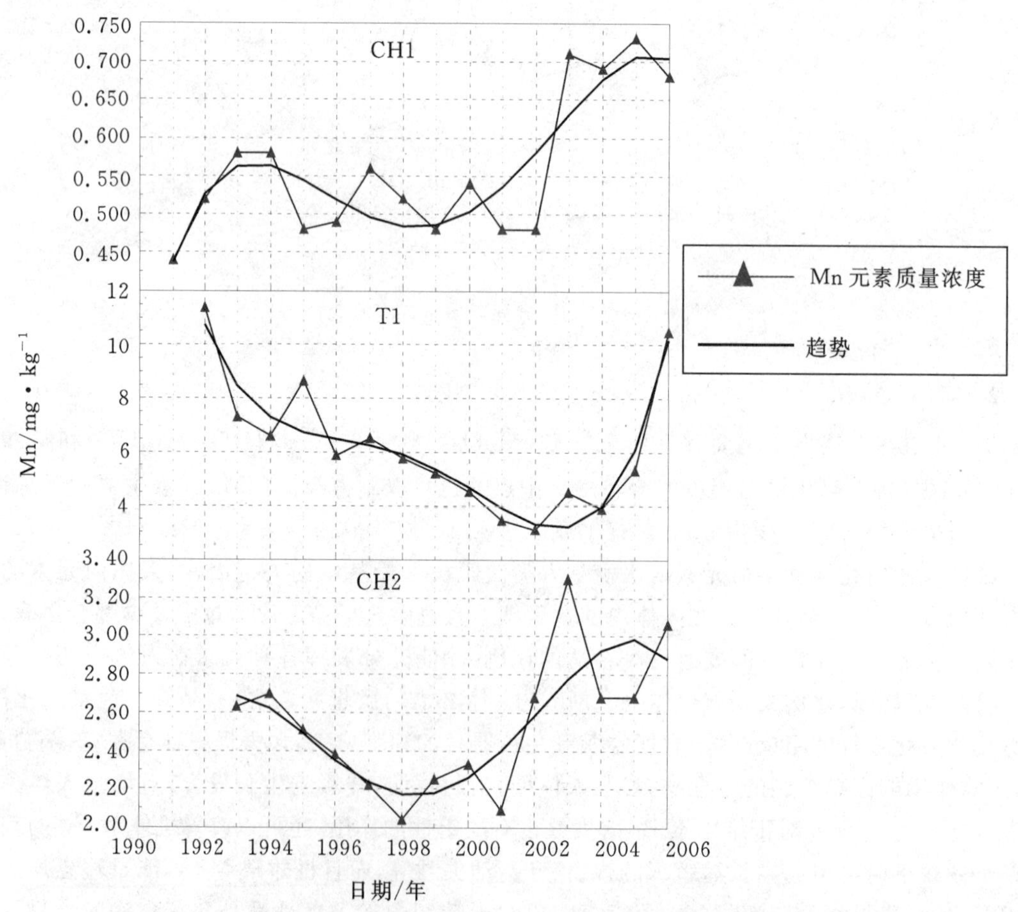

图5-10　树轮中Mn元素的质量浓度变化

经以上分析可以看出钢铁厂的树木年轮样本 T1 中的 Mn 元素质量浓度变化与该钢铁厂的运营历史能很好地吻合,因此可以利用桐树来指示环境中 Mn 元素的污染变化历史。而 CH1 中 Mn 元素含量的变化与该钢铁厂的运营历史不尽相同,故椿树不能很好地监测环境中的 Mn 元素变化历史。

3. 磷(Phosphorus)

P 是一种非金属元素,有多种同素异形体,在自然界中,磷多以磷酸盐的形式存在。白磷通常用于制造磷酸、燃料弹和烟雾弹;红磷通常用于制造农药和安全火柴。环境中的磷主要来自于大量使用的洗涤剂和磷肥。

磷是人体中含量较多的元素之一,仅次于钙,存在于细胞、蛋白质、骨骼和牙齿中。它是所有细胞中的核糖核酸、脱氧核糖核酸的构成元素之一,对生物体的遗传代谢、生长发育、能量供应等方面都有重要作用,磷元素在人体骨的发育与成熟过程中也发挥着重要的作用,因此磷是机体极为重要的元素之一,不可缺少,但磷过多会使血液中血钙降低导致骨质疏松。

矿物质养分是植物正常生长发育所必需的,其中磷元素是植物生长所需的大量元素之一,也是植物体内含量较多的元素。P 是核酸的重要组成部分,也是植物光合作用、能量代谢和细胞分裂的全过程中不可缺少的重要元素,因此农业生产中施用磷肥是促进植物生长、提高产量的有效方法,并且施用肥料还会产生有意义的副效应,如产生对全蚀病的抗毒性和对一些疾病的耐受力等。

长安区环境中的 P 元素主要来自当地的土壤以及周围生活区的洗涤剂等生活垃圾的污染,也有一部分可能来自周围农田中的磷肥。从图 5-11 中可以看出长安区的树轮 CH2 中 2000 年以前 P 元素质量浓度变化不大,而之后的几年内 P 元素质量浓度持续增加。我们知道 P 元素是植物生长的营养元素,因此树轮中 P 元素质量浓度的增加可能是由于树木的生长对磷元素的需求增加而导致的。图 5-11 中所示的 CH1 和 T1 中 P 元素的质量浓度变化趋势除有 CH2 所具有的特点外,T1 还具有以下特征:①P 元素质量浓度在 1996～2000 年间处于整个序列的最低值,考虑到 P 元素在树轮中存在两到三年的向外迁移趋势(第 4 章中有详细分析),因此该现象反映了在钢铁厂停产期间 P 元素质量浓度下降的事实;②钢铁厂正常生产期间 T1 树轮中的 P 元素质量浓度均较高,尤其是在恢复并且扩大规模以后。这说明桐树中的 P 元素质量浓度变化趋势在一定程度上也可以反映环境中 P 元素的质量浓度变化史。

4. 锌(Zinc)

在自然界中,锌多以硫化物状态存在,主要含锌矿物是闪锌矿,也有少量氧化矿,如菱锌矿和异锌矿。锌的最重要的用途是制造锌合金和作为其他金属的保护层,如电镀锌,以及制造黄铜、锰青铜、白铁和干电池,另外锌粉还是有机合成工业的重要还原剂。

锌是一种与生命攸关的元素,也是人体获得最佳营养所必需的金属元素之一。它在生命活动过程中起着转换物质和交流能量的“生命齿轮”作用。锌元素是一百多种酶合成的成分之一,它是构成多种蛋白质所必需的,例如人体的眼球的视觉部位含锌量就高达 4%。一个人每天要摄取 7.5mg 的锌,人体缺少锌时会影响核酸蛋白质的合成及新陈代谢的正常进行等;如果儿童缺少锌会产生厌食、消化不良等现象,影响身体的发育,严重者会导致身体矮小瘦弱。锌普遍存在于食物中,只要不偏食,人体一般不会缺锌。锌对人体的免疫功能起着重要调节作用,维持男性的正常生理机能,促进溃疡的愈合。人体摄入过量的锌会引起恶心、呕吐、胃部不适、甚至脱水和电解质紊乱,长期可造成贫血、生长延迟等。

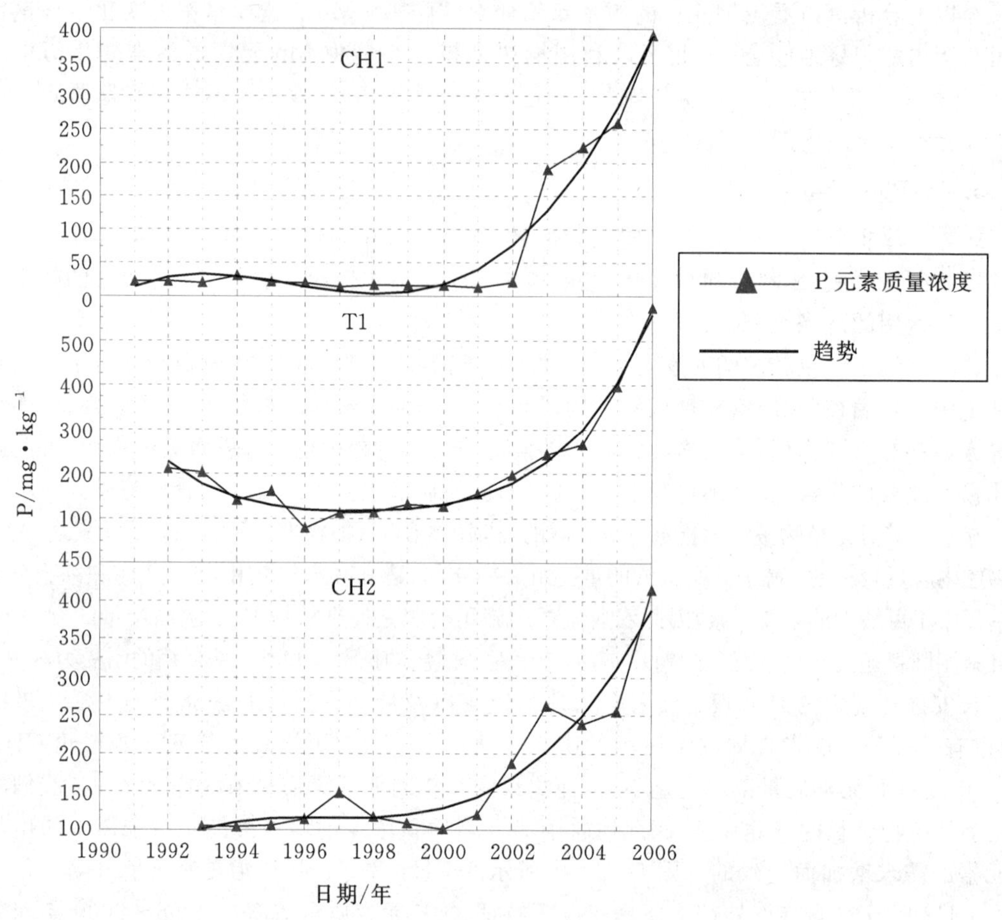

图 5-11 树轮中 P 元素的质量浓度变化

锌是植物生长所需的营养元素之一，如图 5-12 所示，长安区的椿树 CH2 的树轮中 Zn 元素的质量浓度变化比较平稳，但总体稍有下降趋势，同 Cd 元素一样，这表明生长在该地的树木主要从当地的土壤中吸收 Zn 元素。对于采自钢铁厂的树轮样本 CH1 和 T1，考虑到 Zn 元素在树轮中有 3 年左右的滞后效应，可以推断出在该钢铁厂停产期间(1997 年～2002 年前后)，两树轮中 Zn 元素的质量浓度比较低；同以上几种元素一样，当钢铁厂再次恢复生产并且引进新的生产线，扩大规模以后所监测到树轮中的 Zn 元素的质量浓度也有明显的上升；CH1 的 Zn 元素质量浓度有很明显的先降后升的特点。

从以上分析可以看出，长安区由于没有外来的锌污染源，其树轮中的 Zn 元素质量浓度无异常变化，总体呈平稳趋势；生长在钢铁厂的椿树和桐树树轮中 Zn 元素的质量浓度变化与钢铁厂的运营历史比较一致，并且与桐树相比椿树更能反演其环境中锌的污染历史，但分析时必须考虑锌元素在树轮中有迁移这一因素。另外，从图中可以看出采自钢铁厂的椿树 CH1 中锌元素的质量浓度(2.97～8.48mg/kg)总体稍大于来自长安区的 CH2 中锌元素的质量浓度(3.5～6.32mg/kg)，这也反映了钢铁厂环境中锌污染程度比长安区严重，与所测结果相符(测得的长安区和钢铁厂土壤中锌的质量浓度分别为 89.31mg/kg 和 195.88mg/kg)。

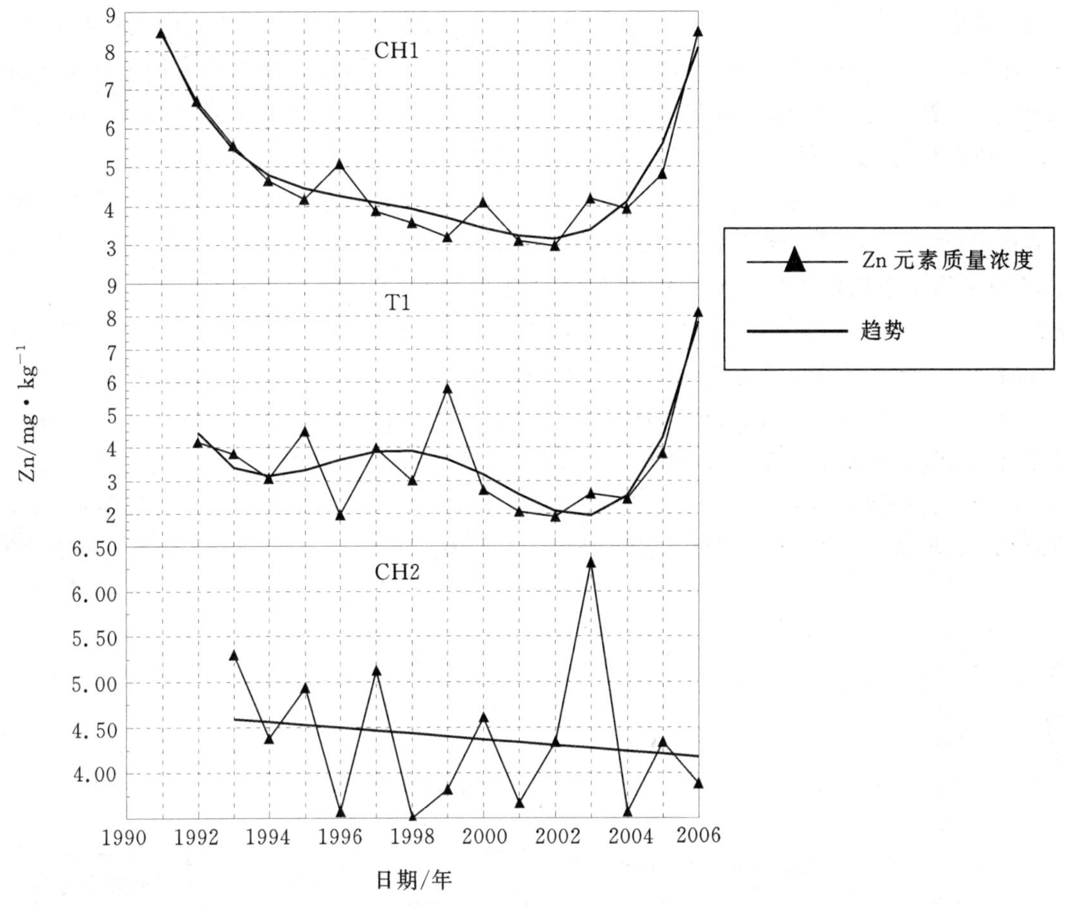

图 5-12　树轮中 Zn 元素的质量浓度变化

5. 铅(Lead)

铅是人类最早使用的金属之一,在地壳中含量不大,自然界中存在很少量的天然铅。铅主要存在于方铅矿(PbS)中,由于含铅矿物聚集,熔点又很低(328℃),所以铅在远古时代就被人们所使用。铅主要用于制造铅蓄电池、焊接、铅合金可用于铸铅字,做焊锡;铅还用来制造放射性辐射、X 射线的防护设备;铅及其化合物对人体有较大毒性,并可在人体内积累。铅被用作建筑材料,用在乙酸铅电池中,用作枪弹和炮弹,焊锡、奖杯中一些合金中也含铅。

铅是有毒的元素,它能抑制血红蛋白的合成,致使卟啉代谢发生障碍,引起中毒。铅危害人的脑神经,类似于神经衰弱症状,判断力差,记忆力减退,兴奋抑制过程失去平衡,自制能力衰退等。据《科学画报》1988 年第 1 期报道,古罗马多暴君,嗜好杀戮、征战和斗兽,原因固然在于奴隶主阶级的本性,但也与他们好饮被铅严重污染的葡萄酒有关。科学家曾对暴力犯罪者的头发进行化验,结果发现 85%以上含铅量很高。瑞士医生对罪犯采用驱铅疗法试验,连续八年治愈率高达 81%。

由于铅在环境中的长期持久性，又对许多生命组织有较强的潜在性毒性，所以铅一直被列为强污染物。然而 20 世纪 70 年代以前，世界各国大都使用含铅汽油，在当时的技术水平和历史条件下，汽油加铅对改造汽油性能起到了重要的作用。但是，四乙基铅是一种无色油状、易溶于汽油的剧毒物质，使用含铅汽油的车辆所排放的废气中铅主要是以氧化铅形式存在，它损害人的造血机能，使肠胃中毒，严重时可使神经中枢中毒，还能损害心脏和肾脏功能。它对孕妇和婴儿的影响尤为严重，血铅含量过高会影响儿童的身体和智力发育，而铅在人体中蓄积，不易排出，所以一旦婴儿体内血铅增高，将产生长期的危害。铅不仅使人体健康遭受严重损害，也可使汽车净化装置中的催化剂“中毒”而失去净化效果，使机动车辆排放氮氧化物、一氧化碳等二次污染物。城市中 80％的空气污染源于含铅汽油，全世界有 17 亿人的健康因此受到威胁。目前大多数国家禁止使用含铅汽油的举措可能会在一定程度上改变铅污染现状。

如图 5－13 所示，采自钢铁厂的桐树 T1 中 Pb 元素质量浓度整体呈升高趋势，但 1998～2002 年间 Pb 元素质量浓度较低。钢铁厂环境中的铅，一部分来自钢铁厂生产所排放的废物，另一部分来自周围道路上汽车尾气。近年来随着城市汽车数量的不断增加，使进入到环境中的铅也不断增加，这在 T1 和 CH1 中均有体现，而 T1 中 1998～2002 年间 Pb 元素质量浓度的

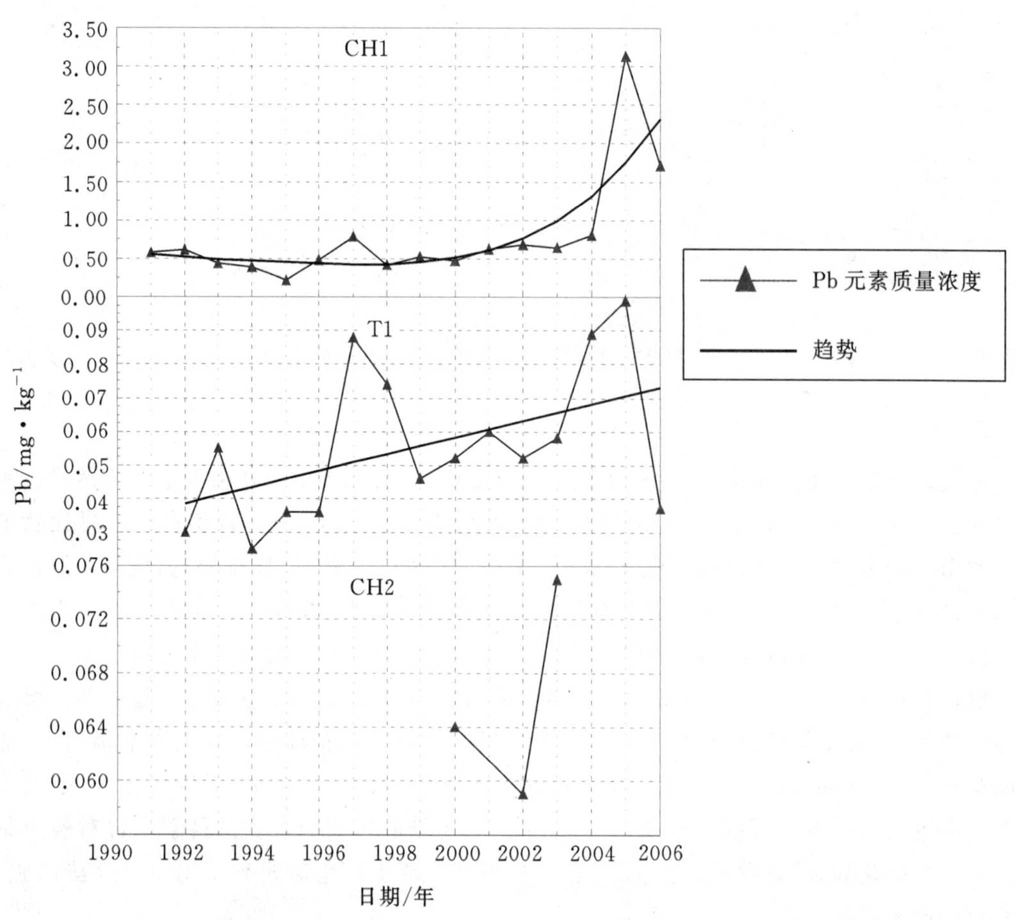

图 5－13 树轮中 Pb 元素的质量浓度变化

降低可能是由于钢铁厂的停产导致生产废物的减少所致，但 CH1 的 Pb 元素质量浓度曲线并不能明显地反映这一事实，说明对于铅元素来讲，椿树树轮并不能很好地反演其在环境中的变化情况。

在图 5-13 中还可以发现，在 2006 年即树木死亡所对应的年份，CH1 和 T1 中 Pb 元素质量浓度都有降低，对这一现象可作如下解释：钢铁厂的椿树和桐树均砍伐于 2006 年秋季，此时树木并未完全停止生长，因此对于主要聚集于树木晚材的元素 Pb，所测得的树轮中该年的量并不能反映当年的实际情况。

Pb 并不是植物生长所必需的元素，第二个采样点长安区周围无工业污染并且远离主要交通道路，环境中的铅污染较轻，采自该地的椿树 CH2 中除在 2000 年、2002 年和 2003 年检出有 Pb 元素外其他年份中的质量浓度均低于仪器的检测限。从质量浓度水平上来看，钢铁厂土壤中铅元素的质量浓度为 53.78mg/kg，明显高于长安区土壤中的 26.92mg/kg，而 CH1 中的铅元素质量浓度范围为 0.22～3.13mg/kg，T1 中的铅元素质量浓度范围为 0.025～0.099mg/kg，可以看出在相同的环境下椿树对铅元素的吸收能力大于桐树。

5.4 冶炼厂周边树轮的环境指示

5.4.1 样品的采集

树轮样品采集于东岭冶炼厂的东南方向，靠近焦化厂的地方，为香椿（Toona *sinensis*(A. Juss.)Roem)，共两个树盘，分别命名为 FX01、FX02。树盘取回后，在自然条件下风干后用 60 和 120 目的砂纸对树盘表面进行打磨直到树盘的年轮在肉眼下清晰可见，然后进行定年，这两个树盘的年代分别为 16 年（1996～2011 年）和 20 年（1992～2011 年）。对每个树盘的年轮进行逐年剥取，雕刻区域覆盖整个生长轮，且雕刻深度一致，每轮取 5g 样本。

5.4.2 树轮样品元素测定

采用石墨炉原子吸收法测定年轮中 Pb、Cr 的含量，采用电感耦合等离子体原子发射光谱测定 Zn、Mn 的含量。各元素质量浓度单位均以干重计，单位均为 mg/kg。分析过程中以国家标准物质研究中心提供的杨树叶标准物质(GBW07604)作为标样。两个树轮样品中的重金属含量见表 5-6 所示。

冶炼厂周边区域的土壤受到一定的外界影响，但这些元素质量浓度值反映的是该地土壤多年的累积质量浓度，这并不能了解过去元素质量浓度变化的历史；树木年轮逐年内元素质量浓度变化则可以提供其历史变化的信息。

表 5-6　树轮样品中 Pb、Zn、Cr、Mn 的含量

年份	FX01				FX02			
	Pb	Zn	Cr	Mn	Pb	Zn	Cr	Mn
2011	0.4151	6.3409	8.6745	8.5908	1.4202	20.1983	2.3392	5.0736
2010	0.8887	4.3019	1.9469	7.5325	1.1660	10.9608	2.4662	3.1623
2009	0.4113	3.2499	2.3623	5.3839	0.6173	8.4148	3.1175	3.5929
2008	0.3793	4.3733	2.8118	7.0431	0.8483	10.1016	3.0264	4.4191
2007	0.4253	33.9036	2.0222	5.1899	0.8980	11.3257	2.9348	3.6015
2006	1.0412	4.8621	3.6133	5.4471	1.0431	15.9925	3.8759	4.1851
2005	0.8456	3.9185	2.6893	3.8454	1.1765	6.5511	2.6153	3.1722
2004	1.5721	5.2452	3.1230	3.9058	1.3079	8.1418	3.0552	3.9169
2003	1.5480	4.6772	3.8732	3.8981	0.9469	7.2608	3.8636	5.0167
2002	2.2132	5.1079	4.6756	3.2935	1.2711	7.6265	3.0612	3.7396
2001	0.6614	3.6471	5.7234	4.5065	0.8185	6.0704	4.5337	2.8907
2000	0.8377	4.1844	7.6111	5.1214	1.9203	7.4735	4.4149	3.1952
1999	0.7893	4.7231	3.7546	7.1373	1.4952	7.3435	5.1304	3.3572
1998	0.7284	5.0077	3.0439	4.5094	1.7612	8.2659	4.7088	3.6445
1997	0.6401	8.4903	9.4414	17.3586	2.7411	11.7286	3.7847	4.6257
1996	0.4868	12.6564	7.2520	9.8860	2.0678	9.9133	3.3710	3.7766
1995					1.9219	9.2179	1.4028	4.3288
1994					1.4423	10.0811	3.9983	4.9889
1993					1.2715	8.1470	2.0829	4.9489
1992					2.4519	10.4412	1.1307	3.7838

注：重金属含量单位均为 mg/kg

5.4.3　各种元素含量在树轮中的逐年变化情况

(1)铬含量在树轮中的逐年变化情况

两棵香椿树轮中 Cr 含量随时间变化见图 5-14 所示。虽然两棵香椿树盘样品均采自于同一区域，但每棵树木年龄和生理条件不同导致吸收重金属元素的能力也会不同，这使得每棵香椿树轮中各年份元素含量偶然性较大。为了获得该地点元素污染的总体趋势，我们把 FX01、FX02 中的 Cr 含量相加，然后取其算术平均值，并进行样条函数拟合，这样便得到了平均含量曲线和样条函数拟合曲线。可以看出，两棵香椿树轮中 Cr 含量及平均含量曲线均随时间略呈波动状态，峰值出现在 1997 年，可能与当年的气温较高或降水有关。对多年平均含量进行趋势预测与回归分析可知，在 1992～2005 年间，Cr 平均含量呈先上升后下降的趋势，这可能与香椿树的生长规律有关。有关研究表明，香椿树是速生树种，生长高峰出现早，一般在 9 年左右胸径和树高连年生长量达到最大值，因此对环境中 Cr 元素的吸收随着生长规律的变化而有所改变；在 2006 年(冶炼厂开始投产运行)，Cr 平均含量突然上升，并在 2006 年之后 Cr 含量保持微弱的上升趋势，这表明冶炼厂的生产运行与树轮中 Cr 的含量有一定关系。

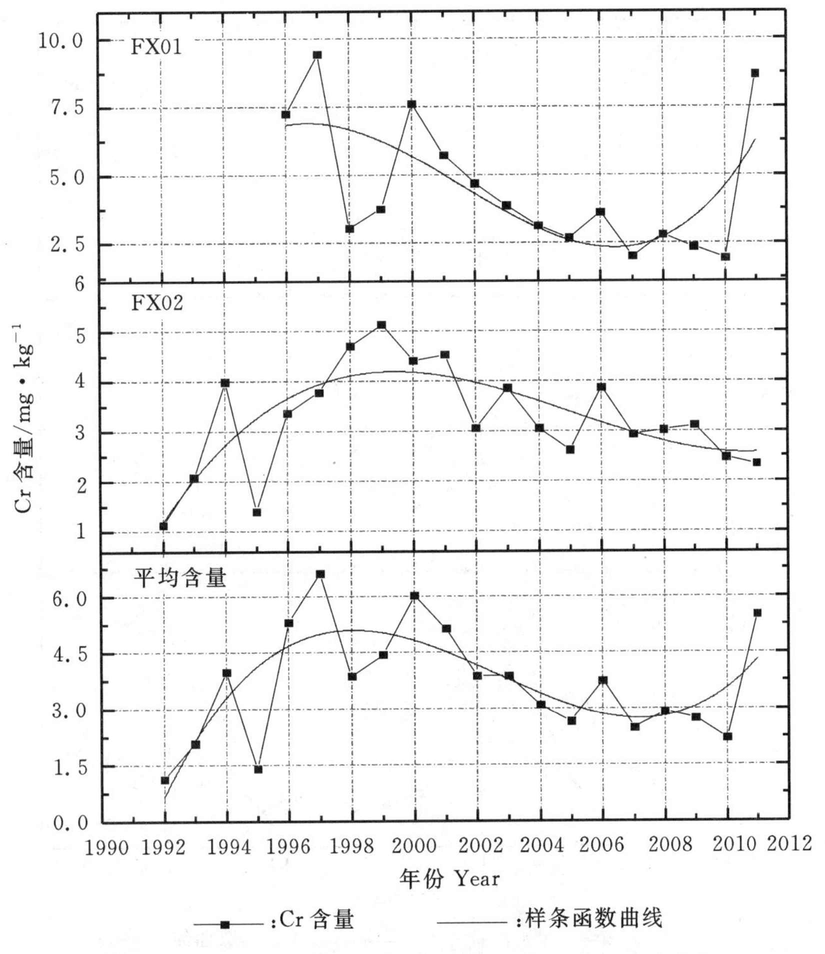

图 5-14 两棵香椿树轮中 Cr 元素含量及平均含量变化曲线

(2)锰含量在树轮中的逐年变化情况

两棵香椿树中 Mn 含量随时间变化见图 5-15 所示。FX01 中 Mn 的平均含量为 6.4mg/kg,比 FX02 中 Mn 的平均含量 4.0mg/kg 高出 60%。对平均含量进行趋势预测与回归分析可知,两棵香椿树轮中 Mn 含量曲线峰值同样出现在 1997 年,进一步说明这有可能与当年的气温与降水有关。与 Cr 相似,Mn 平均含量在 1992~1998 年间略有呈上升趋势,之后有所下降,这很可能与香椿树生长规律有关;在 2006 年之后 Mn 含量呈微小的上升趋势,可能是 2006 年冶炼厂开始投产运行导致的,这表明树轮中 Mn 含量的变化与冶炼厂的投产有一定相关。

(3)锌含量在树轮中的逐年变化情况

由图 5-16 可知,香椿 FX01 和 FX02 树轮中的 Zn 多年平均含量分别为 7.2mg/kg 和 9.7mg/kg。FX01 和 FX02 两棵树轮中 Zn 含量在 2006 年之前逐年变化比较稳定,2006 年之后,Zn 的含量急剧升高,分别在 2006 年和 2007 年出现极值,这可能与冶炼厂正式投产有关。对 Zn 平均含量进行拟合知,在 2006 年之前,Zn 含量在 5~10mg/kg 之间波动,总体呈下降的趋势,2006 年 Zn 含量有所上升并在 2007 年达到峰值 22.6mg/kg,是多年平均浓度的近 3 倍,

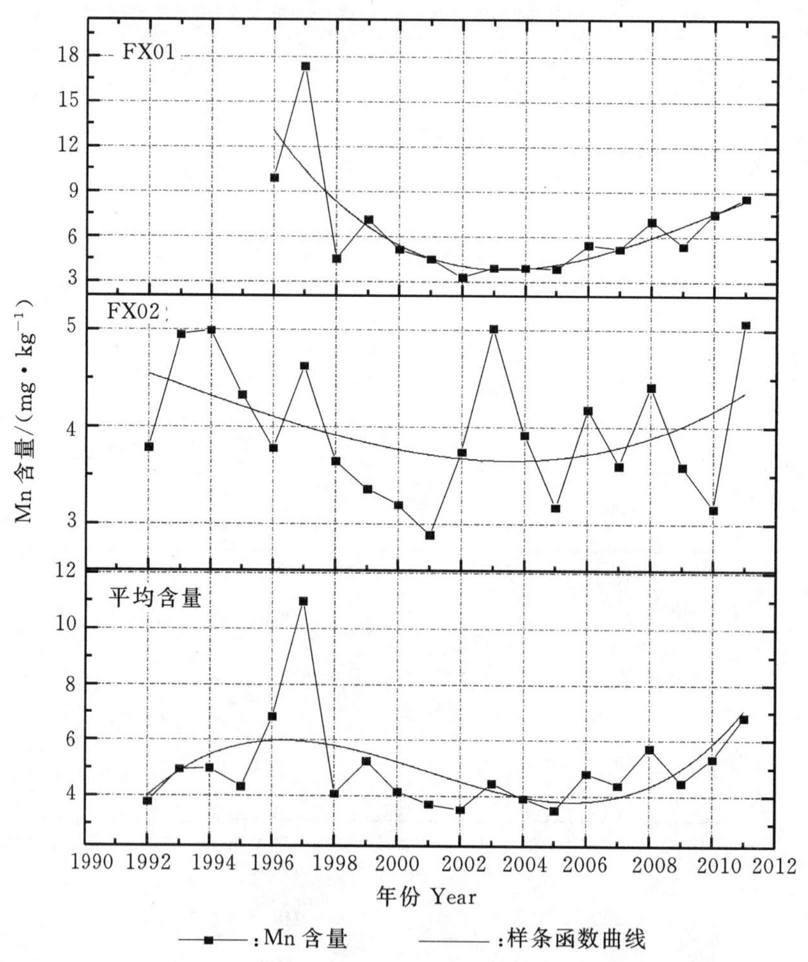

图 5-15 两棵香椿树轮中 Mn 元素含量及平均含量变化曲线

2008 年之后恢复正常后并呈一定的上升趋势，这可能是树木对环境的突然改变的一种适应现象。树轮中的 Zn 含量总体呈先下降后上升的变化趋势，以 2006 年为分界点，这也说明冶炼厂投产运行影响了树轮中 Zn 含量的变化。

(4)铅含量在树轮中的逐年变化情况

从图 5-17 可以看出，FX02 树轮中 Pb 含量为 1.43mg/kg，明显高于 FX01 的 Pb 含量 0.87mg/kg，约为 FX01 的 2 倍。由 FX01 和 FX02 拟合曲线知，两棵树轮中 Pb 含量在 2009 年之前总体随着时间呈先上升后下降的趋势，符合香椿树的生长规律；Pb 含量在 2006～2009 年之间下降幅度明显减小，并均在 2010 年突然升高，2010 年 Pb 含量均约为 2009 年的 2 倍。拟合后的平均含量曲线显示 Pb 含量在 2006 年之后有持续上升的趋势；这说明冶炼厂可能对环境中 Pb 污染有一定的贡献；在 2006 冶炼厂投产之后，两颗树轮中 Pb 含量并没有立即升高，而是在 2010 年突然增加，这可能与 Pb 在树轮中存在 3～4 年的径向迁移有关。

通过对树轮 4 种元素含量的分析知，Cr、Mn、Zn 和等元素在 2006 年或 2007 年的含量比之前几年含量有明显的上升，尤其是 Zn 在 2006 年和 2007 年达到峰值；样条函数显示，自 2006 年后两棵香椿树轮中 Cr、Mn、Zn 和 Pb 等元素的含量呈现出一致的上升趋势；这与冶炼

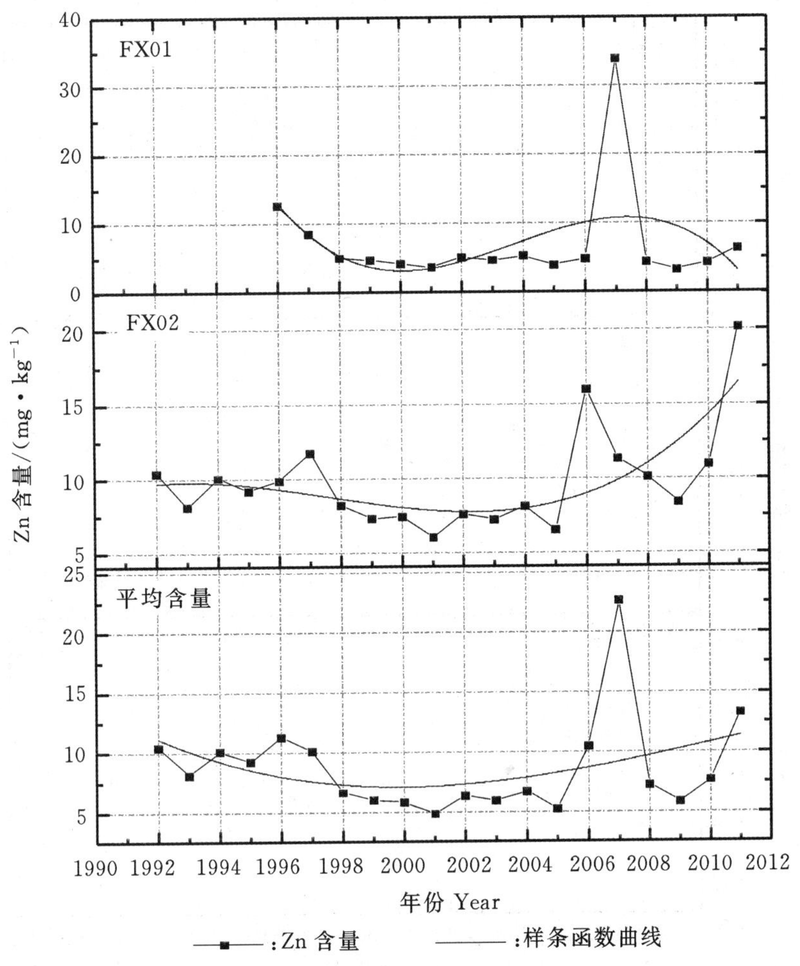

图 5-16　两棵香椿树轮中 Zn 元素含量及平均含量变化曲线

厂的投产运行相一致，充分说明了冶炼厂的生产导致了环境中 Cr、Mn、Zn 和 Pb 等元素含量的升高。

5.5　利用树轮反演环境污染的意义

5.5.1　环境监测方面

树木年轮作为环境变化的“档案”具有其自身的优势。对于短期监测而言，目前常用的方法是对目标地点的土壤和水体进行连续采样以获得逐年数据，但这些方法采样周期长，工作量大，所测定污染源单一。近些年发展起来的树木年轮化学分析法可以有效的弥补这些不足。树木由于其每年生成的年轮中保留着当年的环境信息，故一次采样就能得到树木生长期间从环境中吸收的各种元素的质量浓度数据，从而推断环境变化情况。研究证明树木年轮能精确记录大气痕量金属(如 Pb)质量浓度的变化、能用于监测土壤、沉积层和溪流水体化学性质的历史变化、能够推断地下水中的有机物污染，还能够记录环境中的人工合成放射性元素污染

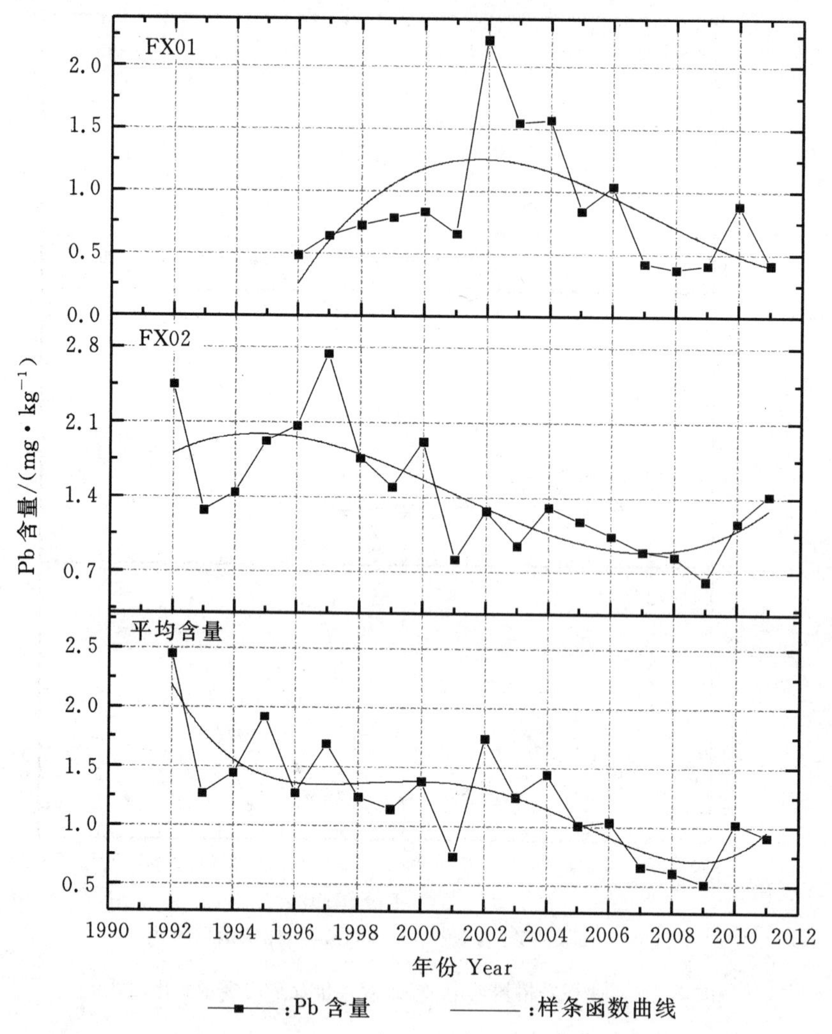

图 5-17 两棵香椿树轮中 Pb 元素含量及平均含量变化曲线

等。对于长期监测,过去着重于南北极冰川、冻原或湖泊沉积物,但这些信息源存在着各种不足。例如:冰芯能完整地保存过去的环境条件,但其分布地有限且远离人类的活动区域;沉积层存在时间很长,但定年较困难,而且许多元素和物质可能因溶解而逃逸到液相中,不是以其原初形态或初始浓度保存在沉积层中;火山灰分层揭示了火山爆发的特定历史时期,但火山爆发是偶然的,在事件之间很难精确对其定年。树木分布广泛、寿命长久,且能同时感应自然干扰和人为干扰的影响,其年轮保留着人类活动的痕迹,分辨率高,连续性强,年轮指标量测精确,而且树体内的元素质量浓度相对高,这些都有力地弥补了上述不足,使树木年轮成为可靠的环境监测手段之一。利用树木年轮再现高分辨率环境污染历史,一方面可以再现污染事件对树木生态环境的客观影响,另一方面也可以反映树木生态系统对污染环境响应的敏感性。

通过第 5 章的分析可以看出桐树可以较好指示该钢铁厂环境中的镉、锰、磷、锌、铅的变化情况;椿树可以指示镉和铅的变化情况。

5.5.2 环境修复方面

现代农业发展过程中大量化学农药与化肥的使用，矿区长期以来的非科学性的开采，城市垃圾和废水的不当处理，汽车尾气的大量排放，以及工业生产中“三废”的不合理排放，使许多“污染”元素进入到环境当中。这些元素中的大部分重金属元素对生物都有潜在的危害，重金属在植物体内的大量积累不仅严重影响植物本身的生长发育，而且使天然植被受到破坏，并通过食物链危及人类健康。1983 年，美国科学家 Chaney 提出了“植物修复(Phytoremediation)”的新概念，该思想旨在利用植物修复重金属污染的土壤和水体。这一新思想赋予了矿区植被、植物新的功能，即除了传统意义上的矿藏指示作用外，具有富集和超富集重金属能力的植物成为土壤重金属污染治理的重要工具。植物重金属污染与植物修复存在着辩证统一的关系，这种环境与植物的互动关系是植物重金属污染成为新的研究热点的重要因素之一，也成为环境生态恢复研究的新生长点。

Baker 根据植物对重金属的吸收、转移和积累机制将植物分为积累型(超积累型)、指示型(敏感型)和排斥型 3 类。一般而言，对重金属的吸收量超过一般植物 100 倍以上，如积累的 Cr、Co、Ni、Cu、Pb 一般在 1mg/g 干重，Mn、Zn 在 10mg/g 干重的植物称之为超积累植物(Superaccumulator)。根据报道，我国重金属污染的土壤面积已达 2000 万亩，占总耕地面积的 1/6。大片农田受 Cd、Pb、As、Cu、Zn 等多种重金属的污染，基本丧失生产力。矿区土壤环境的污染更是严重，矿区植物重金属污染现象实际上是一个非常复杂的、多因素导致和控制的问题，除了植物本身的内因外，环境等外部因素也是重要的制约瓶颈。植物适应矿区恶劣的环境条件以及植物本身遗传特性的变化是具有时空性的，鉴于植物重金属污染研究领域开展不足 20 年的时间，短期内使该问题得到系统、完整、科学的阐明也是不可能的。但是，随着研究的深入，从宏观、微观、个体、环境等多层次以及大生态系统的角度将使植物重金属污染和植物重金属耐性得以阐明，将使植物修复在实际应用上得以实现。

植物修复作为重金属污染土壤的一种环境友好方法，其发展部分取决于能否找到适应于被污染环境的特殊性植物。研究植物重金属耐性和超积累特性是探讨植物重金属污染和植物修复能力的重要前提。尽管大多数高等植物在严重的重金属污染的环境中难以生存，但人们仍然发现一些植物在较高质量浓度的重金属污染环境中可以生长，其中一些植物体内能积累高含量的重金属，甚至远远超过了土壤中重金属的含量。如商陆和板栗对锰有较强的富集能力，叶片锰含量分别达到 3280mg/kg 及 2510mg/kg，可用于锰污染地的植物修复；蜈蚣草叶片富集砷达 0.5%，为普通植物的数十万倍，能够生长在含砷 0.15%～3%的污染土壤和矿渣上，具极强的耐砷毒能力，其地上部与根的含砷比率为 5：1，显示其具有超常的从土壤中吸收富集砷的能力，同时对锰、锌、镍的富集也较多，可以作为植物修复的候选植物；板栗和商陆对镉、锰的生物积累系数和生物转移系数均大于 1，表现出很强的富集能力；印度芥子，能把铅从根部转移到嫩枝，是吸收铅的理想植物。

寻找、培育和驯化有利于治理环境污染的植物种类以满足实际应用的需要，是今后植物修复研究发展的方向。在检测树木年轮中重金属元素浓度的工作中，可以分析不同的植物对各种元素的吸收程度并进行对比，例如通过对图 5-10 和图 5-13 的分析可以看出同样生长在钢铁厂环境中的桐树对于锰元素的吸收程度(3.12～11.38mg/kg)远远大于椿树(0.44～0.73mg/kg)；而椿树对铅的吸收能力(0.22～3.13mg/kg)又大于桐树(0.025～0.099mg/kg)。因此了解不同树种对污染元素的吸收能力以及耐毒害限度，可以为污染环境的修复治理及社会可持续发展建设等提供科学指导。

5.5.3 人体健康方面

树木年轮中的各元素来源于其所生长的土壤、大气和水环境，其中的质量浓度在一定程度上反映了该地区这些元素的含量水平，长期生活于该地区的居民也会从环境中吸收这些元素并蓄积于体内。进入大气、水体和土壤的重金属均可以通过呼吸道、消化道、皮肤三种途径侵入人体，进入体内的重金属借助体内某些有机成分可结合成金属络合物或金属整合物，对人体的各个发育阶段都会产生影响，尤其对母婴的毒害更为明显。许多重金属离子均可因微生物甲基化作用而生成相应的甲基化合物，此类化合物多属毒性很强的挥发性物质，极易通过呼吸道进入体内，另有一些重金属离子通过口腔、皮肤进入体内后，使某些生物酶的活性减弱甚至丧失。我们希望能够将当地某些疾病的发生率和树木年轮中某些元素的含量水平进行对比分析来研究该元素对人体健康的危害程度。这方面的工作目前在国内外均属空白，若能与有关的医学科研单位合作研究相信能够取得突破。

6 地表水体沉积物与环境示踪

6.1 地表水体的重金属污染现象

地表水体包括湖泊、水库、溪流、河流或其中的一部分、过渡水体或海岸水的延伸。人类的工农业生产活动使金属分布到大气圈与水圈中，由于地球化学输入与人为输入时相互叠加，有些地表水体集水区受到人类的扰动，同时大气降沉降物也受到人类活动的影响。

沉积物可以作为重金属污染的指示物。沉积物柱状样品包含着地表水体及其积水区的某些化合物含量变化过程的信息。同时，在沉积物分析中，可以提供必需的背景值，并可取得金属污染历史发展过程的资料。重金属在柱状样品中的垂直分布，可以指示周边人类活动的影响，安大略湖（Thomas，1972）或 Windermere 湖（Aston 等，1973）的 Hg 以及 Greifen 湖（Tschopp，1977）的 Cu 与 Pb 的分析，可作为说明人类影响的实例（图 6－1）。Foerstner 等（1974）对康斯坦茨湖沉积物柱状样品中的重金属（Zn、Pb）的含量进行了比较，结论是元素实测浓度的提高是城市废水与工农业排水综合影响的结果。污染发生源通常可以根据地表水体与河流沉积物中污染物浓度的水平分布型式来查明，例如根据日内瓦湖（Vernet，1972）与

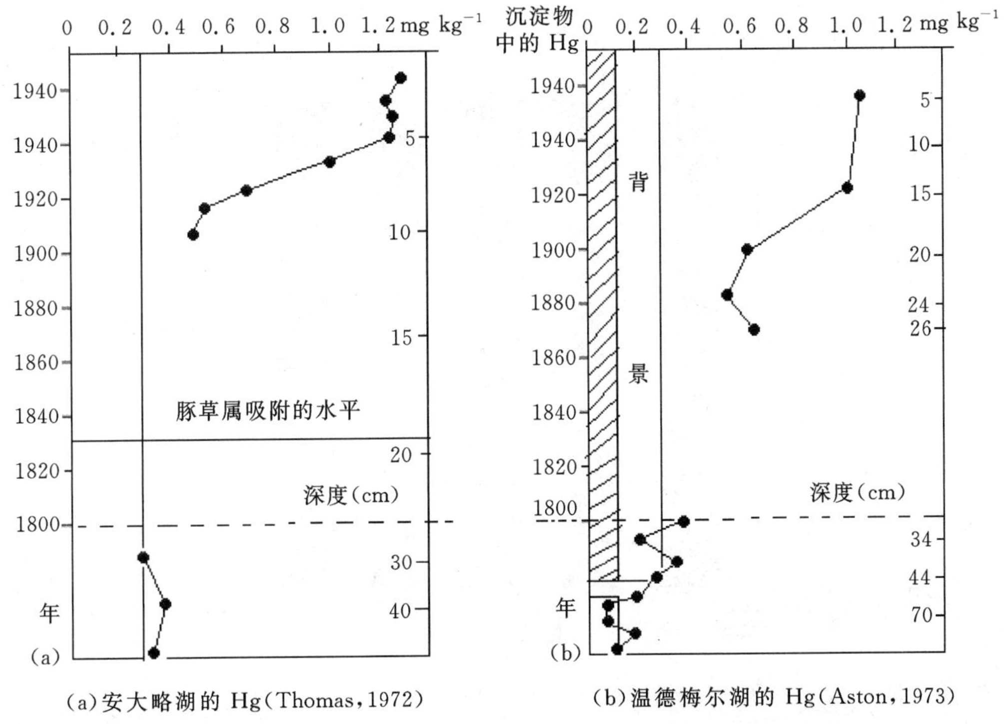

(a)安大略湖的 Hg(Thomas，1972)

(b)温德梅尔湖的 Hg(Aston，1973)

图 6－1(a) 沉积物作为重金属污染的指示物

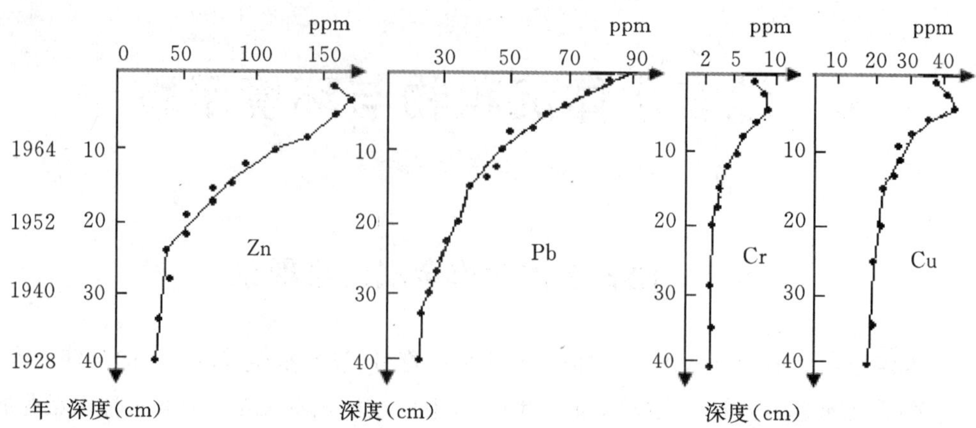

图 6-1(b) 沉积物作为重金属污染的指示物

格雷芬湖中的 Zn、Pb、Cd 与 Cu(Tschopp,1977)

[图 6-1a,b 据 Forster 与 Muller(1974)]

Maggiore 湖(Damiani 与 Thomas,1974)沉积物中汞的发生源,Foerstner(1976)指出,地表水体与河流中汞的严重污染主要是工业直接排放的结果。

Alpnach(Roberts 等,1977)湖集水区内并没有什么工业,但是人类活动对该湖的 Cu、Zn、Cd 与 Pb 早已有重要的影响(图 6-2)。如果考虑到这些重金属元素(除铁以外)的大气沉降主要受人类活动支配这一事实(Imboden 与 Stumm,1973),则据图 6-2 可以认为,阿尔普纳奇湖的 Zn、Cd 与 Pb 主要是人为活动造成的。

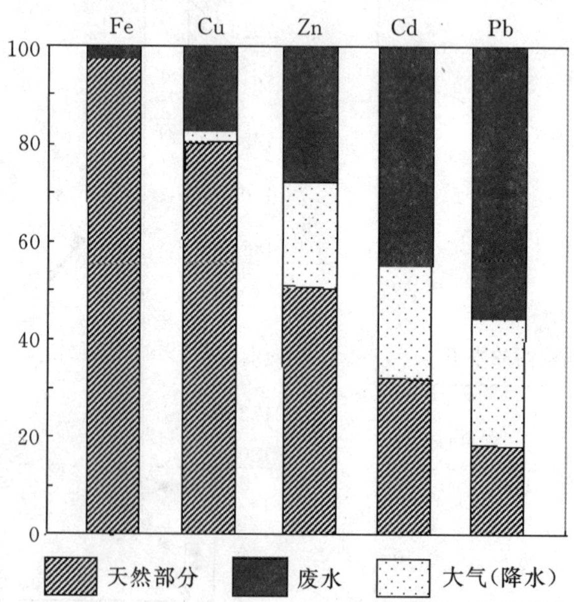

图 6-2 前阿尔卑斯一个湖泊(阿尔普纳苔湖)中重金属负荷来源的人为部分

通过沉积物样品可以揭示哪些地区受到污染或未受污染、其分布格局、历史发展情况;哪些物质引起污染及其污染程度。沉积物样品能够提供代表极局部地区的按时间累积的高信息性数据,并且沉积物样品比较容易采集、分析和解释。

杨长明等对巢湖沉积物主要重金属含量随深度变化进行了研究,通过选取不同的点位,对巢湖沉积物主要重金属含量变化做了分析,在不同的 4 个不同采样点沉积物样品中 Pb,Ni,Cr,Cu 等重金属的质量分数垂直变化如图 6-3 所示。不同采样点差异比较显著,说明与新城区西环城河相比,位于老城区的东环城河沉积物受到了更为严重的重金属污染。从垂直分布规律来看,不同深度沉积物重金属的质量分数均处在较高水平。研究表明,城市水体沉积物重金属主要来自于工业与生活污水的排放和城市地表径流污染,沉积物重金属的质量分数及垂直分布变化可以较好指示环城河污染现状和历程。

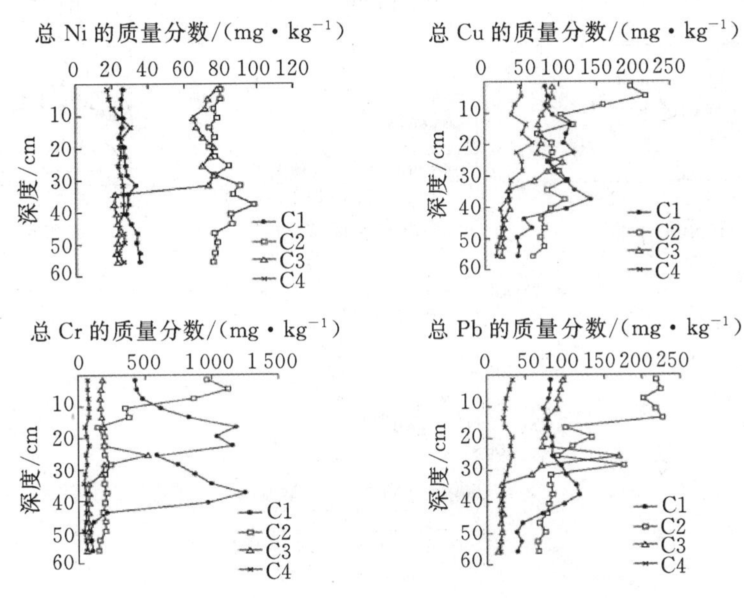

图 6-3 不同采样点沉积物中重金属总量垂直变化特征

冀永般等对南京湖泊沉积物中的重金属进行了分析,图 6-4 显示的是前湖和月牙湖沉积物中重金属垂向分布规律及其与南京土壤环境重金属元素的背景值比较。从图中可以看出,月牙湖沉积物中重金属(除 Mn 外)质量分数都比前湖高,表明月牙湖重金属的污染程度比前湖严重,整体上,沉积物中 7 种重金属质量分数的由大到小的顺序为:Mn>Zn>Ni>Pb>Cu>Cr>Cd。

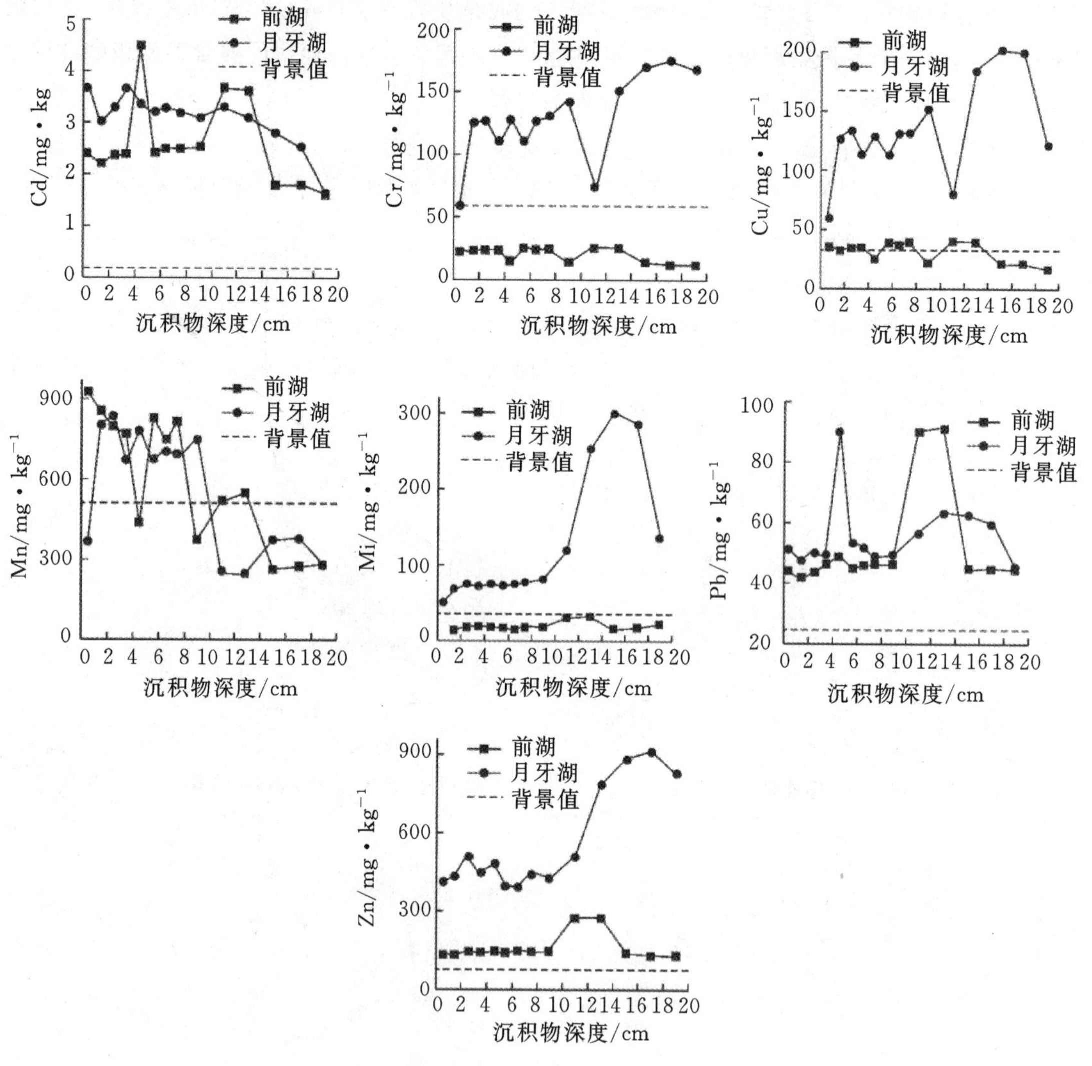

图 6-4 沉积物中重金属垂向分布

6.2 采样方法

6.2.1 采样设备的一般要求

为了满足特殊需要，在不同环境中进行取样，目前，已有大量沉积物取样器设计问世，但总的来说，基本上分为抓式取样器和柱式取样器（或称重力或冲击式取样器）两种。关键问题是为了能采取到未经扰动的原状样品，因此，取样器应满足以下要求：

1. 为了排除在下放取样器时所产生的不应有的压力波，取样器必须具有一个畅通的流水通道，当进行松散沉积物和底栖动物群研究时，这一点显得尤为重要。大多数抓式取样器是难以满足这种要求的。

2. 当取样器穿透沉积物时，为了使摩擦阻力减到最小，并避免沉积物变形和压实，必须使用岩芯管取样，与样品面积相比要求岩芯管的管壁薄、管的内壁光滑、外部的间隙适度、边缘锐利且棱角小。当取样器穿透沉积物时，要求阀门畅通，直至取样器提起以前也不得闭合。取芯管中沉积物的压实程度可以通过附在管外壁上的一条“双缝合带”显示出来，进入管内的沉积物应与“双缝合带”的“污”边处在同一水平上。

3. 为避免在收回取样器时发生样品丢失的现象，必须配备有效的闭合装置。理想的闭合装置，应能在原地工作，并且能封严取芯管的两端。

4. 为了能对某些有意义的层段进行取样，并在沉积物样品取出前进行照相，至少应在取样器的一侧装有透明的装置。

5. 为了防止取芯管内松散沉积物在压出过程中发生变形，要求取样器、尤其是抓式取样器的结构能考虑到从取样器中采取副样。譬如用普通的勺子或小型取样器，从取芯管的顶部取出沉积物样品。

6.2.2 采样系统的类型

湖泊沉积学研究的基本目的在于获取下列有关信息：(1)特征或者典型湖泊的平均值或中值；(2)所研究的变量的区域分布型式；(3)某些沉积物岩芯的垂向变化特征。因此，有必要将下列各种采样系统加以区分。

1. 决定性取样系统，以特定的前提、资料或目的为基础。这种取样系统一般在具有特殊意义的特定地区密度较大，而在较次要地区，可以稀松一些。

2. 随机性取样系统，以随机取样为基础。

3. 规则网格状取样系统，这种取样系统在湖上既可以在随机取样时使用，也可以在采取确定样品使用。

需要采取多少样品和哪些能控制统计上的合理性？

下列因素影响着沉积物样品的数值。

1. 水系特征；在有堆积作用(即细颗粒的连续沉积作用)地区和无堆积作用地区的湖泊以及河流和河湾中存在有不同的先决条件。

2. 湖底主要动力特征(侵蚀、搬运、堆积作用)；侵蚀区以坚硬的或固结的沉积物(如岩石、砾石、砂、冰川粘土)为特征，搬运区(即比中粉砂更细颗粒的不连续沉积)往往是很不相同的，堆积区几乎总是以松散沉积物为特征，有时含有大量的污染物质。

3. 湖泊面积；为了获取相同的数据，一般在较大湖泊中要比在较小的湖泊中采取更多的样品。

4. 人为因素(污染类型)；同源的不同污染物质在湖泊沉积物中(在区域上和在垂向上)，往往显示出相似的分布型式(浓度随着与污染源距离的增加而呈舌形减少)。污染物的分布型式一般明显区别于非污染的或保守的变量的分布型式，而后者一般随着沉积物含水量、体积密度等物理参数而发生改变。

5. 沉积物的化学“气候”；含有 P，Fe，Mn 等元素的沉积物，其分布特征在很大程度上取决于沉积物－水界面上的 pH，Eh(氧化还原电位)以及含氧量等可变因素。而其他元素(如 Pb)的分布，已知对于沉积物的化学“气候”的依赖性要小得多。

6. 沉积物的物理学和生物学特征；物理特征(如含水量、体积密度、粒度、有机质含量和孔隙度等)不仅取决于所沉积的物质的数量和质量(地质学)，而且极大地依赖于沉积物的生物学特征，如生物扰动作用。

7. 样品数目。

8. 取样网的类型(决定性的、随机的、规则网格等)。

9. 取样设备的质量,即获得未经扰动的原状样品的可能性。

10. 二次取样、样品制备及最后送样的数目。

11. 实验室分析工作的可靠性。

6.2.3 采样和数据的统计分析

地表水体沉积物的矿物或化学数据主要是用来解释那些控制水体本身化学变化的过程。如果没有充分的直接证据和可靠的资料,那么,使用统计学方法可能是这类评价工作中的重要组成部分。应用于地表水体沉积物研究的统计方法包括:

(1)根据统计上需要设计有效的采样方案;

(2)描述样品属性来估算样品群体(平均值、标准偏差、偏态和封态等);

(3)评价样品间的差异性和相似性的假设或推测实验;

(4)评价测量数据的精确度和可信度;

(5)由于缺乏现存的各类相关关系方面的知识,就需要利用简单的校正或用多元数据和通过因子分析或聚类分析等形式来寻求它们之间的相互关系;

(6)建立不同变量间的数学关系(多元回归),包括对不确定性或误差的描述。

为评定样品在统计上的确切性,一是采用随机重复采样,二是设计合理采样网格,以便区分所测沉积物参数的变化范围。这两者是设计有效采样方案的最基本要素(Griffths,1967)。简言之,要正确解释样品就必须掌握样品性质的变化范围和局部的变异性。有时,对地表水体沉积物进行有效的"盲目"采样可能是取得随机样品的一种理想方法。但是,这种采样方法在地表水体沉积物研究中并不普遍使用。从湖的最深处中获得沉积物样品可能是比较常用的方法(例如,Dean 和 Gorham,1976a 或 Hornbrook 和 Grarrett,1976)。这种方法的可信度有限,原因是必须首先假定这些样品组合是最佳的,且能反映地表水体中外源和内生过程两者的总和。这些假定在根据实测数据得出可靠的推论之前必须进行检验。

统计上的有效采样方案常需要许多样品并对样品进行测试,时间和经费代价比较大。较好的方法是设计出"最佳可行"的采样方案,它可能是不尽完善的,但是可以通过统计学帮助确定数据的应用极限,并了解其不确切性以及它们的相互关系和有效程度。

描述统计变率或测定样品参数的不确定性对估算沉积物的定量矿物学和化学组分两者都是重要的。正确估算样品的实际或总体分布,仅在对足够多的样品特性进行测定的情况下才能做出。测定次数或样品数必须加以选择,使所估计的总体分布符合预先确定的"准确"值的范围。

简单的相关分析是分析多变量之间相互关系的最广泛使用的方法。变量关系的相关方法可以采用因子分析。线性回归方法已经应用到地表水体沉积物数据分析,使变量之间的关系定量化。多元回归方法评定过亚马逊河悬浮物质和总溶质变化的主要"控制"因素,线性回归也可以扩展到非线性关系。

总之,应用统计学实质上是一种经验手段,它常用于发现和评价变量之间的未知关系。早先的研究(通过统计模拟或者通过实验的方法)表明,如果对一些相互关系的数据也进行相关分析和因子分析,而不是重申这些已确立的关系,那么这些分析则是无的放失。所有这些经常性的过分分析并没有给一致的相关关系提供更新的东西。不应否认这些手段可以寻求重要变量之间新的或许是重要的关系;而现在只是根据先前所发现的过程和相关关系来判定这些凭经验建立的变量关系。

6.3　湖泊沉积年代学

通过湖泊沉积物进行环境变化研究必须建立在可靠的年代学基础上，以便进行不同尺度区域的联系与对比，获得内在联系，探讨驱动机制。适用于湖泊沉积年代测定的方法很多，每种方法都具有特点和局限性，包括两大类定年方法，一是给出绝对年龄值的方法，包括利用放射性核素的衰变、裂变等原理，已知初始的纹层计数和历史档案及考古记录的事件等，都可以给出沉积物的数值年龄；另一类是相对年龄值方法，通过与已知年龄的样品、剖面相对比估算的年龄值，如磁性地层、气候地层、氧同位素地层等。

6.3.1　^{14}C 年代学

Libby 于 1949 年首次提出^{14}C测年的基本原理，他也因其在^{14}C定年领域的突出贡献获得了 1960 年的诺贝尔化学奖。^{14}C 的半衰期为 5568±30 年，后经校正为 5730±40 年。由于^{14}C相对较短的半衰期以及大气^{14}C 浓度的变化、化石燃料的使用以及核武器试验等诸多不确定因素，^{14}C 测年主要应用于数千年到 4 万年沉积物的测年中，而数百年的较年轻沉淀物一般需要通过其他方法测定。

^{14}C 是大气圈中通过宇宙射线中的次生中子与^{14}N 核相互作用形成的一种不稳定放射性碳同位素。即$^{14}N+^{1}n$—— ——$^{14}C+^{1}H$。^{14}C 通过释放 β 粒子，衰变成稳定的^{14}N，^{14}C 的平均寿命有 8270 年左右，在古老的含碳岩石中不能保留自然形成的^{14}C，但是在大气中会保留一定量的^{14}C。^{14}C 一旦生成便在大气中氧化成$^{14}CO_2$，并与大气层中的 CO_2 充分混合后扩散到整个大气层中，然后通过交换进入海洋和地下水，通过光合作用进入到植物体，通过食物链进入动物体。在连续的交换和快速混合后，水圈和生物圈中碳同位素的比例(^{12}C : ^{13}C : ^{14}C)就和大气圈一致。一旦生物死亡后，碳的交换就终止，但生物体内的^{14}C 含量仍按衰变速度减少，放射性碳“时钟”也就开始计时。

^{14}C 年代学基于以下假设：(1)几万年以来宇宙射线的强度不变，^{14}C 的生成和衰变达到动态平衡，各交换存储库中的^{14}C 浓度不变；(2)^{14}C 在各存储库中的均匀分布，且各存储库之间的交换循环也达到动态平衡，^{14}C 初始放射性比度不随时间、地点和物质而变；(3)含碳样品脱离交换存储库后，^{14}C 的浓度(放射性比度)随时间自然衰变。因此，用样品剩余的放射性碳与同类型的现代参照标准比较，获得样品中^{14}C 的减少量，结合^{14}C 的半衰期就可以计算出样品的绝对年龄(沈吉等，2010)。计算^{14}C 年代(T)的公式为：$T=\tau\ln(A_0/A)$

式中：$T_{1/2}$为^{14}C 半衰期；τ 为^{14}C 的平均寿命($=T_{1/2}/\ln2$)；A_0为样品处于交换平衡状态的^{14}C放射性活度，A 为样品残留的^{14}C 放射性活度。

湖泊沉积物^{14}C 测年的误差主要来自“年轻碳”或“老碳”。老碳效应(又称碳库效应)是指在长期封闭、换水周期长、地下水补给或冰川补给的湖泊中，湖内能被生物利用的溶解无机碳与大气 CO_2 之间的^{14}C 交换无法达到平衡状态、长期储存或受到含“老碳”的地下水、冰川融水补给，造成^{14}C 损耗，使$^{14}C/^{12}C$ 比值偏低，这一信息最终反映在湖泊沉积物的有机质中，从而导致^{14}C 年龄偏老。“年轻碳”效应主要集中在上层沉积物测年，只要是由于植物根系导入和腐植酸的渗入引起年轻碳甚至现代沉积物混入目标层位(中科院南京地理与环境研究所，2010；汪勇等，2007，2010)。

目前对湖泊碳库效应及其年龄的确定主要有六种：现代校正法、线性外推法、地层关联法、地球化学模拟方法、不同定年方法对比碳库年龄、X_{DIC}/X_{atm}法(汪勇等,2010 年;侯居峙等,2012)。其中前五种方法是先确定湖泊的现代碳库年龄,然后从所测湖泊沉积岩芯不同层位的^{14}C 年龄中减去现代碳库年龄建立年代控制。此方法把沉积物中的碳库效应视为恒定不变的。

6.3.2 ^{137}Cs 测定年代

^{137}Cs 是一种人为产生的放射性核素,为核裂变产物,其衰变期为 30.17a。自然环境中的^{137}Cs 主要来源于 20 世纪 50～70 年代期间的大气层核试验。

^{137}Cs 沉降量随时间变化特征可完好保存于沉积序列中,即沉积的顺序使沉积物垂直剖面中各层节^{137}Cs 含量反映各层节沉积时的大气^{137}Cs 沉降量,因此,^{137}Cs 在沉积物中的蓄积峰可用作时标计年。全球核爆炸^{137}Cs 散落高值始于 1954 年,至 1963 年达到最高峰,因此 1963 年^{137}Cs 峰值常被作为较理想的时间标志(万国江,1995)。1963 年之后停止了大规模的大气层核试验,70 年代初又进行了几次大气层核试验,在部分地区产生了一个可辨别的^{137}Cs 沉降峰,也可作为一个新的时标—1974/1975 年时标(徐经意等,1999)。这一时标已在部分湖泊中被发现(如贵州红枫湖和云南洱海;万国江,1999)。1986 年苏联切尔诺贝利(Chernobyl)核泄漏散落的^{137}Cs 造成西北欧和中东欧地区^{137}Cs 沉积量大增,在部分湖泊中也可作为辅助记年标志(1986 年时标)(万国江,1999)。从全球范围看,大气沉降^{137}Cs 峰值集中在 1963 年,而 1974 年次级蓄积峰以及 Chernobyl 核泄漏^{137}Cs 峰分布的区域有限。

6.3.3 ^{210}Pb 测定年代

6.3.3.1 ^{210}Pb 分布特征

^{210}Pb 是天然放射性元素 U 衰变系列中的一个自然核素,广泛存在于自然环境中。^{210}Pb 的半衰期为 22.3 年,比较适用于现代人类活动的环境示踪,通常用于确定过去 100～150 年沉积年代。因此^{210}Pb 可作为环境地球化学过程的良好示踪剂(万国江,1997)。

湖泊沉积物中^{210}Pb 主要有两个来源,一部分^{210}Pb 直接来自母核^{226}Ra 衰变,称为补偿^{210}Pb(常记作$^{210}Pb_{supported}$)。另外,^{226}Ra 衰变(半衰期 1622 年)产生气态子体^{222}Rn(半衰期 3.8 天),^{222}Rn 经衰变产生^{210}Pb,然后经干湿沉降进入湖泊、海洋,并积蓄在沉积物中,该部分^{210}Pb 称作过剩^{210}Pb(常记作:$^{210}Pb_{ex}$)。底层样品中的^{210}Pb 含量,实际上是$^{210}Pb_{ex}$与$^{210}Pb_{supported}$总和,即$^{210}Pb = {}^{210}Pb_{supported} + {}^{210}Pb_{ex}$。

整个沉积过程中,^{210}Pb 在地层中的含量一方面由^{226}Ra 衰变而来,另一方面又因^{210}Pb 本身的衰变而不断减少。按此规律,地层中^{210}Pb 将出现两种情况:(1)随着时间的推移,^{210}Pb 本身不断衰变而呈现指数减少;(2)由于沉积物的顺序堆积,^{210}Pb 的强度将随着沉积物埋藏深度的增加而呈指数减少。因此,通过测量沉积岩芯中不同深度的^{210}Pb 放射性活度,即可计算某一层的沉积年龄或者沉积速率。

6.3.3.2 ^{210}Pb 年代学模式

$^{210}Pb_{ex}$记年法的理论基础是建立在放射性核素衰减理论上的,即由放射性衰减公式:$C(t) = C(0)e^{-\lambda t}$得到年代计算公式:$t = -\lambda^{-1} \cdot \ln[C(t)/C(0)]$

式中,λ:$^{210}Pb_{ex}$的衰减常数,为 0.0311a^{-1};$C(t)$:测年分析测定的深度为 t 的样品的比活度(Bq/g),即需测年样品的分析测量值;$C(0)$:指 0 计时时样品比活度,又称初始浓度。

令 F 为核素沉积通量,S 为沉积速度,则初始浓度 $C_0 = F/S$。令 Z 代表沉积深度(或用质量深度表示)，则沉积时间 $t = Z/S$ ，因此：

$$C = \frac{F}{S}\exp(-\lambda Z/S)$$

此方程需满足以下几个基本设定：

(1)由沉积物中^{226}Ra 衰变产生的补偿^{210}Pb 的浓度不随深度变化；

(2)沉积物作为一个封闭系统，与^{210}Pb 输送与放射性衰变相关的沉积作用必须相对稳定。如沉积物的物源、堆积速度及$^{210}Pb_{ex}$的通量随时间变化不大；

(3)与湖水的寄宿时间相比，^{210}Pb 在水体中具较短的寄宿时间。且^{210}Pb 进入沉积物(不含表面层)后不再迁移。

在上述假定的基础上，根据各参数不同变化情况，可将^{210}Pb 记年分为多种模式。本文将简要介绍 5 种模式(表 6-1)，其中前 3 种模式较为常用。

表 6-1　^{210}Pb 年代模式

名称	模式全称	英文全名	^{210}Pb 通量(F)	沉积速度(S)	初始活度 C_0	参考文献
CFCS	稳定通量-稳定沉积模式	Constant flux, Constant Sedimentation rate	稳定	稳定	稳定	Krishnaswami S.，1971；KoideM，1972；万国江，1997；
CIC	常量初始浓度模式	Constant input concentration	变化	变化	稳定	Robbins J. A.，1975；Pennington W.，1976；
CRS	稳定输入通量模式	Constant rate of supply	稳定	变化	变化	Goldberg E. D. 1963；Appleby P. G.，1978；
CRA	稳定沉降速度模式	Constant rate of accumulation	变化	稳定	变化	Robbins J. A.，1993；
SIT	变化沉积速率-变化^{210}Pb 通量模式	Sediment isotope tomography	变化	变化	变化	Liu J.，1991；Carroll J. L.，1995；

6.3.4　^{210}Pb 和^{137}Cs 年代判定的可靠性以及存在的问题

^{210}Pb 定年技术是以该核素随沉积物深度增加而逐渐衰变作为依据，因此其基本的要求是：①沉积物一水界面上的放射性核素^{210}Pb 的通量保持不变；②所要测定的年代间隔内没有发生放射性核素的迁移。换句话说，在整个测定的沉积年代范围内，要求沉积岩心柱不能有明显的扰动和迁移，同时也不能发生河床、湖泊等水体干枯等情况，即不能出现沉积间断。在近 40 年来的放射性年代研究和年代测定，虽然其正确性和可行性已被沉积岩心的年纹理所验证，但实际情况远比理论研究复杂。在很多情况下，例如，堆积于湖底的沉积物，尤其是表层沉积物，常常受到风浪、生物、人为清淤等干扰；中国东部和经济较发达地区的湖泊发展养殖业，水底植物生长茂密；还有些浅水湖泊水深都在 10m 以内，风浪对表层沉积物作用强烈，上述诸因素使这类湖泊判定近 200 年以来的沉积时间序列就显得非常困难和复杂，科学合理的解释就需要特别用心。

但是，另外一种人工放射性核素^{137}Cs，其定年的原理和^{210}Pb完全不同。几十年来，^{137}Cs并不是以恒定通量方式进入水体的，前面所述^{137}Cs仅在一些特定年份，随着大气尘埃进入水体，在这些特殊年代所沉降的^{137}Cs进入水体后，在沉积物岩心样柱中，能够非常明显地检测出所对应层位该核素的强度。由于大气核试验起始于20世纪50年代初；到1963年达到峰值；后随着禁止大气核试验协议的签署逐渐减少，但1986年的切尔诺贝利核泄漏事故，导致大量的放射性尘埃散落在北纬度国家，例如，在中国北部和西北部地区的许多湖泊中依然可以检测出。上述两种方法相互补充，有可能较好地重建近200年来湖泊沉积物的年序。

最后还要指出：在同一个沉积岩心中，^{210}Pb和^{137}Cs对同一层位的年代作对比有时并不容易，这可能牵涉两者的上下层位迁移速度、化学性质以及沉积后孔隙水扩散作用的差异。其次，在年代学解释中，虽然^{137}Cs这几个时标具有全球意义，但在低纬度地区，其活度随着时间的推移会逐渐减弱，故在区域地质和环境中寻求更多的证据就显得更为重要，如碳粒在沉积岩心中的分布和^{14}C年代测定等（吴艳宏等，2005）

6.4 冶炼厂周边湖底沉积物分析

6.4.1 样品采集

沉积物采集于位于冶炼厂东南方向的水库，采集使用仪器为奥地利柱状采泥器（图6－5）。图6－6为采集样品。

图6－5 奥地利柱状采泥器

图6－6 采集样品

样品采集后按照1cm间距分样，四次采样的分样深度、实际深度、黄色粉砂层、青黑色淤泥层的情况见表6－2所示。

表 6-2　湖底沉积物采样点信息及样品分层情况

编号	N	E	分样深度 cm	实际深度 cm	黄色粉砂层 cm	青黑色淤泥层 cm
WJY－1A	34.4542°	107.2389°		68.7	0－51.9	51.9－68.7
WJY－1B	同上	同上	79	77.2	0－57.3	57.3－77.2
WJY－2	34.4468°	107.2434°	91	86.2	0－61.1	61.1－86.2
WJY－3	34.4374°	107.2525°	105	101	0－84.2	84.2－101

6.4.2　沉积物样品前处理

(1)称样品湿重；

(2)再将样品在 50℃烘干称重；

(3)研磨至 200 目以下；

(4)采用 XRF 测试元素含量，以^{210}Pb 和^{137}Cs 定年。

6.4.3　重金属分布分析

表 6-3　沉积物样品分层及称重

编号	深度/cm	湿重/g	干重/g（含袋重）	样品净重/g	Pb/mg·kg^{-1}
WJY2－1	0－1	27.58	11.62	8.08	51.77
WJY2－2	1－2	33.02	15.97	12.33	45.05
WJY2－3	2－3	37.20	19.29	15.78	39.53
WJY2－4	3－4	38.83	20.49	17.03	36.51
WJY2－5	4－5	38.04	19.74	16.31	38.67
WJY2－6	5－6	38.52	20.20	16.75	35.34
WJY2－7	6－7	37.75	19.99	16.51	34.37
WJY2－8	7－8	42.76	23.81	20.38	29.70
WJY2－9	8－9	42.05	23.15	19.59	25.12
WJY2－10	9－10	40.29	20.88	17.32	29.07
WJY2－11	10－11	34.74	19.00	15.50	28.28
WJY2－12	11－12	40.39	21.22	17.67	28.69
WJY2－13	12－13	40.52	21.54	18.11	27.38
WJY2－14	13－14	40.06	21.20	17.70	27.38
WJY2－15	14－15	40.61	21.92	18.49	30.56
WJY2－17	16－17	39.82	20.26	16.76	27.93
WJY2－19	18－19	36.46	19.43	15.92	26.98
WJY2－21	20－21	40.42	21.28	17.83	27.21
WJY2－23	22－23	40.29	21.49	18.06	28.28
WJY2－25	24－25	40.91	22.07	18.67	27.48
WJY2－27	26－27	34.33	19.21	15.78	27.43
WJY2－29	28－29	41.59	23.02	19.57	27.28

续表

编号	深度/cm	湿重/g	干重/g（含袋重）	样品净重/g	Pb/mg·kg^{-1}
WJY2—31	30—31	42.72	24.03	20.49	27.40
WJY2—33	32—33	43.09	24.28	20.79	26.16
WJY2—35	34—35	42.59	24.32	20.85	26.40
WJY2—37	36—37	41.09	23.77	20.33	26.05
WJY2—39	38—39	43.31	24.98	21.50	26.20
WJY2—41	40—41	42.70	25.27	21.79	24.81
WJY2—43	42—43	44.25	25.97	22.52	26.33
WJY2—45	44—45	41.90	25.37	21.95	23.67
WJY2—47	46—47	41.94	25.07	21.62	24.26
WJY2—49	48—49	43.72	26.48	23.02	23.04
WJY2—51	50—51	43.70	26.35	22.87	28.38
WJY2—53	52—53	44.49	26.99	23.49	24.33
WJY2—54	53—54	44.57	27.20	23.77	23.94
WJY2—55	54—55	44.00	26.75	23.24	24.33
WJY2—56	55—56	44.30	26.86	23.43	24.15
WJY2—57	56—57	42.59	25.89	22.84	23.69
WJY2—58	57—58	42.69	26.24	23.43	27.74
WJY2—59	58—59	44.32	28.08	24.94	23.28
WJY2—60	59—60	48.90	33.15	29.95	20.81
WJY2—61	60—61	50.45	35.93	32.98	16.92
WJY2—62	61—62	48.11	34.20	30.99	19.32
WJY2—63	62—63	44.53	30.56	27.52	22.40
WJY2—64	63—64	42.27	25.41	22.41	43.83
WJY2—65	64—65	41.11	23.42	20.51	42.29
WJY2—66	65—66	41.33	23.36	20.29	43.57
WJY2—67	66—67	39.68	23.60	20.52	43.12
WJY2—68	67—68	42.06	24.43	21.27	39.91
WJY2　69	68—69	42.19	25.09	22.07	40.48
WJY2—71	70—71	44.56	26.80	23.73	32.96
WJY2—73	72—73	42.73	24.77	21.87	28.79
WJY2—75	74—75	42.42	24.82	22.00	30.78
WJY2—77	76—77	47.09	30.87	27.79	26.99
WJY2—79	78—79	43.36	26.36	23.27	27.97
WJY2—81	80—81	44.56	27.29	24.28	29.43
WJY2—83	82—83	43.31	27.01	23.78	27.23
WJY2—85	84—85	42.03	26.26	23.03	26.57
WJY2—87	86—87	48.16	32.88	29.86	26.87
WJY2—89	88—89	48.24	32.17	29.36	27.57
WJY2—91	90—91	34.70	23.63	20.55	28.37

由于沉积物分层不够明显，导致无法准确定年，但由图 6－7 可知，王家崖水库沉积物中的铅浓度的变化主要分两个阶段，在深度为 63～91cm 段，随着深度的减小，沉积物中的铅含量越来越高，在 62～63cm 处出现浓度的突变，其年份不详，无法推测起原因。从 62cm 到表层，沉积物中的铅含量随着深度的减小总体呈现出升高的趋势，虽然具体年份不详，但是可以知道，随着时间的推移，沉积物中的铅含量越来越大。

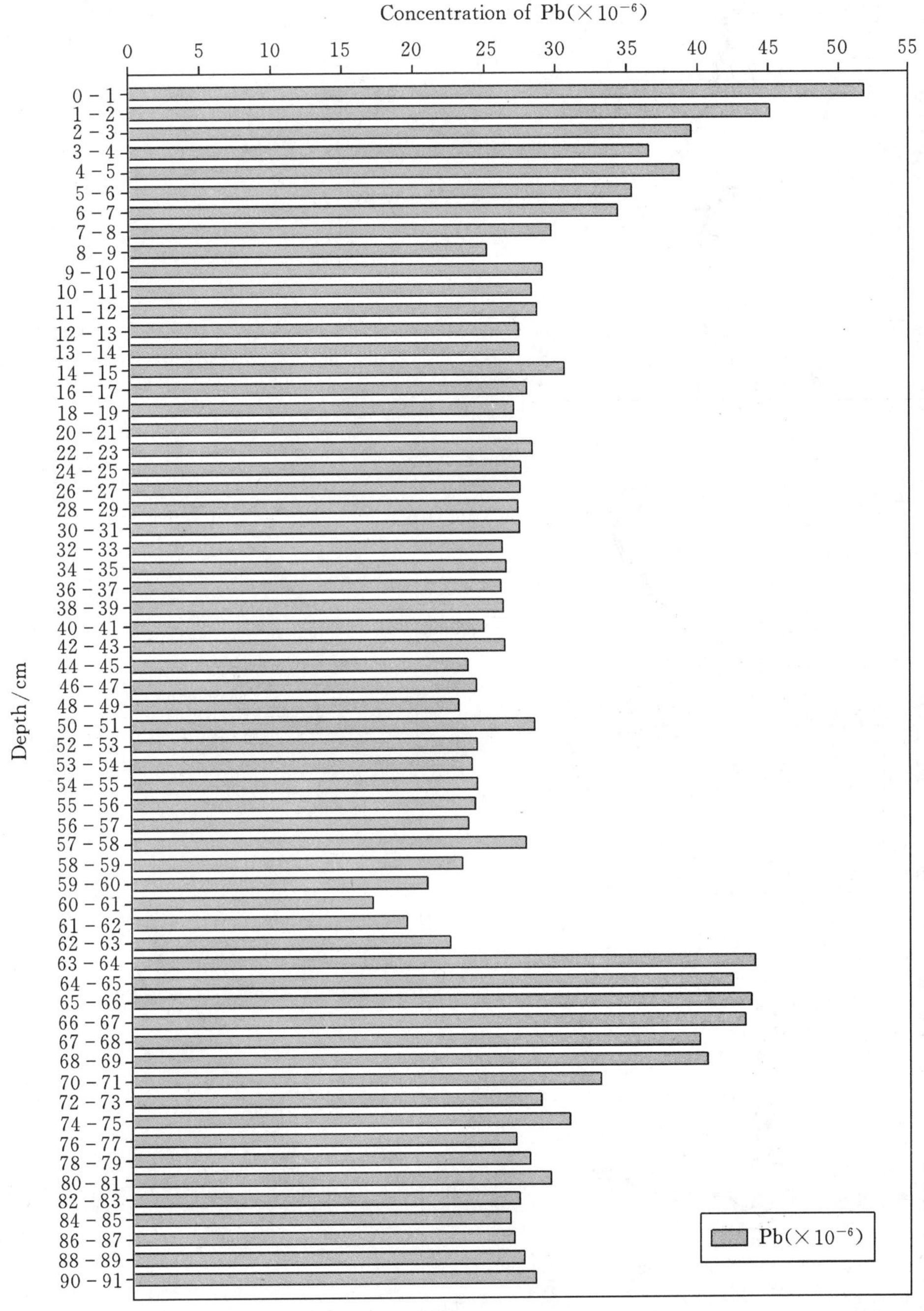

图 6－7　沉积物中重金属铅含量随深度变化图

沉积物中主要重金属含量随深度变化见图 6 - 8，Pb 和 Zn 的变化趋势非常一致，说明铅锌冶炼厂设置对周边环境的影响。

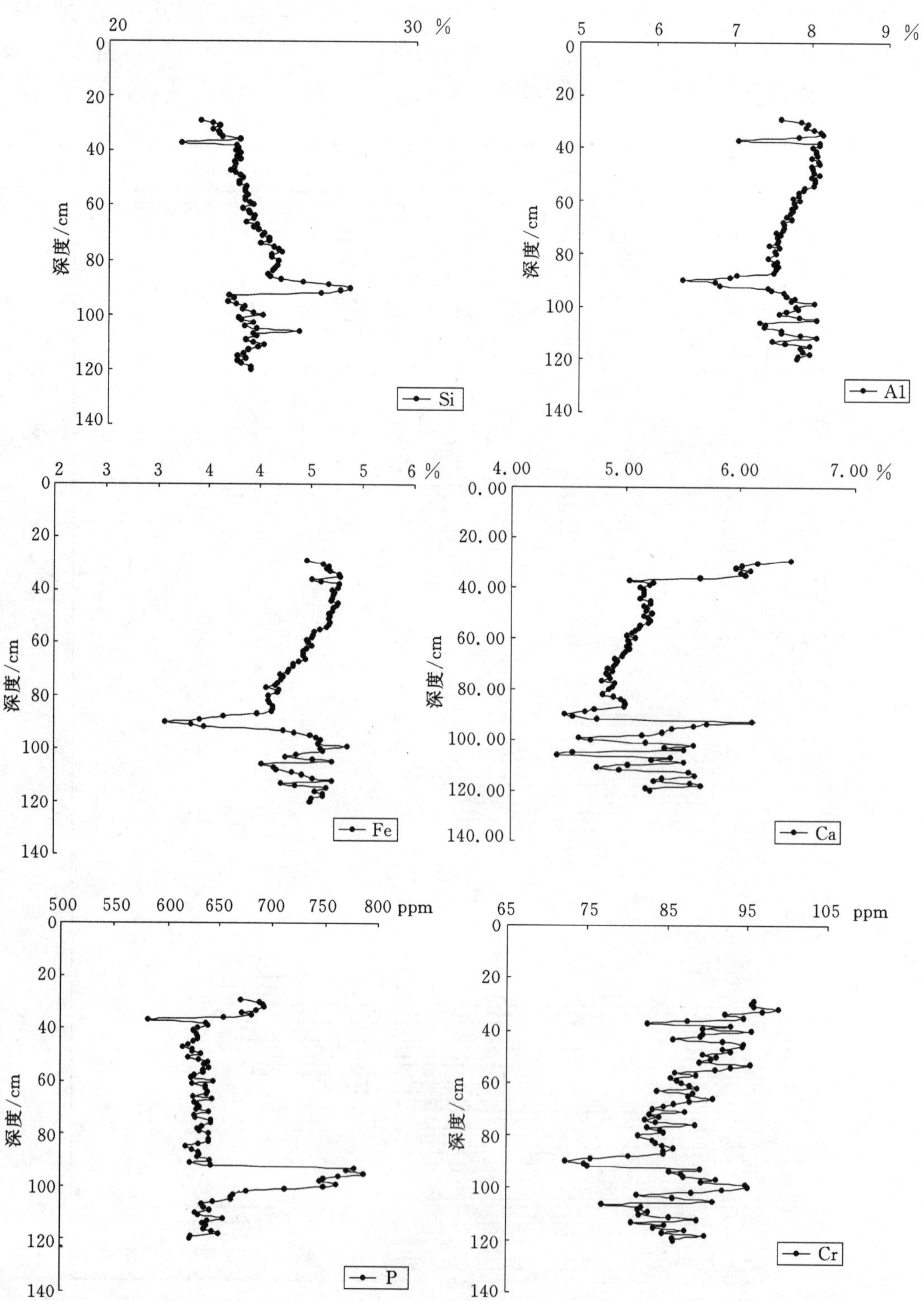

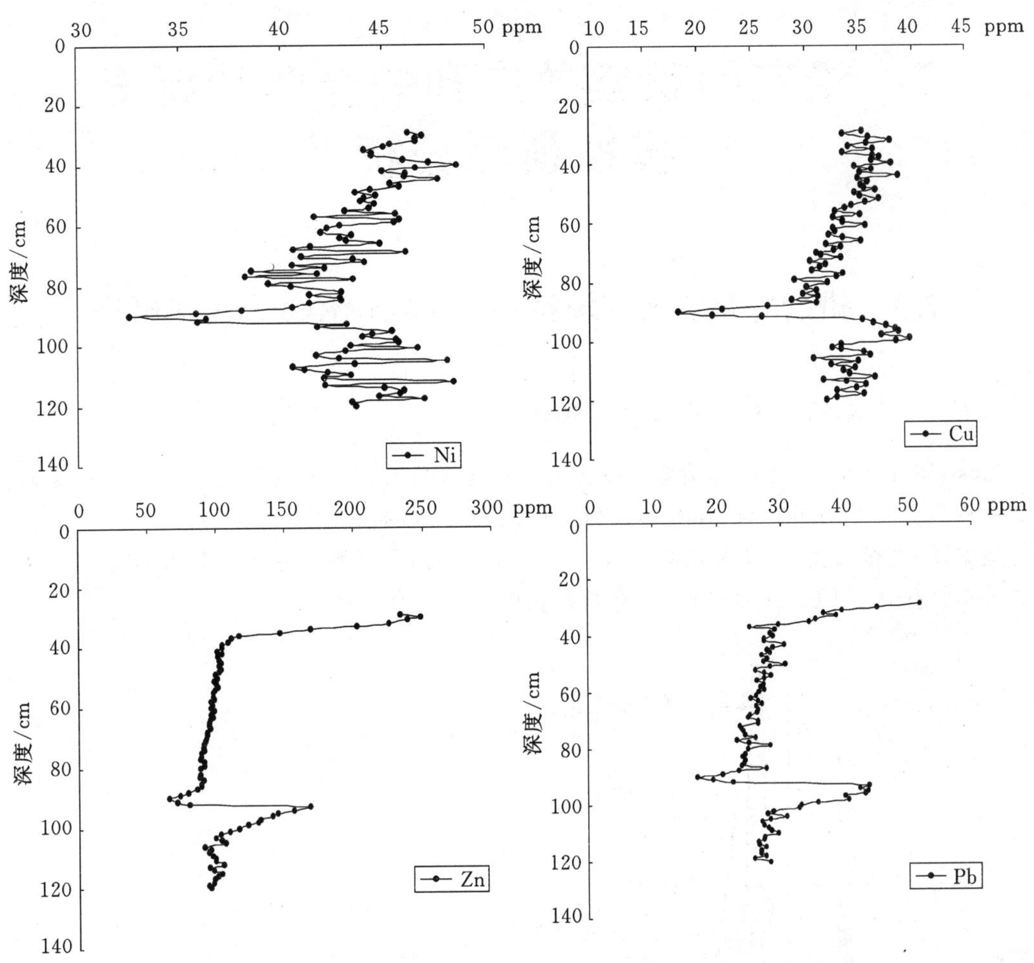

图 6-8 主要重金属含量随深度变化关系

7　铅空间积累效应和安全防护距离模拟预测分析

7.1　铅冶炼企业大气颗粒物重金属粒径分布规律研究

7.1.1　有组织污染物粒径分布规律

Jacko 等于 1977 年对铅锌冶炼企业污染源重金属排放因子和粒径分布特征进行了研究，该文使用高流温度烟囱头的 Andersen 撞击分级采样器，通过主动采样的方式对冶炼烟气进行分级采样，并按照美国 EPA 的标准方法测定分析不同粒径颗粒物中 Cd、Pb、Zn 和 Cu 的含量和分布特征，Cd、Pb、Zn 和 Cu 的分布特征见图 7-1～图 7-4。

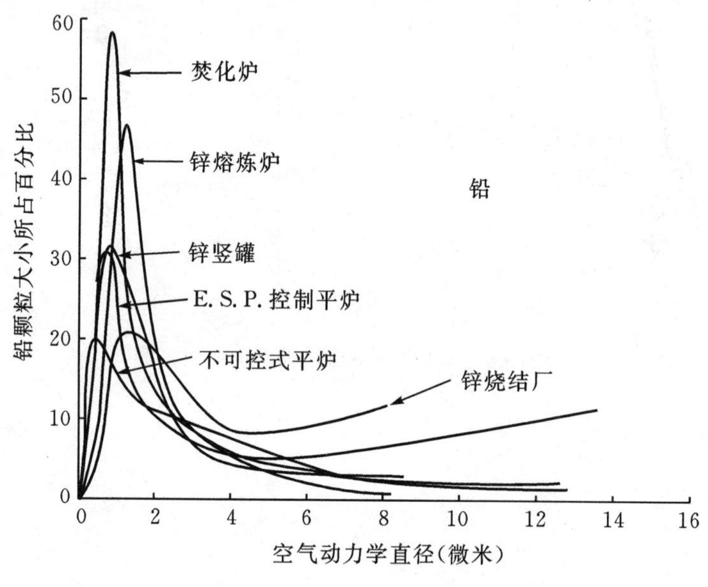

图 7-1　工业废气中铅元素粒径分布

根据图 7-1，本次研究选取 Pb 有组织排放的粒径特征几何平均粒径为 1.1μm，几何标准偏差为 2.5。

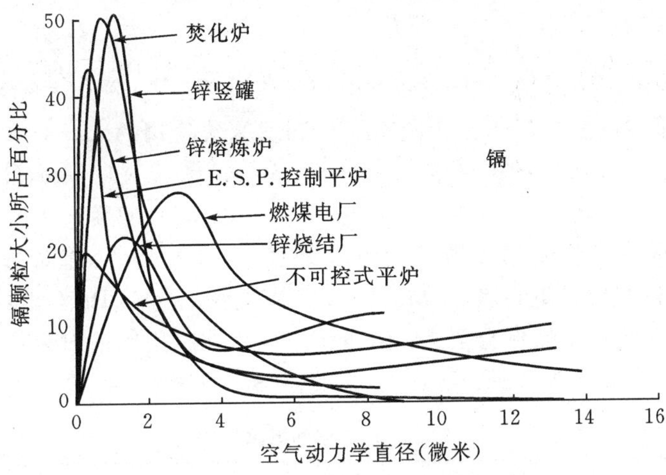

图 7-2 工业废气中镉元素粒径分布

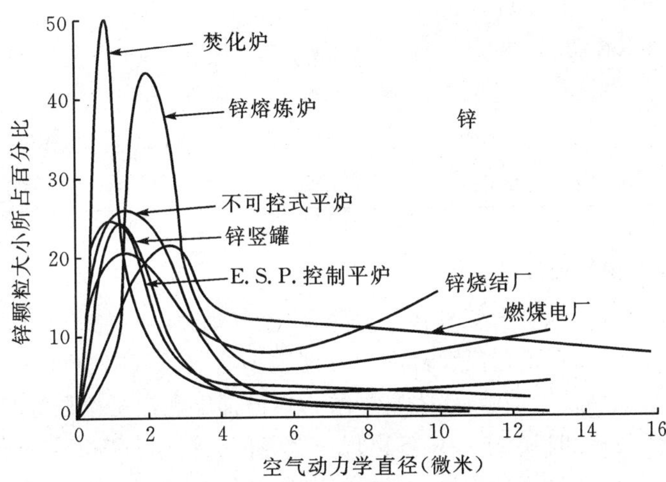

图 7-3 工业废气中锌元素粒径分布

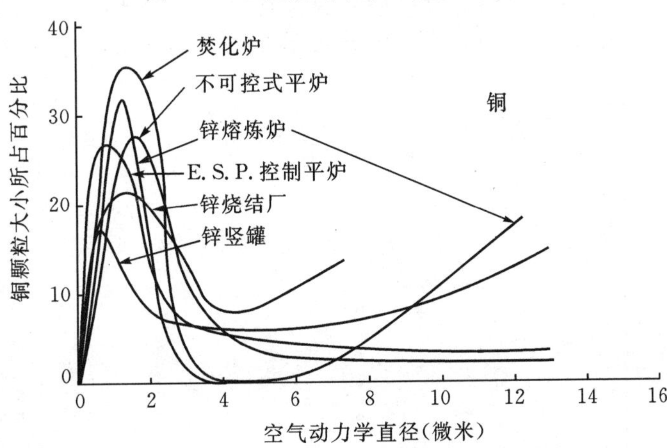

图 7-4 工业废气中铜元素粒径分布

7.1.2 无组织污染物粒径分布规律

本次研究选择铅锌厂无组织排放量较大的熔炼备料、鼓风炉熔炼、铸铅和原料卸载工艺下风向作为采样点，采样高度1.2m，连续采集24h，样品采集使用Andersen分级采样器（流速：8.3l/min，1～9级粒径依次是：＜0.43μm，0.43～0.65μm，0.65～1.1μm，1.1～2.1μm，2.1～3.3μm，3.3～4.7μm，4.7～5.8μm，5.8～9.0μm和＜100μm），滤膜选用石英滤膜，实验共收集到样品90个。石英滤膜使用前需进行恒重处理，具体过程为：将备选滤膜于马弗炉中800℃焙烧4h以消除可能的重金属，冷却后放入恒温恒湿箱平衡24h（温度：25℃，湿度50%），使用百万分之一的精密电复操作直至滤膜恒重。采样后滤膜用铝箔封装带回实验室，于恒温恒湿箱中恒重24h（温度：25℃，湿度50%）后称重、分析。采样期间主要气象因素见表7-1。

表7-1 采样期间气象条件

日期	天气	风速(m/s)	风向	温度(℃)	湿度(%)	气压(kPa)
2013-08-10	晴转多云	0.1～4.9	SE	20.2～31.0	45～75	93.1
2013-08-11	多云转晴	1.2～2.4	SE	20.8～28.0	41～70	92.9
2013-08-12	晴	0.2～5.1	NW	20.0～30.6	44～70	92.6
2013-08-13	晴	0.6～3.6	SE	21.6～32.0	39～65	92.6
2013-08-14	晴	1.4～4.3	NW	22.8～32.8	46～64	94.2

1. 不同粒径颗粒物特征分析

根据Andersen采样器粒径分级和传统分类，将空气动力学直径2.1μm作为粗、细粒子的分界点。图7-5给出了4个工艺段颗粒物的粒度频率曲线。从图中可以看出不同工艺的开放源大气颗粒物均呈双峰结构，除铸铅大气颗粒物峰值都出现在粗粒径范围以外，其他工艺段大气颗粒物在细粒子径段和粗粒子径段各出现一次峰值。熔炼备料工艺过程中的颗粒物主要来自破碎机破碎、工艺研磨和筛分过程，可散发不同粒径段的颗粒物，从图中也可以看其在细粒子（0.43～0.65μm）和粗粒子（4.7～5.8μm）径段各出现一个峰值；原料卸载点颗粒物主要来自扬尘，其在0.43～0.65μm与4.7～5.8μm粒径段各出现一次峰值；鼓风炉熔炼颗粒物主

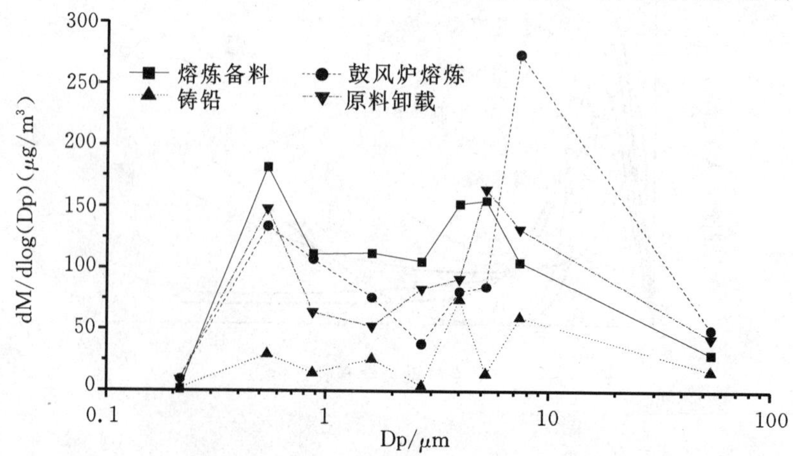

图7-5 开放源大气颗粒物质量浓度的粒径分布

要来自燃烧过程，研究发现其峰值分别出现在 0.43～0.65μm 与 5.8～9.0μm 段，分析认为熔炼过程中粗粒段峰值的出现主要与细颗粒物受冷凝塔高湿气流的影响，迅速凝结增大以及有原料逸散有关；铸铅过程中逸散出来的颗粒物温度较高，很容易与空气中其他颗粒物凝结，使得粒径变大，其峰值均处在粗粒径范围。

2. 重金属元素含量分析

为比较厂区与外部环境中重金属浓度之间的关系，分别在厂界上风向 500m 和下风向 100m 各设置一个监测点，并选择距离厂区 30km、不受工业影响的村庄作为背景点进行同步监测。环境空气采样使用美国 BGI 公司生产的 PQ200 型颗粒物采样器。各点金属元素及颗粒物浓度见表 7－2。

表 7－2 不同区域空气中金属元素及颗粒物的浓度 单位：mg/m^3

监测点	Pb	Zn	Fe	Cr	TSP
熔炼备料	13.666	25.473	4.054	1.359	199.801
鼓风炉熔炼	16.259	23.225	3.185	0.405	207.745
铸铅	5.082	5.936	5.332	2.666	117.824
原料卸载	26.339	15.034	5.245	1.941	171.115
厂界上风向	2.328	0.758	/	0.015	110.200
厂界下风向	6.188	10.128	/	0.024	150.900
背景点	0.014	0.350	/	0.005	84.100

注：表中金属元素的浓度是所有不同粒径气溶胶中金属元素浓度的总和。

由表 7－2 可知，在厂区内部颗粒物浓度在 117.824～237.233mg/m^3 之间，铅浓度在 2.541～26.339mg/m^3 之间、锌浓度在 2.968～25.473mg/m^3 之间、铁浓度在 2.666～5.245mg/m^3之间、镉浓度在 0.405～1.0mg/m^3 之间，重金属元素浓度占颗粒物浓度 16.14%～28.38%。厂界上下风向颗粒物浓度在 110.200～150.900mg/m^3 之间，铅浓度在 2.328～6.188mg/m^3之间、锌浓度在 0.758～10.128mg/m^3 之间、镉浓度在 0.015～0.024mg/m^3 之间，重金属元素浓度占颗粒物浓度的 2.81%～10.83%。厂界下风向铅浓度大于《铅、锌工业污染物排放标准》(GB25466－2010)中规定的企业边界大气铅及其化合物的浓度限值 6mg/m^3。背景点中铅、锌、镉和颗粒物浓度分别为 0.014mg/m^3、0.350mg/m^3、0.005mg/m^3 和84.100mg/m^3。根据实验结果可知，厂区内部各点重金属浓度均高于外部点位，且距离厂区越远、浓度越低，说明金属元素在传输过程中受大气扩散稀释能力的影响比较明显。

3. 重金属颗粒粒径频率密度分布曲线特征

图 7－6 是个工艺段 4 种重金属元素频率密度分布曲线图，可以看出炼备料、鼓风炉熔炼、铸铅和原料卸载的频率密度分布曲线大致为对称性钟形曲线，各工艺重金属颗粒粒径分布符合对数正态分布。不同工艺的重金属均出现单峰结构，对于熔炼备料工艺，Pb、Zn、Fe、Cr 的峰值分别出现在 3.3～5.8μm、1.1～2.1μm、4.7～5.8μm、0.43～0.65μm，对于鼓风炉熔炼工艺，Pb、Zn、Fe、Cr 的峰值均出现在 5.8～9.0μm，对于铸铅工艺，Pb、Zn、Fe、Cr 的峰值分别出现在 2.1～3.3μm、3.3～4.7μm、3.3～5.8μm、0.43～0.65μm，对于原料卸载工艺，Pb、Zn、Fe、Cr 的峰值分别出现在 3.3～4.7μm、5.8～9.0μm、3.3～4.7μm、4.7～5.8μm。

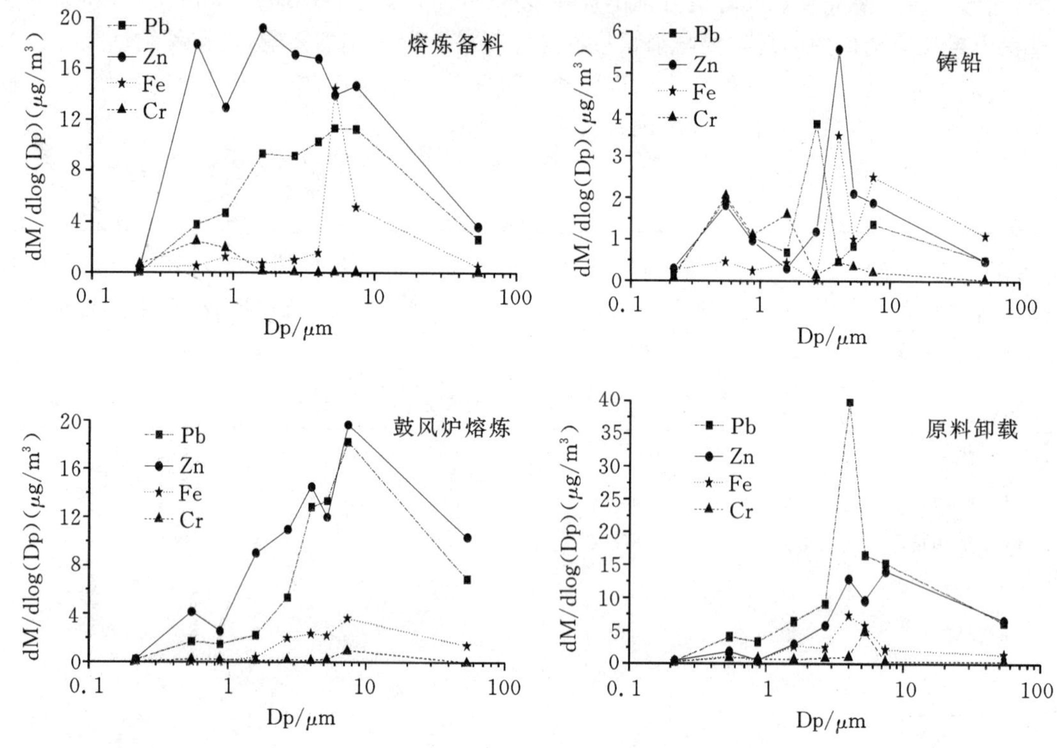

图 7－6　开放源重金属颗粒频率密度分布图

4. 重金属颗粒粒径累计频率分布曲线特征

图 7－7 是各工艺段 4 种重金属元素累计频率分布曲线图，由图可以看出熔炼备料、鼓风炉熔炼、铸铅和原料卸载的累计频率分布图大致为一条直线，各工艺重金属颗粒粒径分布符合对数正态分布。根据图 7－7 获得的 d_{50}（相应于累计频率 F＝50％对应的粒径）、$d_{15.9}$（相应于累计频率F＝15.9％对应的粒径）和 $d_{84.1}$（相应于累计频率 F＝84.1％对应的粒径），可知几何平均粒径 $\sigma_g=d_{50}$，根据式(7.1)求出几何标准偏差(σ_g)：

$$\sigma_g=\frac{d_{84.1}}{d_{50}}=\frac{d_{50}}{d_{15.9}}=\left(\frac{d_{84.1}}{d_{15.9}}\right)^{\frac{1}{2}} \tag{7.1}$$

5. 金属元素几何平均粒径和标准偏差分析

一般观念认为，来自于鼓风炉熔炼这种燃烧工艺，排放的颗粒物应该大多数处于颗粒粒径在 0.1～2μm 的积聚模态，比来自熔炼备料和原料卸载的颗粒物粒径小。然而，研究结果表明，鼓风炉熔炼无组织排放的颗粒物粒径反而较大，这有可能由于鼓风炉熔炼周边有冷凝塔，使其周边湿度较大，导致鼓风炉熔炼排放的颗粒物迅速凝结，颗粒物粒径变大，以及在熔炼炉底原料逸散有关。相似的结果在 Harrison R M 于 1981 年的铅锌厂空气重金属特征研究中也有出现。由图 7－7 计算得出粒径分布的几何平均直径和几何标准偏差，具体数值见表 7－3。

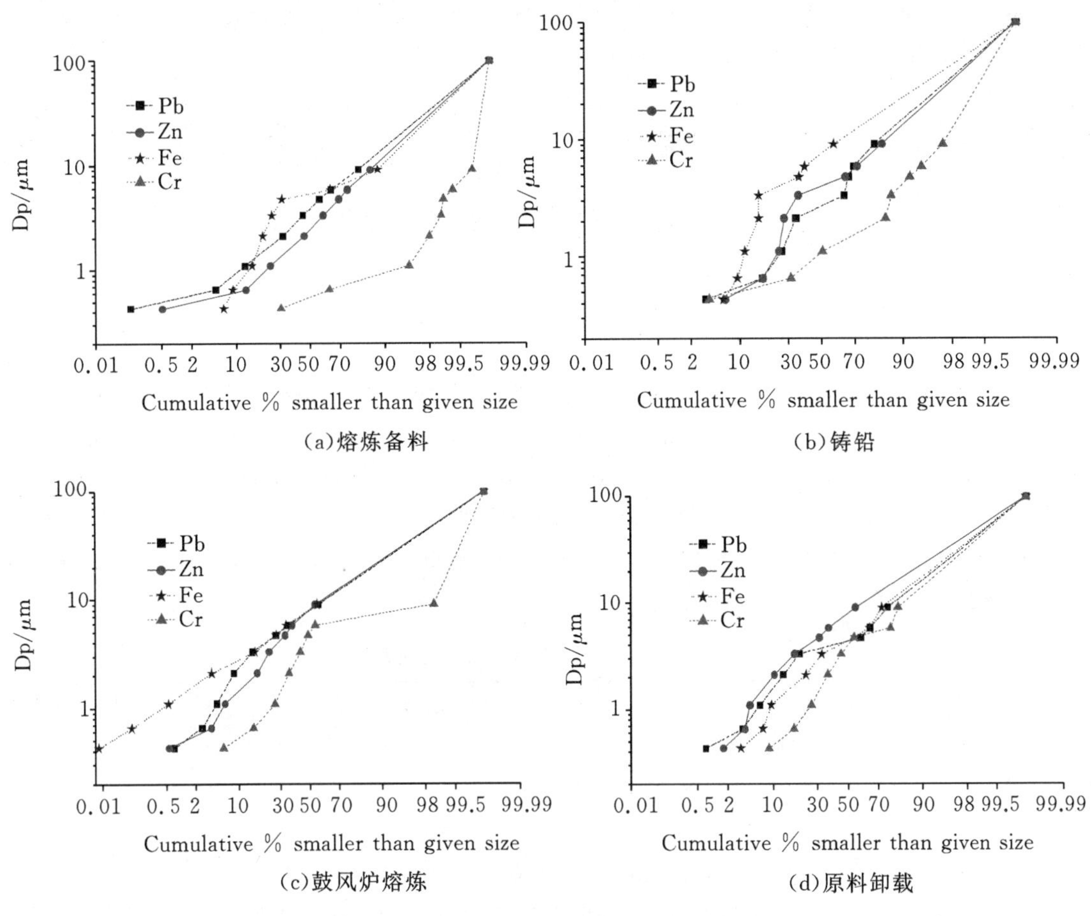

(a)熔炼备料　(b)铸铅

(c)鼓风炉熔炼　(d)原料卸载

图 7-7　开放源重金属累计频率分布图

表 7-3　不同工艺金属元素的几何平均粒径(μm^3)

工艺段	Pb	Zn	Fe	Cr
熔炼备料	4.00(3.64)	2.10(3.33)	5.00(5.26)	0.55(1.65)
鼓风炉熔炼	8.20(2.93)	8.20(4.56)	8.20(2.83)	5.90(10.78)
铸铅	2.60(4.64)	3.70(5.29)	5.20(5.75)	0.85(2.59)
原料卸载	3.90(1.70)	6.80(2.43)	3.90(2.79)	4.75(5.67)

注：表中括号内数据为几何标准偏差。

由此可知，熔炼备料工艺的 Pb、Zn、Fe、Cr 的几何平均粒径 4.00μm、2.50μm、5.00μm、0.55μm，其中细粒子分别占 31.92%、45.87%、20.67%、97.98%，仅镉元素的主要分布在细粒子中，其他元素主要分布在粗粒子中；鼓风炉熔炼工艺的 Pb、Zn、Fe、Cr 的几何平均粒径 8.20μm、8.20μm、8.20μm、5.50μm，其中细粒子分别占 8.48%、17.15%、3.87%、35.24%，四种金属元素主要分布在粗粒子中；铸铅工艺的 Pb、Zn、Fe、Cr 的几何平均粒径 2.60μm、3.70μm、5.20μm、0.85μm，其中细粒子分别占 45.82%、48.01%、21.18%、81.18%，仅镉元素的主要分布在细粒子中，其他元素主要分布在粗粒子中；原料卸载工艺的 Pb、Zn、Fe、Cr 的几何平均粒径 3.90μm、6.80μm、3.90μm、4.10μm，其中细粒子分别占 8.48%、17.15%、3.87%、35.24%，四种金属元素主要分布在粗粒子中。

本课题的无组织 Pb 污染源的排放特征采用监测浓度最高的原料卸载工艺的特征，也就是几何平均粒径 3.90μm，几何标准偏差 1.70。

7.2 大气降尘重金属特征及来源分析

7.2.1 降尘监测

随着园区工业的发展，交通运输量也有所增加，工业粉尘和道路扬尘已成为当地大气污染的主要来源，加之该区域东西两侧为高原丘陵地、中间为沟壑区，特殊的地形特点导致进入园区的大气污染物很难及时扩散，造成大气污染的加剧。根据园区地形特征共设置 20 个降尘采样点，各采样点均设在四周无遮挡物并避开烟囱的空旷地区，具体点位信息见表 7-4，分布见图 7-8，其中 10# 和 19# 点分别位于园区东西两侧，距离园区较远且不受工业污染源和道路交通源的影响，作为本次研究的对照点。

表 7-4 大气降尘采样点信息列表

编号	名称	地理坐标	海拔/m
1#	高咀头小学	34°26′52.78″N，107°15′37.19″E	637.5
2#	宝二电招待所	34°29′35.72″N，107°13′28.02″E	654.1
3#	长青村	34°30′24.44″N，107°12′57.06″E	673.5
4#	石头坡村	34°29′30.32″N，107°13′52.82″E	655.4
5#	罗钵寺村村委会	34°28′57.06″N，107°14′2.62″E	642.6
6#	孙家南头村 46 号榨油	34°28′37.44″N，107°14′14.16″E	645.6
7#	孙家南头村厂职工宿舍	34°28′14.54″N，107°14′31.66″E	649.0
8#	火车站	34°27′47.83″N，107°14′43.80″E	632.6
9#	产西明德小学	34°26′4.37″N，107°16′12.07″E	618.2
10#	贾村镇光复村十队	34°26′15.99″N，107°12′34.40″E	846.6
11#	产西一组	34°26′35.39″N，107°15′51.22″E	641.9
12#	长青镇高咀头村三组	34°26′40.24″N，107°15′55.07″E	654.7
13#	马道口村四组(李家沟)	34°27′26.10″N，107°15′4.86″E	637.8
14#	马道口村二组	34°27′38.29″N，107°15′13.57″E	682.7
15#	马道口村五组	34°27′27.03″N，107°14′46.54″E	628.1
16#	孙家南头村村委会	34°28′31.08″N，107°14′13.36″E	636.1
17#	石头坡村(侯村庙)	34°29′5.80″N，107°13′19.64″E	623.3
18#	马道口村一组	34°27′29.57″N，107°15′9.15″E	639.9
19#	陈村镇东街五组 51 号	34°28′52.02″N，107°16′3.58″E	734.7
20#	石头坡五组	34°29′43.47″N，107°13′42.35″E	662.0

采样使用标准的150mm×300 mm内壁光滑的有机玻璃降尘缸，使用前用10%(体积分数)的盐酸浸泡24小时后用蒸馏水清洗干净，密封携至采样点，将其水平固定于高30～50cm的屋顶平台上，冬季采样时缸内加入50ml乙二醇(分析纯)和80ml蒸馏水，夏季采样时加入100ml蒸馏水。采样时间为2012年11月20日至2013年8月7日，共监测260天，分四次取样，每个点位收集到4个降尘样品，共收集样品数80个。样品收集时首先用光洁的镊子将落入缸内的树叶、昆虫等异物取出，用蒸馏水将其上沾附的颗粒物冲洗进降尘缸，再用蒸馏水将附着在缸壁的所有沉淀物和细小颗粒用淀帚擦洗干净，转移至1000ml的聚乙烯塑料瓶中密封保存，并及时送至实验室分析。样品采集及处理过程见图7-8。

降尘缸

采样

取样

坩埚恒重

干燥

称重

微波消解

定容

真空抽滤

重金属元素测定

图 7-8 大气降尘样品采集与处理过程

7.2.2 降尘量分析

对所有样品按统一要求使用万分之一电子天平进行降尘总质量(沉降量)的称量。样品送达实验室后，将所有溶液和尘粒转入 500ml 烧杯中，在电热板上蒸发，使体积浓缩到 10～20ml，冷却后用蒸馏水冲洗杯壁，并用淀帚把杯壁上的尘粒擦洗干净，将溶液和尘粒全部转移到已恒重的 100ml 瓷坩埚(W_0)中，放在搪瓷盘里，在电热板上蒸发至干，最后放入烘箱于 105℃下烘干 2h，反复恒重后测定其质量(W_1)。试验同时使用与采样相同批次的等量乙二醇和蒸馏水在空白烧杯进行空白试验，按照同样操作至恒重，减去坩埚重量即得到空白样重量(W_c)。则降尘质量可用式(7.2)计算得出。实验室操作条件：温度 26.5℃，湿度 37%。

$$W = W_1 - W_0 - W_C \tag{7.2}$$

为保证试验结果的准确性，金属元素测试采用国家一级标准物质(GSS 系列)进行准确度和精密度监控。样品测定前需进行处理，具体过程为：将降尘样品放入消解罐，依次加入 10ml 优级纯浓硝酸、3%的过氧化氢 4ml 和 10ml 氢氟酸进行微波消解，消解后用 1%的稀硝酸定容至 50ml，利用真空抽率装置将消解液过滤后待试验测定。金属元素 Cu、Pb、Zn、Cd、Ni、Cr、Fe 均使用火焰原子吸收分光光度仪测定。试验同时抽取 10%的样品进行重复性检验，各重金属元素测试精密度均在 5%左右，相对双差在 10%左右，分析合格率均为 100%。该工业园区不同时段大气降尘量见表 7-5、降尘总量见图 7-9。

表 7-5　研究区各采样点大气降尘量列表　　单位:mg

点位	第一次(35d)	第二次(86d)	第三次(79d)	第四次(60d)	合计(260d)
	2012.11.20 —12.25	2012.12.26 —2013.3.20	2013.3.21 —6.6	2013.6.7 —8.7	2012.11.20 —2013.8.7
1#	234.20	1288.80	1102.10	缺	2625.1
2#	232.40	1534.80	1376.05	489.50	3632.8
3#	239.30	2188.80	1214.00	841.20	4483.3
4#	缺	1544.90	1319.55	419.10	3283.6
5#	1225.50	2847.50	2453.85	1544.70	8071.6
6#	1514.90	缺	1038.45	1087.00	3640.4
7#	580.20	1135.60	1941.15	243.60	3900.6
8#	256.50	1156.10	1243.90	316.00	2972.5
9#	190.80	1417.80	846.35	1026.70	3481.7
10#	396.90	917.70	1063.25	684.90	3062.8
11#	541.20	1303.40	1187.40	542.00	3574.0
12#	423.90	1485.70	1105.50	361.20	3376.3
13#	547.30	缺	1603.60	632.20	2783.1
14#	604.90	1465.60	1687.60	575.30	4333.4
15#	489.30	2652.20	2043.15	694.00	5878.7
16#	506.90	1143.70	1271.15	482.30	3404.1
17#	637.50	1406.10	1232.00	522.80	3798.4
18#	649.00	1356.50	1221.05	552.90	3779.5
19#	419.40	1229.30	1123.85	287.70	3060.3
20#	缺	2087.20	2992.40	缺	5079.6

由图 7-9 可知,20 个采样点降尘质量均为 0.031m² 采样面积下,连续收集 260 天的降尘

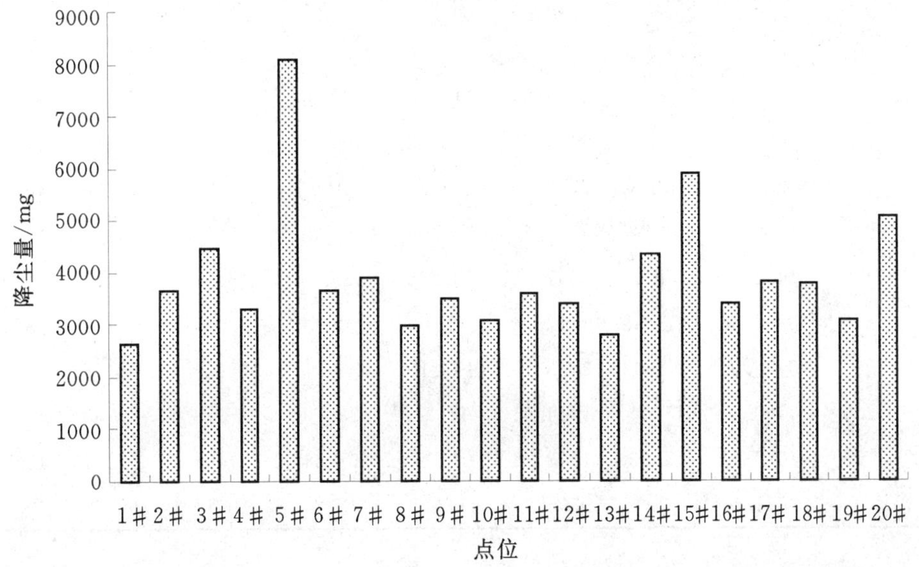

图 7-9　各采样点大气降尘量

样品,其中1#、4#、6#、13#、20#点位中出现倒瓶现象,因此其数据不完整,不参与分析,仅供参阅。其余15个点位中5#点降尘量较大,为8071.6 mg,其次为15#点,降尘量5878.7 mg,3#和14#降尘量分别为4483.3 mg和4333.4mg,其他测点降尘量均小于4000 mg,其中8#点降尘量最小,为2972.5 mg。降尘量最大的5#点和15#点分别位于园区交通主干线两侧,道路扬尘贡献量比较大,其中5#点距离道路较近且与道路基本平行,而1#点距离道路稍远且比道路高出约2m,因而15#降尘量低于5#,可见道路扬尘对大气降尘的贡献比较明显。

7.2.3 降尘重金属含量及空间分布特征

1. 重金属质量分数分析

各点降尘总量及重金属元素质量分数见表7-6。

表7-6 研究区各采样点大气降尘重金属质量分数表

点位	时间/d	降尘/mg	重金属质量分数/mg·kg^{-1}						
			Pb	Zn	Cd	Cu	Ni	Cr	Fe
1#	200	2625.1	5680.55	9482.79	140.84	231.08	35.14	72.15	20885.39
2#	260	3632.8	1351.22	2511.90	42.25	78.12	28.52	66.19	22086.26
3#	260	4483.3	651.69	1271.40	25.44	75.50	28.45	43.35	20451.50
4#	225	3283.6	1212.73	2017.49	43.03	68.34	23.97	61.68	18215.18
5#	260	8071.6	1356.81	2066.32	43.91	77.00	22.10	65.62	24411.68
6#	174	3640.4	2202.71	3393.90	72.71	93.44	22.28	61.87	17446.83
7#	260	3900.6	5345.98	7894.60	135.06	165.64	36.66	75.87	19992.05
8#	260	2972.5	6449.99	10870.70	187.69	228.65	31.95	73.81	19277.48
9#	260	3481.7	2834.20	4675.25	86.07	113.61	26.08	47.94	20465.81
10#	260	3062.8	641.76	1730.68	23.28	60.24	24.54	42.58	19530.39
11#	260	3574.0	3201.47	5800.20	97.22	137.71	28.35	48.54	18376.13
12#	260	3376.3	3757.55	5915.24	112.43	129.34	28.24	56.67	21073.05
13#	174	2783.1	6427.71	9467.26	173.03	159.70	25.36	64.84	17556.72
14#	260	4333.4	4848.32	7746.36	138.37	158.26	27.12	55.20	18761.53
15#	260	5878.7	6996.37	8850.00	163.09	191.37	32.08	62.78	11796.63
16#	260	3404.1	5271.68	7391.68	137.88	189.98	35.79	92.53	20094.21
17#	260	3798.4	1488.88	3142.04	62.38	118.00	62.74	182.09	18753.98
18#	260	3779.5	6056.03	9433.19	157.13	176.15	28.65	88.98	20797.26
19#	260	3060.3	615.41	1214.63	17.74	38.70	25.13	44.07	19135.09
20#	165	5079.6	675.93	1263.36	13.94	61.54	21.01	58.54	18205.85
平均		3911.1	3353.35	5306.95	93.67	127.62	29.71	68.26	19365.65

根据测定结果,研究区降尘中7种重金属元素的质量浓度水平差异较大。7种重金属元

素质量浓度大小依次为：Fe＞Zn＞Pb＞Cu＞Cd＞Cr＞Ni。其中铁(Fe)的质量浓度明显高于其他几种重金属元素，其含量范围在 11796.63～24411.675 mg/kg 之间，平均值为 19365.65mg/kg，各点位质量浓度相差不大。章明奎的研究结果表明，浙江省城市汽车站地表灰尘中元素 Pb、Zn、Cu、Cd、Cr 和 Ni 主要与交通源和工业污染等有关，而 Fe 与当地的成土母质背景有关。而根据中国环境监测总站及魏复盛等人研究发现，陕西省土壤中 Fe 的质量浓度在 14900～41800mg/kg 之间，本研究区降尘中 Fe 元素的质量浓度与陕西省土壤背景值比较一致，说明 Fe 元素主要与当地的土质背景值有很大的关系。铅(Pb)的质量浓度在 615.41～6996.37 mg/kg，分布很不均匀，其中 1＃、7＃、8＃、3＃、14＃、15＃、16＃和 18＃形成第一大值梯队，质量浓度均在 4800mg/kg 以上，6＃、9＃、11＃、12＃为第二梯队，其值在 2000～4000mg/kg 之间，其余各点 Pb 含量均在 1500mg/kg 以下。锌(Zn)的质量浓度分布规律与 Pb 的基本一致，其含量在 1214.63～10870.7 mg/kg，平均值为 5306.95mg/kg，Zn 的质量浓度分布很不均匀，其中火车站点位处 Zn 的质量含量最大，达 10870.7mg/kg，位于园区下风向的 1＃、7＃、13＃、14＃、15＃、16＃、18＃点的含量较大，均在 7000mg/kg 以上，6＃、9＃、11＃、12＃、17＃点的含量在 3000～6000mg/kg 之间，其余各点均小于 3000mg/kg，根据测试结果，在园区下风向，降尘中 Zn 的含量普遍高于上风向，对照点 10＃和 9＃含量均比较低，可见园区大气降尘中的锌元素受企业影响比较明显，且距离园区中心越近，其质量浓度越大。镉(Cd)质量浓度含量在 13.94～187.69mg/kg 之间，平均 93.67mg/kg，其含量较小且分布比较规律，1＃、7＃、8＃、12＃、13＃、14＃、15＃、16＃、18＃点的含量在 100～200mg/kg 之间，6＃、9＃、11＃、17＃点 Cd 含量在 50～100mg/kg 之间，其余各点均在 50mg/kg 以下，两个对照点的含量分别为 1＃23.28mg/kg、19＃17.74mg/kg。铜(Cu)的质量浓度在 38.7～231.08mg/kg 之间，平均值为 127.62mg/kg，其中 1＃和 8＃点在 200mg/kg 以上，形成第一高值梯队，7＃、9＃、11＃、12＃、13＃、14＃、15＃、16＃、17＃、18＃均在 100mg/kg 以上，其余各点均小于 100mg/kg，其中对照点含量为 10＃点 60.24mg/kg、19＃点 37.70mg/kg。镍(Ni)的质量浓度在 21.01～62.74mg/kg，平均为 29.71mg/kg，各点含量比较接近，空间变化差异不大。铬(Cr)的质量分数在 42.58～182.09mg/kg，平均为 68.26mg/kg，其中 17＃点明显高于其他各点，达 182.09mg/kg，其余各点均在 100mg/kg 以下，且各点之间的含量差异不大。

2. 重金属空间分布特征

为进一步准确而直观地反映园区降尘及其重金属含量的空间分布特征，采用克里格空间插值法对研究区域进行插值计算，并绘制降尘量及重金属含量图，见图 7－10。

从图 7－10 可以看出，不同的重金属元素含量以及降尘量的空间分布并不完全一致。降尘量最大的区域为园区中部偏北区域，降尘量最高的 5＃、20＃点位位于交通主干线两侧，分受道路扬尘影响较大。重金属元素中 Pb、Zn、Cu、Cd 的空间分布特征比较相似，含量最高的区域为冶炼厂附近，并且距离冶炼厂越远，含量越低；Ni 和 Cr 的空间分布特征较为相似，其含量最高区域在电厂西南侧；Fe 含量分布规律不明显，总体分布趋势为南侧含量较高，北侧含量相对较低。

3. 重金属元素含量分析

分别对 20 个监测点的降尘量和重金属元素含量进行统计，其结果见表 7－7。

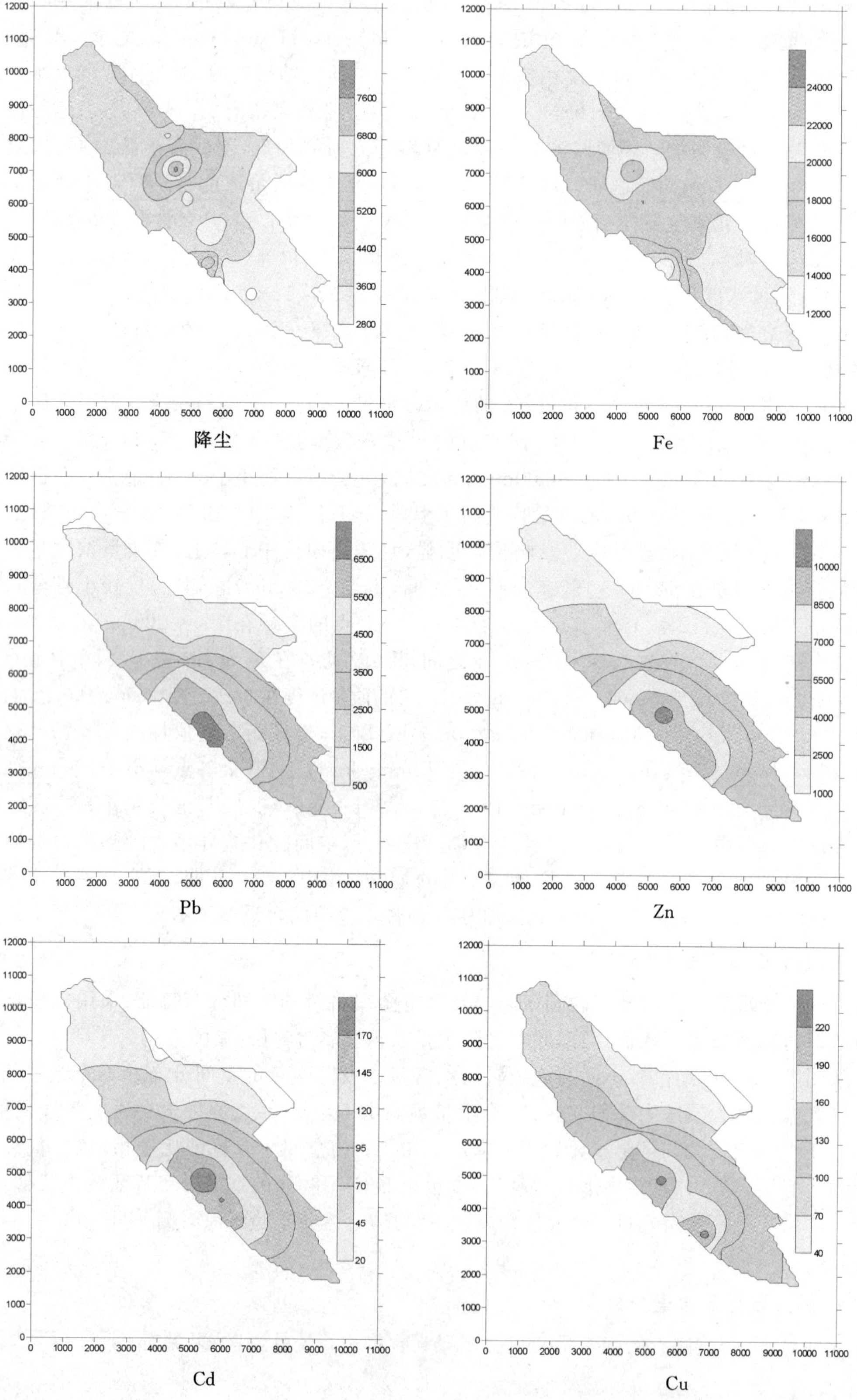
降尘
Fe
Pb
Zn
Cd
Cu

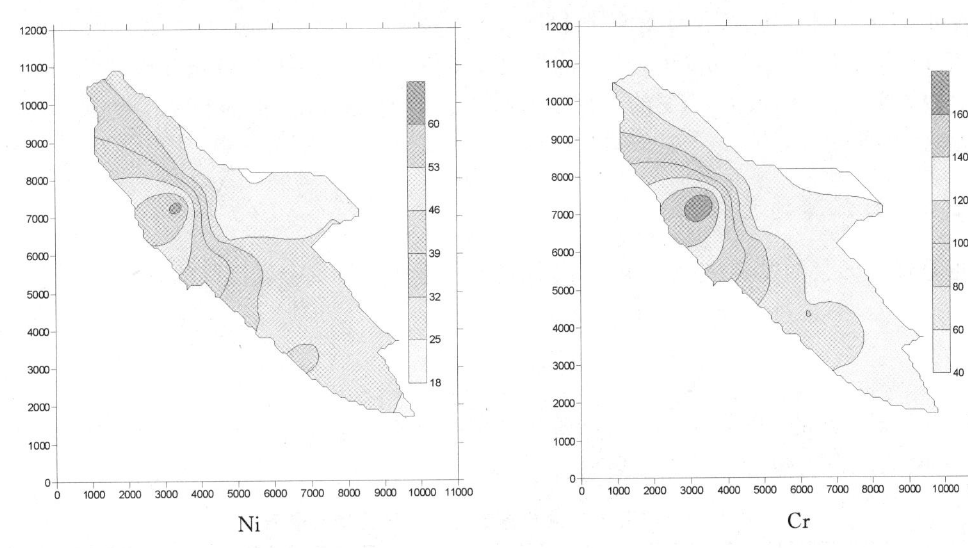

图 7-10　降尘重金属空间分布图

表 7-7　各采样点大气降尘量及重金属含量统计

元素	单位	范围	平均值	标准偏差	中位数	变异系数	陕西土壤背景值
降尘	mg	2625.1～8071.6	3911.1	1218.99	3603.4	0.31	—
Pb	mg/kg	615.41～6996.37	3353.35	2259.07	3017.835	0.67	21.4
Zn	mg/kg	1214.63～10870.7	5306.95	3262.97	5237.725	0.61	69.4
Cd	mg/kg	13.94～187.69	93.67	56.18	91.645	0.60	0.094
Cu	mg/kg	38.7～231.08	127.62	56.68	123.67	0.44	21.4
Ni	mg/kg	21.01～62.74	29.71	8.75	28.295	0.29	28.8
Cr	mg/kg	42.58～182.09	68.26	29.40	62.325	0.43	62.5
Fe	mg/kg	11796.63～24411.675	19365.65	2368.23	19403.94	0.12	31500

由表 7-7 可知，园区降尘量范围为 2625.1～8071.6mg，平均值为 2185.82mg，其变异系数 0.31，属中等变异水平，表明降尘量的大小受到人类活动的影响。7 种重金属元素的含量大小关系为 Fe＞Zn＞Pb＞Cu＞Cd＞Cr＞Ni。其中 Pb 的含量在 615.41～6996.37mg/kg 之间，平均为 3353.35mg/kg，是陕西省土壤背景值的 28.76～326.93 倍，平均为 156.72 倍；Zn 的含量范围是 1214.63～10870.7mg/kg，是土壤背景值的 17.50～156.64 倍；平均含量为 5306.95mg/kg，为陕西省土壤背景值的 76.51 倍；Cd 的含量范围为 13.94～187.69mg/kg，是陕西省土壤背景值的 148.30～1996.70 倍；平均含量为 93.67mg/kg，是陕西省土壤背景值的 996.49倍；Cu 的含量为 38.7～231.08mg/kg，是陕西省土壤背景值的 1.81～10.80 倍；平均含量为 127.62mg/kg，是陕西省土壤背景值的 5.96 倍；Ni 的含量范围在 21.01～62.74 之间，是陕土壤背景值的 0.73～2.18 倍；平均 68.26mg/kg，是土壤背景值的 2.37 倍；Cr 的含量范围分别是 42.58～182.09mg/kg，是土壤背景值的 0.68～2.91 倍；平均含量为 78.44mg/kg，是

土壤背景值的 1.26 倍；Fe 的含量范围是 11796.63～24411.675mg/kg，是土壤背景值的 0.37～0.78 倍；平均含量为 19365.65mg/kg，是土壤背景值的 0.62 倍。从各重金属含量的变异系数来看，该区域 Pb、Zn、Cd、Cu、Cr 的变异系数较大，说明该地区已不同程度的受到了工业生产的影响。

7.2.4 日沉降通量分析

根据重金属元素的监测结果，可计算出研究区采暖期大气重金属沉降的日沉降通量，计算公式为

$$M = \frac{W}{S \times N} \tag{7.3}$$

式中：M 为金属元素的日沉降通量，mg/(m^2 · d)；W 为降尘中重金属的质量，mg；S 为降尘缸面积，m^2；N 为采样天数，d。计算结果见表 7-8。

表 7-8 研究区降尘及重金属元素日沉降通量表

点位	天数/d	面积/m^2	日均通量/(mg/(m^2 · d))							
			降尘	Pb	Zn	Cd	Cu	Ni	Cr	Fe
1#	200	0.031	423.40	2.559	4.287	0.059	0.101	0.012	0.032	8.180
2#	260	0.031	450.72	0.517	1.024	0.009	0.046	0.012	0.031	9.297
3#	260	0.031	556.24	0.369	0.895	0.007	0.045	0.014	0.027	11.751
4#	225	0.031	470.77	0.517	0.840	0.010	0.042	0.011	0.033	9.346
5#	260	0.031	1001.44	1.300	2.005	0.025	0.095	0.022	0.069	23.383
6#	174	0.031	674.90	1.474	2.243	0.032	0.078	0.016	0.041	11.730
7#	260	0.031	483.95	2.217	3.394	0.044	0.088	0.016	0.042	10.112
8#	260	0.031	737.61	2.514	4.317	0.055	0.103	0.013	0.034	7.998
9#	260	0.031	431.97	1.248	2.073	0.028	0.064	0.011	0.021	8.413
10#	260	0.031	380.00	0.303	0.782	0.009	0.027	0.010	0.019	7.876
11#	260	0.031	443.42	1.513	2.809	0.040	0.074	0.012	0.026	8.516
12#	260	0.031	418.90	1.446	2.551	0.036	0.065	0.012	0.027	9.031
13#	174	0.031	515.96	3.074	4.902	0.068	0.103	0.013	0.040	9.536
14#	260	0.031	537.64	2.412	4.187	0.059	0.095	0.014	0.035	10.360
15#	260	0.031	729.37	4.797	7.126	0.093	0.168	0.023	0.052	7.037
16#	260	0.031	422.34	1.998	2.989	0.034	0.101	0.015	0.042	8.683
17#	260	0.031	471.27	0.595	1.441	0.020	0.069	0.029	0.088	9.252
18#	260	0.031	468.92	2.794	4.728	0.058	0.104	0.014	0.043	9.800
19#	260	0.031	379.69	0.248	0.509	0.004	0.020	0.010	0.021	8.450
20#	165	0.031	993.08	0.677	1.245	0.014	0.060	0.020	0.056	17.758
	平均		531.14	1.629	2.717	0.035	0.077	0.015	0.039	10.325

由表7-8可知，各监测点降尘的日均沉降通量在379.69～1001.44mg/(m^2·d)之间，平均为531.14mg/(m^2·d)，其中5#点罗钵寺村委会处的降尘通量最大，主要因为其位于园区工业相对集中的地方，且距离园区交通主干道路较近，受工业粉尘和道路扬尘的共同影响，导致其沉降通量较大；石头坡五组降尘通量也比较大，达993.08mg/(m^2·d)，分析认为其主要受电厂及道路扬尘影响。两个对照点沉降通量在380mg/(m^2·d)左右，均小于园区内部各点(420mg/(m^2·d)以上)，可见对照点主要受自然沉降影响，而园区内部点位除受自然沉降影响以外，受园区工业污染源及道路扬尘的影响比较明显，且从日沉降通量来看，人为源影响起主要作用。由表7-8可知，7种重金属元素日沉降通量大小关系为Fe>Zn>Pb>Cu>Cr>Cd>Ni，其中铅的沉降通量在0.248～4.797mg/(m^2·d)之间，平均1.629mg/m^2·d；锌的沉降通量在0.509～7.126mg/(m^2·d)之间，平均2.717mg/(m^2·d)；镉的沉降通量在0.004～0.093mg/(m^2·d)之间，平均0.035mg/(m^2·d)；铜的沉降通量在0.02～0.168mg/(m^2·d)之间，平均0.077mg/(m^2·d)；镍的沉降通量在0.01～0.029mg/(m^2·d)之间，平均0.015mg/(m^2·d)；铬的沉降通量在0.019～0.088mg/m^2·d之间，平均0.039mg/m^2·d；铁的沉降通量在7.037～23.383mg/(m^2·d)之间，平均10.325mg/(m^2·d)。Fe的沉降通量明显大于其他六种金属元素，分析认为Fe元素主要与当地土质背景值有关，铅、锌主要与当地工业来源有很大的关系，Cu、Cd、Cr、Ni受到一定程度的人为影响，但影响较小。20个点位中，对照点各种金属元素的日沉降通量较园区内部点位较小，而园区上风向点位小于下风向，并且从计算结果来看，距离园区企业集中区距离越远，其中金属沉降通量越小，可见园区内部大气降尘受工业园影响比较明显。

7.2.5　降尘重金属元素的地累积指数评价

地累积指数法是由德国科学家Müller提出的，它是一种用来定量判断地表沉积物中金属元素污染程度的有效方法，现在被广泛应用于沉积物、土壤、灰尘等介质重金属污染评价，其计算表达式为

$$I_{geo} = \log_2\left(\frac{C_n}{KB_n}\right) \tag{7.4}$$

式中：I_{geo}为地累积指数，C_n为测试的源样品中元素n的质量浓度，B_n为元素n的土壤元素背景值，K为是对成岩作用可能引起背景值变动的修正，一般取$K=1.5$。地累积指数可以分为7个级别，分别表示污染强度由无到极强，具体分级情况见表7-9所示。

表7-9　地累积污染指数分级

地累积指数(Igeo)	级别	污染程度
<0	0	无污染
0～1	1	无污染-中度污染
1～2	2	中度污染
2～3	3	中度污染-强度污染
3～4	4	强度污染
4～5	5	强度污染－极强污染
>5	6	极强污染

本文研究过程中利用陕西省土壤背景值作为参考背景值进行评价，可分别计算出20个点位中7种重金属元素的地累积指数，并进行分级，结果见表7-10。

表7-10 大气降尘的重金属地积累指数

监测点	I_{geo}(Pb)	I_{geo}(Zn)	I_{geo}(Cd)	I_{geo}(Cu)	I_{geo}(Ni)	I_{geo}(Cr)	I_{geo}(Fe)
1#	7.83	6.89	10.13	3.13	−0.17	−0.27	−0.94
2#	5.09	4.55	6.89	1.86	−0.58	−0.61	−1.13
3#	3.96	3.37	5.76	1.54	−0.55	−1.15	−1.24
4#	5.14	3.96	7.22	1.67	−0.59	−0.30	−1.13
5#	5.05	4.18	7.32	1.54	−0.85	−0.27	−1.35
6#	6.84	6.00	9.58	2.44	0.14	−0.59	−1.48
7#	6.74	5.94	9.19	2.40	−0.18	−0.38	−1.19
8#	7.23	6.59	9.99	2.89	−0.30	0.04	−1.05
9#	6.52	5.73	8.88	2.39	−0.51	−0.61	−0.96
10#	5.49	5.07	8.29	1.66	−0.38	−0.64	−0.84
11#	7.04	6.23	9.46	2.58	−0.41	−0.51	−1.24
12#	6.86	6.10	9.34	2.38	−0.38	−0.44	−1.16
13#	7.40	6.22	10.04	2.43	−0.44	−1.12	−1.43
14#	7.22	6.54	9.91	2.74	−0.37	−0.26	−1.20
15#	7.69	6.79	9.78	2.88	−0.17	−0.30	−1.66
16#	7.21	6.08	9.30	2.94	−0.01	0.25	−1.16
17#	5.52	4.91	7.65	2.42	0.68	1.22	−1.39
18#	7.61	6.88	10.08	2.93	−0.19	0.04	−1.20
19#	3.96	3.24	5.28	0.52	−0.67	−0.82	−1.36
20#	4.33	3.66	6.19	1.07	−0.57	−0.43	−1.22
I_{geo}最大值	3.96	3.24	5.28	0.52	−0.85	−1.15	−1.66
I_{geo}最小值	7.83	6.89	10.13	3.13	0.68	1.22	−0.84
I_{geo}平均值	6.24	5.45	8.51	2.22	−0.33	−0.36	−1.22

根据表7-10计算结果，可以看出20个点位中不同重金属I_{geo}顺序基本为：Cd＞Pb＞Zn＞Cu＞Ni＞Cr＞Fe。按照地累积指数可以看出Cd、Pb、Zn的I_{geo}均值达到极强污染水平，说明研究区中这三种重金属已达到严重污染的程度；Cu的I_{geo}均值达到中度污染～强度污染水平；Ni、Cr、Fe的I_{geo}均值为无污染水平。

7.2.6 降尘重金属来源分析

通过被动采样的方式采集园区冬季采暖期的大气降尘样品，测定降尘中Cu、Pb、Zn、Cd、Ni、Cr、Fe等7种重金属的含量，计算各元素的富集因子，并采用相关系数法、主成分分析法和聚类分析对降尘中重金属的来源进行分析，以期了解园区大气降尘重金属元素污染特征，并初步判定金属元素的来源。

7.2.6.1 富集因子分析

为了进一步了解研究区大气降尘中重金属的来源,我们使用富集因子法确定重金属来源。元素的富集因子是定量评价污染程度与污染来源的重要指标,它选择满足一定条件的元素作为参考元素(或称标准化元素),样品中污染元素浓度与参考元素浓度的比值与背景区中二者浓度比值的比率即为富集因子,污染程度分类如下,富集因子 EF≤1,表示无污染;1<EF≤2,表示轻微污染;2<EF≤5,表示中等程度富集;5<EF≤20,表示显著富集;20<EF≤40,表示较强富集,EF>40 时,表示极强度富集。富集因子的计算公式为

$$EF = \frac{(C_i/C_r)_{样品}}{(C_i/C_r)_{背景}} \tag{7.5}$$

式中 EF 指元素的富集因子;C_i 为元素 i 的含量,C_r 为参考元素的含量。本研究报告中的元素背景浓度根据中国大陆华夏壳体的元素丰度,参比元素选择比较稳定的 Fe,各点重金属富集因子详见表 7-11。

表 7-11 大气降尘重金属元素的富集因子

编号	Pb	Zn	Cd	Cu	Ni	Cr
1#	3655.503	448.698	7193.188	21.244	0.100	0.141
2#	822.251	112.393	2040.303	6.791	0.077	0.122
3#	428.266	61.435	1326.599	7.088	0.083	0.086
4#	894.811	109.456	2519.862	7.204	0.078	0.138
5#	746.999	83.649	1918.645	6.056	0.054	0.109
6#	1696.839	192.239	4445.354	10.283	0.076	0.144
7#	3593.924	390.241	7206.012	15.908	0.109	0.155
8#	4496.843	557.272	10385.328	22.773	0.099	0.156
9#	1861.230	225.755	4486.052	10.658	0.076	0.095
10#	441.631	87.572	1271.604	5.922	0.075	0.089
11#	2341.503	311.924	5643.233	14.388	0.092	0.108
12#	2396.494	277.399	5690.974	11.784	0.080	0.110
13#	4920.532	532.894	10512.717	17.465	0.086	0.150
14#	3473.136	408.028	7866.650	16.196	0.086	0.120
15#	7971.018	741.389	14746.494	31.147	0.162	0.217
16#	3525.960	363.524	7319.335	18.153	0.106	0.188
17#	1067.000	165.569	3548.147	12.080	0.199	0.395
18#	3913.641	448.242	8059.240	16.262	0.082	0.174
19#	432.246	62.730	989.052	3.883	0.078	0.094
20#	498.984	68.577	816.441	6.490	0.069	0.131

由表 7-11 可知,Ni 和 Cr 的富集因子远小于 1,说明其主要来源于地壳,受地表土壤扬尘所致。Cu 的富集因子在 3~31 之间,属中度富集或显著富集,可见受人为源的影响比较明显。

Pb、Zn、Cd 三种重金属的富集因子远大于 40，表示这三种元素属于极强度富集，受人为源影响很大。根据现场调查结果，研究区内现有铅锌冶炼厂、火力发电、炼焦等企业，其中 Pb、Zn、Cd、Cu 等都有明显的人为来源，计算结果与调查结果基本一致。从表中也可以看出，对照点的富集因子明显小于园区内部的采样点，说明距离企业越远，受工业污染源的影响就越小。

7.2.6.2 相关性分析

降尘中的各种重金属元素之间有一定的联系，各元素之间的相互关系通常以相关系数来表示，其数值大小反映了元素间在丰度变化上的疏密程度，根据刁桂仪等的研究结果，将相关性划分为四个等级：即极显著相关、显著相关、一般相关和基本相关。按照这一划分依据，分别研究区降尘中 7 种重金属元素的相关性系数进行计算，以说明各重金属元素之间的相互影响关系。根据相关系数检验表可知，在置信度为 95%时，20 个样品的临界相关系数为 0.4227。按照前面对相关性的划分依据，将各重金属之间的相关性分为四种，即极显著相关($R>0.7$)、显著相关($0.7>R>0.6$)、一般相关($0.6>R>0.4227$)和基本相关($0.4227>R$)。分别对园区降尘中 7 种重金属两两之间的相关系数进行计算，结果见表 7-12。

表 7-12 重金属含量相关系数

元素	相关系数						
	Pb	Zn	Cd	Cu	Ni	Cr	Fe
Pb	1	++++	++++	++++	+	+	−
Zn	0.979	1	++++	++++	+	+	+
Cd	0.961	0.963	1	++++	+	−	−
Cu	0.926	0.929	0.880	1	+	+	+
Ni	0.209	0.218	0.182	0.421	1	++++	−
Cr	0.028	0.060	−0.016	0.297	0.836	1	−
Fe	−0.470	0.011	−0.003	0.052	−0.237	−0.122	1

由表 7-12 可知，降尘中 7 种重金属元素两两相关性分析共 21 对。由表 4 中的相关系数值可以看出，7 种重金属元素中，两两之间呈极显著相关的有 7 组，即铅和锌、铅和镉、铅和铜、锌和镉、铜和锌、铜和镉、铬和镍；一般相关的有 9 组，分别为铅和镍、铅和镉、锌和镍、锌和镉、锌和铁、铬和镍、铜和镍、铜和镉、铜和铁；其他元素之间呈现出了负相关。从相关性分析来看，Pb、Zn、Cd、Cu 四种元素之间有很大的相关性，说明四种元素有相同的来源，元素 Cr 和 Ni 也有相同的来源，Fe 与其他重金属元素相关性很小且大都呈负相关，说明铁元素的来源与其他元素均不相同。

7.2.6.3 主成分分析

为了对重金属之间的相互关系有进一步了解，对重金属含量进行了主成分分析，表 7-13 为分析结果。主成分按照因子特征值累计贡献率大于 85%的原则进行选取，主因子数为 3 个，这 3 个主因子对各个变量的方差的贡献率分别为 56.44%、26.32%和 13.68%，累积贡献率达到了 96.44%，各重金属元素的共同度较高，均达到了 0.9 以上，表明 3 个主成分能够较全面的代表各重金属元素的信息。Pb、Zn、Cd、Cu 在第 1 因子上的载荷较高，分别为 0.245、

0.246、0.240 和 0.246，即第 1 因子反应了这 4 个元素的含量；Cr、Ni 在第 2 个因子上的载荷较高，分别为 0.469 何 0.49，即第 2 因子反应了这 2 个元素的含量；Fe 在第 3 因子上的载荷较高，为 0.971，即第 3 因子反应了这个元素的含量。

表 7-13 重金属含量主成分分析结果

元素	因子(主成分)			共同度
	1	2	3	
Pb	0.245	−0.110	−0.094	0.986
Zn	0.246	−0.106	−0.024	0.982
Cd	0.240	−0.133	−0.068	0.961
Cu	0.246	0.019	0.121	0.963
Ni	0.103	0.469	0.089	0.922
Cr	0.060	0.492	0.254	0.939
Fe	−0.010	−0.197	0.971	0.998
特征值	3.950	1.843	0.957	
方差贡献率/%	56.435	26.324	13.677	
累积方差贡献/%	56.435	82.759	96.436	

7.2.6.4 聚类分析

元素分层聚类树状图能够形象地反映元素之间的相似性或亲疏关系，有效地揭示元素间的联系。利用 SPSS 软件在对数据进行标准化的基础上。对降尘中重金属元素进行了聚类分析，旨在通过分析各重金属元素之间的相似性基础上，识别不同重金属元素的来源是否相同。聚类分析结果见图 7-11。

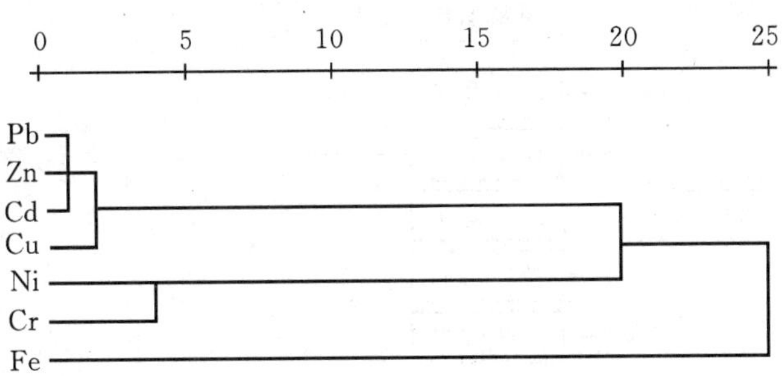

图 7-11 降尘重金属元素的聚类分析

由图 7-11 可以看出，在距离小于 5 时，可以将元素分为以下 3 组：第一组是 Pb-Zn-Cd-Cu、第二组是 Ni-Cr、第三组是 Fe。并且由第一组到第三组污染程度逐渐降低。

7.2.6.5 重金属元素来源分析

相关性分析表明 Pb、Zn、Cd、Cu 四种元素两两之间存在显著正相关关系，同时与其他重金属元素呈一般性相关，Ni、Cr 之间存在显著正相关关系，Fe 与其他重金属元素之间的相关性较差，甚至呈负相关；主成分分析结果表明 Pb、Zn、Cd、Cu 在第 1 个主因子上的载荷较高，

Ni、Cr 在第 2 个主因子上的载荷较高，Fe 在第 3 个主因子上的载荷较高；聚类分析结果也表明，这 Pb、Zn、Cd、Cu 之间的关系较为紧密，Ni、Cr 之间的关系较为紧密，Fe 与其他元素的距离较远。通过相关性分析法、主成分分析法和聚类分析法的分析结果，可以推断出该工业园区降尘中的 7 个重金属元素中 Pb、Zn、Cd、Cu 主要来自于人为源，且 Pb、Zn、Cd、Cu 的最高浓度点均出现在铅锌冶炼厂附近区域，表明其来源主要为铅锌冶炼厂；Ni 和 Cr 的浓度最高点出现在火力发电厂附近区域，很可能其主要来源为火力发电厂。Fe 的含量在陕西省土壤背景值范围以内，表明其主要来自于自然源，即与当地土质背景条件有关。

7.3 铅空间积累效应模拟分析

7.3.1 大气预测模拟技术流程

本课题研究通过污染源和环境空气铅浓度进行同步监测数据，利用课题组自动气象站近 2 年的观测资料和监测数据计算不同源的时空分布和污染物累积效应，选择适宜的大气模拟模型，建立基于大气模型的 Pb 源环境安全防护距离计算方法。技术路线见图 7－12。

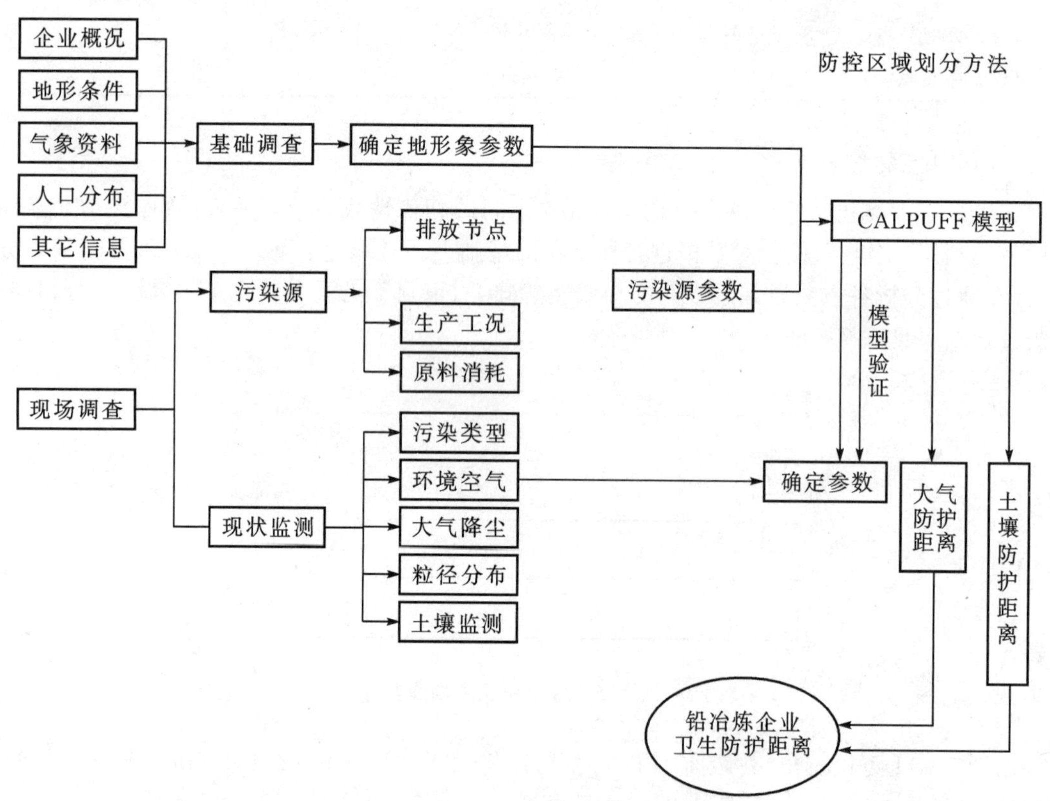

图 7－12　大气预测模拟技术流程图

图 7-13 鼓风炉熔炼无组织排放监测

图 7-14 焦化厂区无组织排放监测

图 7-15 烟化炉熔炼通风有组织排放监测

图 7-16 铸铅锭车间无组织排放监测

7.3.2 CALPUFF 模型模式介绍

CALPUFF(California Puff Model)是美国国家环境保护局(USEPA)推荐的适用于长距离输送和涉及复杂流动(如复杂地形、海岸、小静风、熏烟、环流情形等)近场应用的导则模式，可用于复杂地形条件下的大气扩散模拟。

CALPUFF 主要通过 3 种方式考虑地形对地面浓度的影响，从而响应大尺度和小尺度的地形特征：(1)CALMET 风场调整适应大尺度的地形特征；(2)简化处理烟团-地形相互作用；(3)对次网格尺度复杂地形采用流线分层高度和烟羽路径系数调整方法对地形引起的烟团高度变化、烟团碰撞山体过程、扩散参数增大效应进行参数调整。

CALPUFF 模型适合于城市和区域尺度，已被国内外广泛采用，包括美国的伊利诺斯州、希腊的雅典等以及我国北京、长三角和珠三角等地区的污染影响研究都曾有人采用这模型。美国环保部申明 CALPUFF 同样适用于复杂的山地地形的小范围区域(2008),David 等在 2009 年用 CALPUFF 在一个范围小地形复杂的区域,得出一个锌厂排放的 Cd、Pb、Zn 沉降与研究区域不同监测点位降尘和土壤的重金属之间有很好的相关性;朱好等利用在湖南省丘陵河谷地区开展的高时空分辨率大气扩散综合实验资料,研究 CALPUFF 在复杂地形条件下近场应用的适用性,得出 CALPUFF 模式能较好地模拟研究区域复杂地形的近场峰值浓度;Yao R 等利用 CALPUFF 模型预测在复杂地形和风力下的污染物影响;杨立春等利用 CALPUFF 模型及 AERMOD 模型对贵州某煤化工项目中污染因子 PM_{10}、SO_2、NO_x 浓度,验证 CALPUFF 模型在近场(大气评价范围小于 50km)复杂风场条件下具有适用性。

7.3.2.1 CALPUFF 简介

CALPUFF 模型由 CALMET 气象模块、CALPUFF 烟团扩散模块和 CALPOST 后处理模块三部分组成。CALPUFF 模式系统流程见图 7-17 所示。

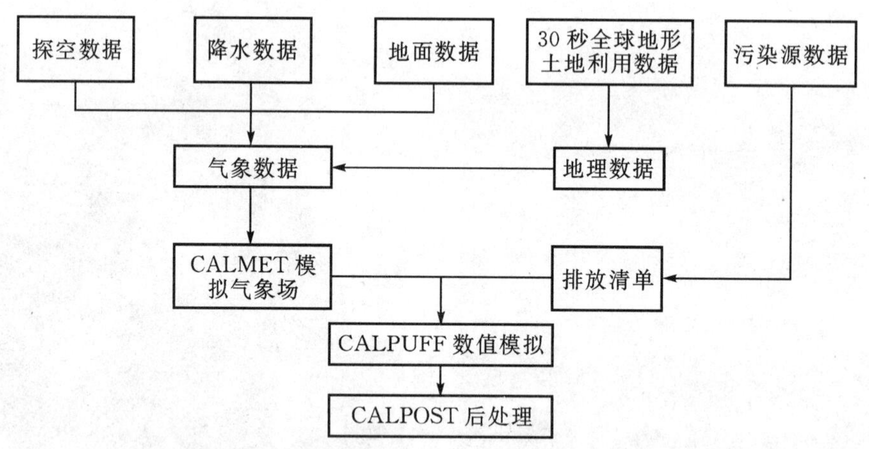

图 7-17 CALPUFF 模式系统流程

CALPUFF 是模拟非稳态条件下多层、多物种烟团或烟羽的扩散模型,可模拟随时空变化的气象条件下污染物的迁移、转化和清除的变化情况,它可以对几十米到几百公里的中尺度范围内污染源进行模拟,在模拟的过程中可以处理近距离条件下的建筑下洗、过渡性的烟羽抬升、烟羽的部分穿透、次网格地形的相互影响,同时还包含长距离传输的影响处理,如污染物的去除、化学转换、垂直风的切变作用、水上传输以及海岸的相互影响,CALPUFF 模型可用于对任意变化网格化面源和点源的排放进行处理。在不同的情况下,可根据模式的应用选择相应的计算方法。

CALPUFF 模型的优势和特点:(1)适用于从污染源开始几十米到几百千米的研究区域;(2)能模拟一些如静小风、熏烟和环流的非稳态的情况下污染物的扩散情况,还能评估二次颗粒污染物的浓度;(3)处理随时间变化的点源、面源和体源的能力,能通过选择烟片扩散或是烟团扩散的计算方法来模拟近场传输或是远距离传输的情况;(4)适用于粗糙或复杂地形情况下的模拟,并对初始猜测风场进行了动力学、坡面流参数等的分析调整;(5)加入了处理针对面源浮力抬升型扩散的功能模块;(6)适用于惰性污染物和满足线性沉降及化学转化机制的污染物。

7.3.2.2 CALMET 气象场原理

CALMET 是一个描述在三维网格模型区域上生成温度场与小时风场的气象模块，其核心部分包括陆上和水上边界层的诊断风场模块以及微气象模块。对风场进行诊断处理时，CALMET 模式将模拟所需要的常规气象观测数据或中尺度气象模式输出的气象资料通过质量守恒连续方程自动计算并生成模型计算所需要的逐时的风场、微气象参数、大气稳定度和混合层高度等的微气象场和三维风场资料。CALMET 模块在对初始猜测风场的处理过程中充分考虑了地形运动学效应调整、坡流调整、三维偏差最小化调整和阻塞效应，形成第一步的风场，然后利用诊断模式处理风场，即将观测数据导入到第一步所形成的网格风场中，通过插值、平滑处理、偏差最小化以及垂直风速的 O'Brien 调整等产生最终风场。在微气象模块中，根据参数化方法，利用地表热通量、湍流系数、地表动力通量、边界层高度和摩擦率等参数描述大气边界层结构特征。

1. 第一步风场

1)动力学地形影响

CALMET 采用 Liu and Yocke(1980)研究得到的方法对地形运动力学效应进行了参数化。笛卡儿坐标系的风速垂直分量 W，按式(7.6)～(7.8)计算：

$$W = (V \cdot \nabla h_t)\exp(-kz) \tag{7.6}$$

$$k = \frac{N}{|N|} \tag{7.7}$$

$$N = \left[\left(\frac{g}{\theta}\right)\frac{\mathrm{d}\theta}{\mathrm{d}z}\right]^{\frac{1}{2}} \tag{7.8}$$

V——区域平均风速，m/s；

h_t—地形高度，m；

k——大气稳定度幂指数；

z——垂直坐标；

N——地面到用户输入的高度“ZUPT”的 Brunt Vaisala 频数；

θ——位温，K；

g——重力加速度，m/s；

$|N|$——区域平均风速，m/s。

2)倾斜气流

CALMET 使用经验方法考虑了复杂地形的倾斜气流尺度。把倾斜气流模拟到第一步网格风场后，形成了调整后第一步风场的风矢量。

$$u'_1 = u_1 + u_s \tag{7.9}$$

$$v'_1 = v_1 + v_s \tag{7.10}$$

u_1, v_1——考虑倾斜气流前，第一步风场的风速，m/s；

u_s, v_s——倾斜气流风速，m/s；

u'_1, v'_1——考虑倾斜气流后，第一步风场的风速，m/s。

3)阻塞效应

地形应用局地 Froude 数对风场的热动力闭合进行了参数化。计算每个网格点的 Froude 数。如果 F_r 小于临界 Froude 数，且网格点的风有向上的分量，风向被调整为与地形相切；如果 F_r 大于 Froude 数，则不对风场进行调整。

$$F_r = \frac{V}{N\Delta h_t} \tag{7.11}$$

$$\Delta h_t = (h_{max})_{ij} - (z)_{ijk} \tag{7.12}$$

F_r——局地佛罗德数(Froude 数)；

V——网格点的风速，m/s；

N——Brunt Vaisala 频数；

h_t——障碍物的有效高度，m；

$(h_{max})_{ij}$——网格点(i,j)的影响半径内的最大地形高度，m；

$(z)_{ijk}$——网格点(i,j)的最打高度，m。

2. 第二步风场的形成

1)内插和外推

根据已有的气象观测资料在每个网格点处进行内插和外推。第一步风场按如下方法进行差值处理。

$$(u,v)'_2 = \frac{\dfrac{(u,v)'_1}{R^2} + \sum_k \dfrac{(u_{obs},v_{obs})_k}{R_k^2}}{\dfrac{1}{R^2} + \sum_k \dfrac{1}{R_k{}^2}} \tag{7.13}$$

$(u_{obs},v_{obs})_k$——地面站 k 的观测风速，m/s；

$(u,v)'_1$——网格点的第一步风速，m/s；

$(u,v)'_2$——网格点第二步风速，m/s；

R_k——观测站 k 到网格点的距离，m；

R——用户指定的第一步风场的加权参数。

风速垂直外推由式(7.14)求得。

$$u_z = u_m(z/z_m)^p \tag{7.14}$$

z—— 网格中点高度，m；

z_m——地面观测点的观测高度，m；

u_z——在高度 z 处的风速 u 分量，m/s；

u_m——观测的风速 u 分量，m/s；

p——风速廓线指数，详细见表 7 - 14。

2)平滑处理

平滑处理主要用于解决风场的不连续性问题，平滑处理的公式为：

$$(u,v)''_2 = 0.5u_{i,j} + 0.125(u_{i-1,j} + u_{i+1,j} + u_{i,j-1} + u_{i,j+1}) \tag{7.15}$$

$(u,v)''_2$——在网格点(i,j)，经平滑处理后的风速，m/s；

$u_{i,j}$——平滑处理前风速，m/s。

表 7-14　不同稳定度条件下风速廓线指数

稳定度级别	农村指数	城市指数
A	0.07	0.15
B	0.07	0.15
C	0.10	0.20
D	0.15	0.25
E	0.35	0.30
F	0.35	0.30

3)垂直风速的 O'Brien 调整

在 CALMET 有两种方法计算垂直风速。一种方法是通过不压缩质量守恒方程从平滑过的水平风场分量中直接计算出垂直速度;另一种方法为通过调整垂直速度廓线而使模型区域顶部的值为零,然后,风场水平分量再被调整到与新的垂直速度场保持质量的相容性。不可压缩流体的质量守恒方程为

$$\frac{du''}{dx}+\frac{dv'}{dy}+\frac{dw_1}{dz}=0 \tag{7.16}$$

w_1——地形追踪坐标系下,风速垂直分量,m/s;

u'',v'——平滑处理后的风速,m/s。

O'Brien 调整方程为

$$w_2(z)=w_1(z)-(x/z_{top})w_1(z=z_{top}) \tag{7.17}$$

4)散度最小化

在 CALMET,通过迭代调整风场的分量,在垂直风场不变的情况下,使得在计算网格点处的偏差值小于用户设定的最大偏差值 ε,即

$$\frac{du}{dx}+\frac{dv}{dy}+\frac{dw}{dz}<\varepsilon \tag{7.18}$$

点(i,j,k)的散度 Dijk 表示为

$$D_{ijk}=\frac{w_{i,j,k+1/2}+w_{i,j,k-1/2}}{z_{k+1/2}-z_{k-1/2}}+\frac{u_{i+1,j,k}-u_{i-1,j,k}}{2\Delta x}+\frac{v_{i,j+1,k}-v_{i,j-1,k}}{2\Delta y} \tag{7.19}$$

Δx,Δy——网格边长。

散度最小化过程为:

$$(u_{new})_{i+1,j,k}=u_{i+1,j,k}+u_{adj} \tag{7.20}$$

$$(u_{new})_{i-1,j,k}=u_{i-1,j,k}+u_{adj} \tag{7.21}$$

$$v_{adj}=\frac{-D_{ijk}\Delta y}{2} \tag{7.22}$$

$$(v_{new})_{i,j-1,k}=v_{i,j-1,k}+v_{adj} \tag{7.23}$$

$$u_{adj}=\frac{-D_{ijk}\Delta x}{2} \tag{7.24}$$

$$v_{adj}=\frac{-D_{ijk}\Delta y}{2} \tag{7.25}$$

7.3.2.3 CALPUFF 扩散模式原理

在烟羽扩散模型中，经常把烟羽看作是由许多烟团组成的，假设在一定的时间内这些烟团是被定格住的，此时烟团体积浓度可以通过公式计算。

(1)积分烟团采样函数方程

单个烟团在某个受体点的体积浓度贡献的基本方程为

$$c = \frac{Q}{2_{\pi\sigma x\sigma y}} \cdot g \cdot \exp\left[\frac{-d_a^2}{(2\sigma^2)}\right]\exp\left[\frac{-d_c^2}{(2\sigma^2)}\right] \tag{7.26}$$

$$g = \frac{2}{\sigma z\ \sqrt{2\pi}}\sum_n \exp[-(He+2nh)^2/(2\sigma_y^2)] \tag{7.27}$$

c——地面污染物浓度，g/m^3；

Q——烟团中污染物的质量，g；

$\sum_x$—— 污染物在 X 方向(水平风向) 上高斯分布的标准差，m；

$\sum_y$—— 污染物在 Y 方向(垂直水平方向) 上高斯分布的标准差，m；

$\sum_z$—— 污染物在 Z 方向(垂直方向) 上高斯分布的标准差，m；

d_a—— X 方向上烟团中心到受体点的距离，m；

d_c ——Y 方向上烟团中心到受体点的距离，m；

g—— 高斯方程的垂直项，m；

He—— 烟团中心离地面的有效高度，m；

H—— 混合层高度，m 。

(2)烟片的计算公式

在烟片模式中，沿着风向的方向上“烟团”由包含污染物质的高斯包组成。每个烟片可以一组间距非常小并且相互叠加的烟团组成。实际上，烟片可以看作是烟团连续排放的特殊形式，并且每个烟团中都含有无限小的污染物，其中一个烟片的体积浓度可以表示为：

$$C(\mathrm{t}) = \frac{Fq}{(2\pi)^{1/2}u'\sigma_y} g\exp\left(\frac{-d_c{}^2u^2}{2\sigma_y{}^2u'^2}\right) \tag{7.28}$$

$$F = \frac{1}{2}\left[\mathrm{erf}\left(\frac{d_{a2}}{\sqrt{2}\sigma_{y2}}\right) - \mathrm{erf}\left(\frac{-d_{a1}}{\sqrt{2}\sigma_{y1}}\right)\right] \tag{7.29}$$

u——平均风速矢量(m/s)

u'——风速标量(定义为 $u'=(u_2+\sigma_v^2)^{\frac{1}{2}}$，其中 σ_v 是风速的方差)；

q——源排放速率，g/s；

F——“因果关系”函数。

slμg 模式可用来处理局地尺度大气污染，它通过把烟团拉伸的方法以更好的体现出污染源对近场的影响。slμg 描述了烟团的连续排放，假定每个烟团都含有无限小的污染物。和烟团一样，每个 slμg 都能根据局地扩散作用、烟羽的抬升作用、化学转化等影响独立发生变化，slμg 模式克服了烟团方法的间隔缺点，以确保烟羽在模拟过程中的连续性。因此烟片模式适合局地尺度，积分烟团模式适合中等尺度范围。

7.3.3 模型参数设定

1. 研究区域与时段

研究区域范围以冶炼厂中心(107.24°E,34.47°N)为参考点,向四个方向延伸10km,范围20km×20km,总面积400km^2,网格间距为0.5km×0.5km,总共40×40个网格。

2. CALMET 气象场的建立

(1)气象资料

地面气象数据采用布设在宝鸡第二热电厂招待所楼顶(107.224E,34.493N)地面观测站2012年全年的逐时气象数据,其中包括风向、风速、温度、湿度、气压、云量(低云和总云)、降水等,地面气象具体情况及地面气象特征参见第2.1节;高空气象数据采用MM5中尺度气象模拟数据,原始高空气象数据采用美国国家环境预报中心的2012年NCEP/NCAR的再分析数据,网格布设3层,由外到内的网格大小为27km、9km和3km,由外到内的网格数位50×50、55×55、52×52,范围大小依次为1822500km^2、245025km^{2}和24336km^2,其范围见图7-18,模拟高度为0~3000 m,模拟计算以美国的USGS为数据源,采用中尺度数值模式,并考虑地形高度、土地利用、陆地-水体标识、植被组成等情况。

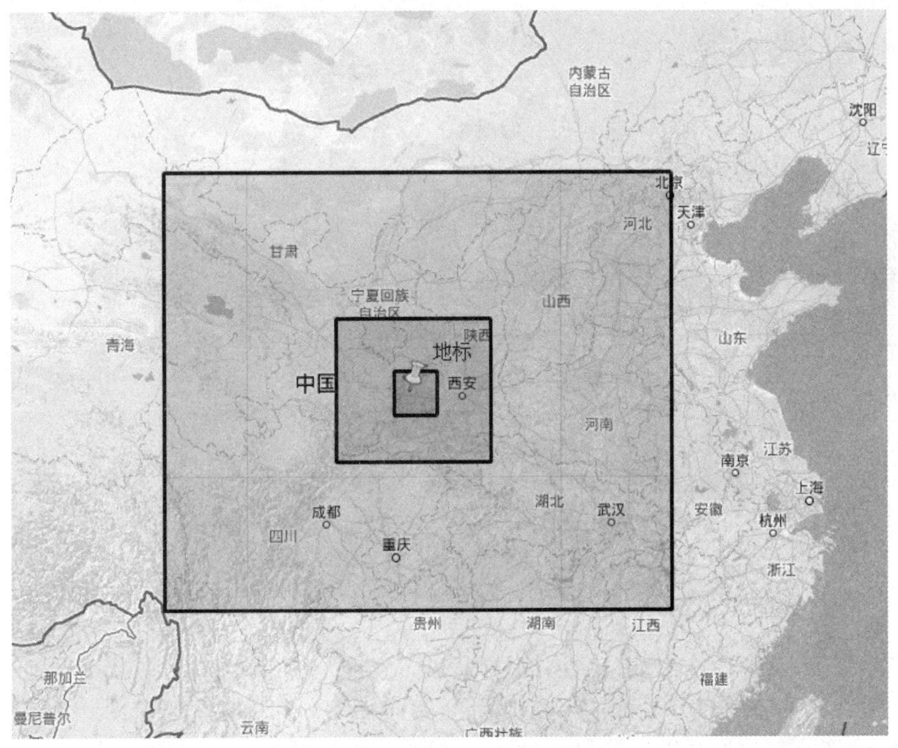

图7-18 MM5预测区域范围

(2)地理资料

CALMET 模块所必需的地理资料包括土地类型、海拔高度、地表参数(表面粗糙度、距离、反照率、波文比率、土壤热传导系数和植被区域分类)和人为热传导系数。土地类型和海拔有关的数据需要按网格输入,地表参数和人为热传导系数可以按网格输入,也可根据各网点土地类型数据通过查表得到,模式已经提供了与土地信息相关的这些参数的缺省值。

地理数据中的土地类型和海拔高度取自于 U. S. Geological Surveys EROS Data Center EROS 的全球 30 秒的数据库。为表征模拟区域地形情况,本次模拟选用中心坐标为东经 107.24°,北纬 34.47°的 50km×50km 的地形数据。模拟区域地形呈河道地形,东北西南高中间低,西北高东南低,厂址所在河道谷底区,三面环山,向东南开敞,海拔高度最大值为 1000m,最小值为 500m,模拟区域地形图见图 7-19。

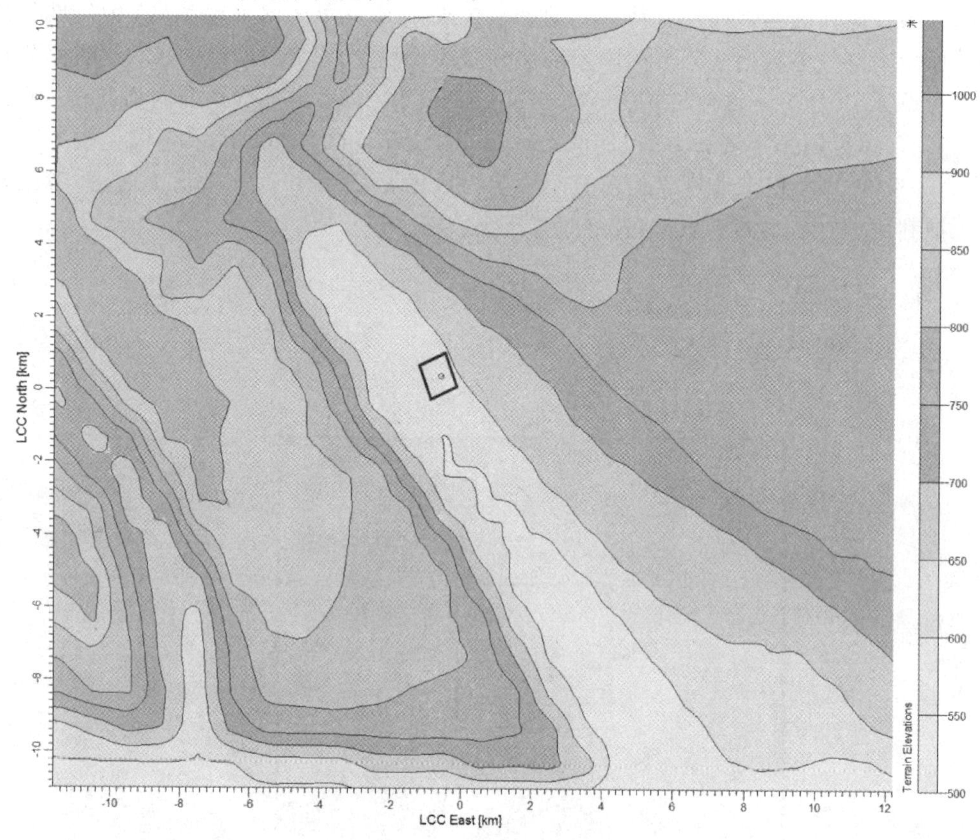

图 7-19 研究区及周边地形地势

地表粗糙度、反射率、Bowen 比、植被代码可以来自国土资源部有偿的或美国地调局免费的数据。这种数据通过 GIS 系统进行转化后,可直接使用。其中地表粗糙度、土地使用类型、植被代码、地形高程数据都以矩阵格式输入。不同土地利用类型对应的粗糙度、Bowen 比等参数见表 7-15。

表 7-15 不同用地类型的相关参数

土地使用类型	下垫面类型	地表粗糙度	反射率	Bowen 比	土壤热通量	植被代码
10	城市、建筑用地	1	0.18	1.5	0.25	0.2
20	农田(未灌溉)	0.25	0.15	1	0.15	3
−20	农田(灌溉)	0.25	0.15	0.5	0.15	3
30	牧场	0.05	0.25	1	0.15	0.5
40	森林	1	0.1	1	0.15	7
51	小流域	0.001	0.1	0	1	0
54	海湾、河口	0.001	0.1	0	1	0
55	大流域	0.001	0.1	0	1	0
60	湿地	1	0.1	0.5	0.25	2
61	森林湿地	1	0.1	0.5	0.25	2
62	非森林湿地	0.05	0.1	0.1	0.25	1
70	荒漠地带	0.2	0.3	1	0.15	0.05
80	冻土地带	0.2	0.3	0.5	0.15	0
90	终年冰雪地带		0.7	0.5	0.15	0

(3)CALMET 模块参数及模拟结果

CALMET 模块采用兰伯特投影,中心坐标原点为铅锌厂中心(107.24°E,34.47°N),水平网格距为 1km,垂直方向 10 层(0、20、40、80、160、300、600、1000、1500、2200、3000m),格点数为 50×50。输入资料使用 MM5 模型和地面气象站的输出结果。

运行 CALMET 模块,输入经过修正处理的模拟区域地形文件、土地利用数据、地面(高空)气象数据,运行得到 2012 年全年共 8760 小时逐时的三维风场,作为 CALPUFF 模型的气象条件输入接口。由此可以获得上述研究区域的时变 10 层模拟气象场。

7.3.4 CALPUFF 预测模块参数

CALPUFF 版本为 Version 6.0,模拟污染物为铅,不考虑铅颗粒物的化学反应但考虑其干沉降和湿沉降。模拟区域采用兰伯特投影,中心坐标原点为铅锌厂中心(107.24°E,34.47°N),水平网格距为 0.5km,垂直方向 10 层(0、20、40、80、160、300、600、1000、1500、2200、3000 m),格点数为 40×40。输入资料使用 CALMET 模拟的三维逐时气象场,地理数据,污染源资料包括铅颗粒物粒径分布。

7.4 模型适用性研究

为验证 CALPUFF 铅预测模型是否适用于复杂的河道低谷区,应用 2013 年污染源监测数据模拟空气质量,与同步的空气质量监测值对比,模拟降尘值于降尘监测值作对比。

7.4.1　空气质量模拟值与监测值相关性

利用 2013 年 8 月污染源监测数据，CALPUFF 预测采样期间(2013 年 8 月 9 日～8 月 14 日)的铅空气质量平均浓度，并与同步的空气质量现状作对比，预测结果详见表 7-16，预测结果与监测结果相关性见图 7-20，由图可见，预测结果与监测结果的 R^2 为 0.9273，相关直线的斜率 0.64，说明空气模拟浓度与监测浓度相差不大，用 CALPUFF 空气质量预测可以很好的模拟铅锌厂周围 Pb 空气质量状况。

表 7-16　铅空气质量预测值与监测值对比表

序号	位置		地址	模拟值(μg/(m² · s))			监测值
	X	Y		电厂	铅锌	合计	μg/(m² · s)
1	0.501	−0.892	王家沟	1.77E−04	3.16E−01	0.317	0.502
2	1.163	−1.700	李家沟	1.78E−04	2.78E−01	0.278	0.405
3	1.726	−2.462	高嘴头村	1.76E−04	2.09E−01	0.209	0.189
4	4.274	7.995	大槐社村	7.96E−04	4.42E−04	0.001	0.018
5	−2.315	15.796	王家坳村	1.17E−02	3.60E−03	0.015	0.014
6	−0.892	0.476	厂界下风向 1	1.83E−04	4.71E+00	4.713	4.609
7	−0.654	0.622	厂界下风向 2	1.84E−04	7.30E+00	7.303	7.416

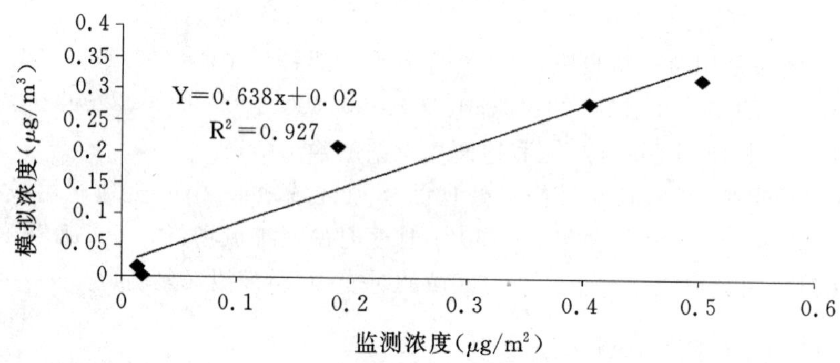

图 7-20　空气质量模拟值与监测值散点图

7.4.2　降尘模拟值与监测值相关性

利用 CALPUFF 预测第一次降尘采样期间(2012 年 11 月 20 日～12 月 25 日)的铅沉降，预测结果详见表 7-17，预测结果与监测结果相关性见图 7-21，由图可见，预测结果与监测结果的 R^2 为 0.510，说明降尘模拟值与监测值有一定的相关性，相关直线的斜率为 6.478，说明预测浓度普遍偏小，这可能与企业存在非正常排放有关。

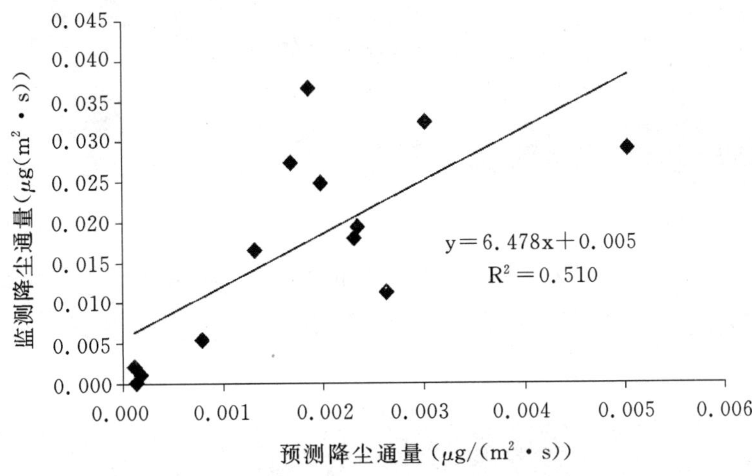

图 7－21　降尘模拟值与监测值散点图

表 7－17　铅降尘通量预测值与监测值对比表

序号	位置		地址	模拟值（μg/(m²·s)）			监测值
	X	Y		电厂	铅锌	合计	μg/(m²·s)
1	1.877	－2.239	高咀头小学	6.28E－06	1.97E－03	0.0020	0.0249
2	－1.365	2.699	宝二电招待所	2.53E－05	7.58E－04	0.0008	0.0055
3	－2.142	4.175	长青村六组	1.77E－06	1.74E－04	0.0002	0.0011
4	－0.497	1.528	罗钵寺村村委会	9.39E－06	2.30E－03	0.0023	0.0181
5	0.536	－0.57	火车站	1.14E－05	5.02E－03	0.0050	0.0292
6	2.753	－3.705	产西明德小学	5.25E－06	2.63E－03	0.0026	0.0113
7	－2.713	－3.354	贾村镇光复村十队	8.99E－06	1.21E－04	0.0001	0.0002
8	2.229	－2.766	产西一组	6.01E－06	2.34E－03	0.0023	0.0195
9	2.326	－2.619	高咀头村三组	6.19E－06	1.31E－03	0.0013	0.0166
10	1.065	－1.229	马道口村四组	8.49E－06	3.01E－03	0.0030	0.0324
11	1.283	－0.859	马道口村二组	8.44E－06	1.67E－03	0.0017	0.0274
12	1.172	－1.124	马道口村一组	8.11E－06	1.85E－03	0.0019	0.0367
13	2.538	1.375	陈村镇东街五组 51 号	3.18E－06	1.05E－04	0.0001	0.0021
			平均值	8.37E－06	1.79E－03	0.0018	0.0173

7.5　环境影响的预测

7.5.1　电厂环境影响预测

1. 环境空气影响分析

由预测计算结果(图 7 - 22)可知，电厂源造成的 Pb 年平均空气浓度贡献范围为 0.002～0.032μg/m³，平均值 0.005μg/m³，最大值占相对标准的 3.2%，最大值出现在电厂西北方向 10.5km 附近。

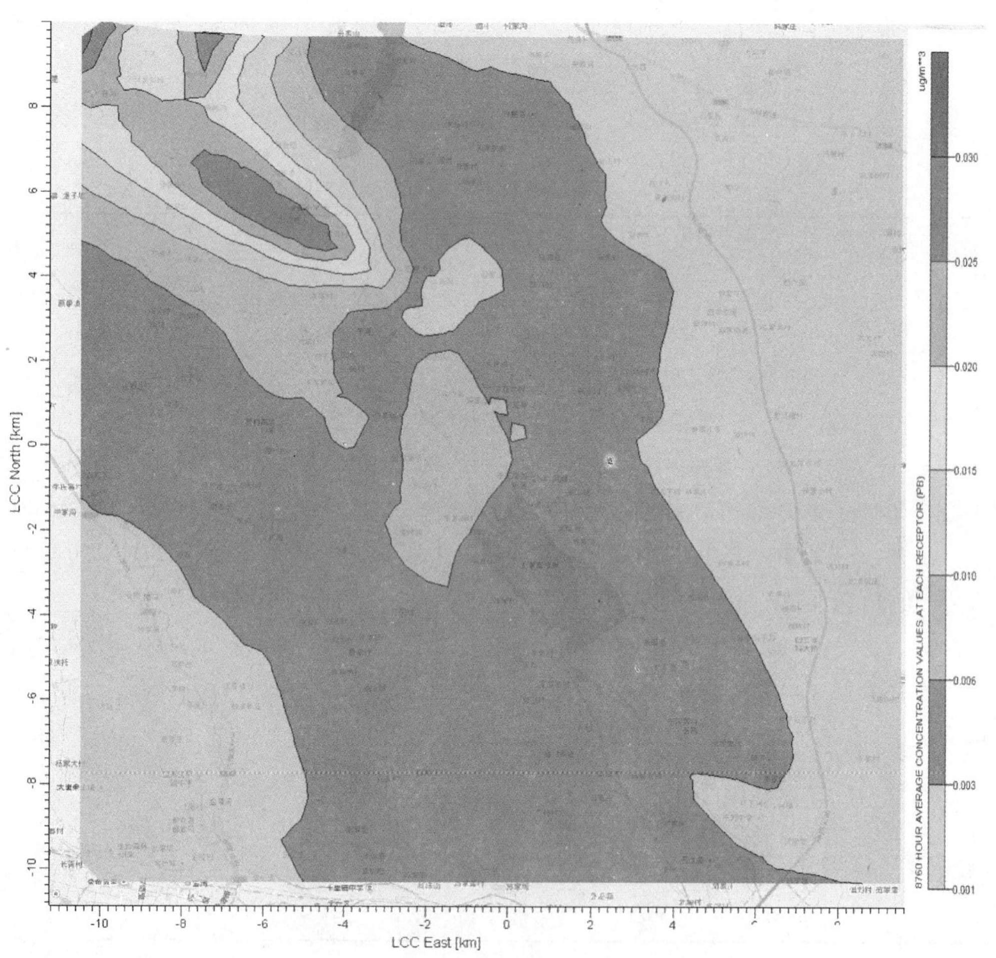

图 7 - 22　电厂环境空气贡献分布

2. 大气降尘预测分析

由预测计算结果(图 7－23)可知,电厂源造成的 Pb 年降尘浓度范围为 0.3～149.0mg/(m^2 · a),平均值 3.895 mg/(m^2 · a),最大值出现在电厂西北方向 0.5km 附近。

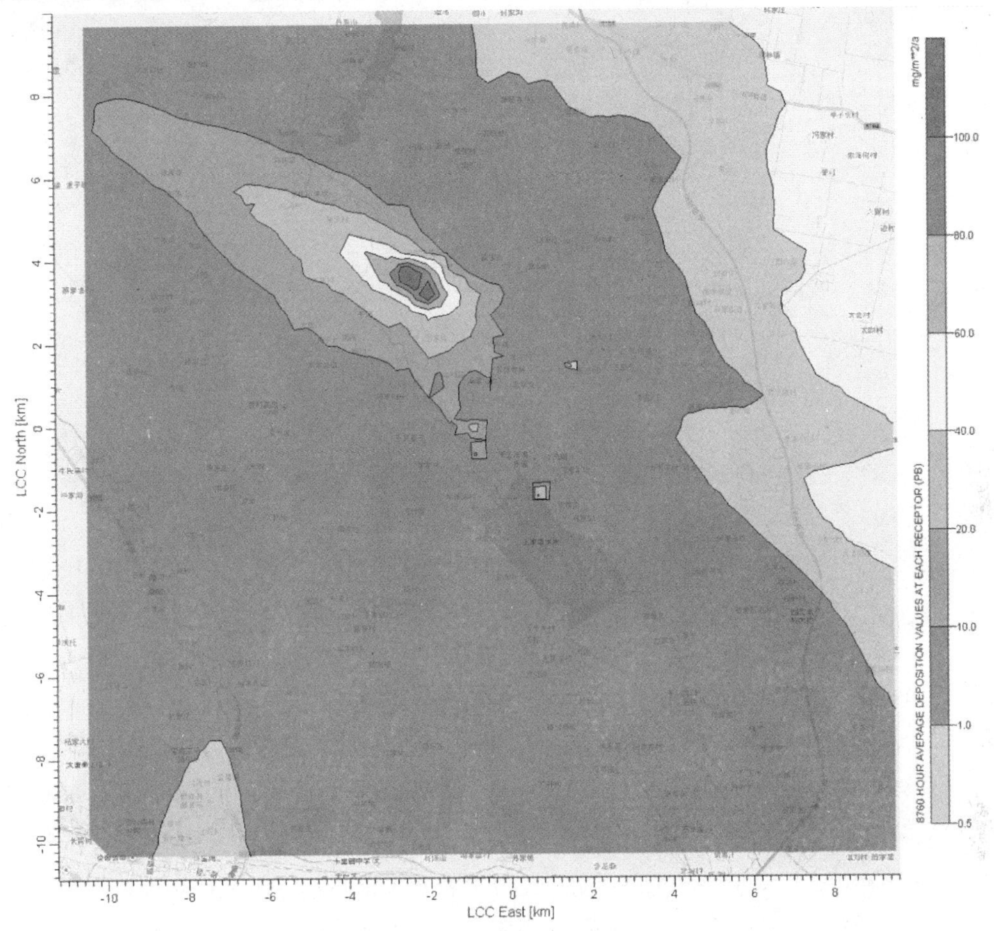

图 7－23 电厂年降尘体积浓度贡献分布

7.5.2 铅锌冶炼厂环境影响预测

根据降尘的监测与模拟结果对比,推断企业可能存在非正常工况的污染物排放,根据实际情况,设定了 3 种情境进行铅锌厂污染物排放估算。

(1)方案一,铅锌厂污染物排放量按照现有的监测数据计算,污染源的具体排放参数参见表 7－18 和表 7－19。

电厂排放特征:裴冰在 2013 年《燃煤电厂烟尘铅排放状况外场实测研究》文章中,使用日本 Toyo Roshi Kaisha 公司滤筒并遵循国家标准《固定污染源排气中颗粒物测定与气态污染物采样方法》(GB/T16157－1996)及行业规范《固定源废气监测技术规范》(HJ/T397－2007)要求,选取 30 台燃煤电厂锅炉开展燃料铅含量及烟尘铅排放浓度的系列外场测试,具体结果见表 7－18。

表 7-18　测试电厂烟尘铅排放体积浓度、排放因子及燃煤铅含量

序号	机组容量/MW	Pb 排放体积浓度/(mg/m^3)	Pb 排放因子/(g/h)	空气污染控制设施	氧气体积浓度/(%)	负荷/(%)	燃煤铅含量/(mg/kg)
1	600	0.0422	0.2839	ESP+WFGD	5.3	94.4	5.68
2	600	0.0320	0.2687	ESP+WFGD	5.2	96.7	5.37
3	600	0.0065	0.0552	ESP+WFGD	4.8	91.2	5.52
4	300	0.255	0.2313	ESP+WFGD	7.2	100	23.13
5	300	0.0060	0.0652	ESP+WFGD	8.2	84.4	6.52
6	300	0.0111	0.0920	ESP+WFGD	7.2	100	9.20
7	300	0.0365	0.2711	ESP+WFGD	6.0	100	27.11
8	300	0.0082	0.0759	ESP+WFGD	6.2	100	7.59
9	300	0.0048	0.0412	ESP+WFGD	5.1	100	5.88
10	300	0.0021	0.0177	ESP+WFGD	5.2	100	17.73
11	1000	0.0014	0.0134	ESP+WFGD	5.0	96.3	6.70
12	1000	0.0073	0.0681	ESP+WFGD+SCR	4.2	100	6.81
13	900	0.0018	0.0207	ESP+WFGD	4.7	98.6	10.33
14	375	0.0063	0.0207	ESP+WFGD	5.2	88.6	4.14
15	300	0.0012	0.0081	ESP+WFGD	6.6	100	8.13
16	300	0.0037	0.0315	ESP+WFGD	5.4	100	6.31
17	300	0.0027	0.0182	ESP+WFGD	7.2	94.0	18.17
18	300	0.0080	0.0532	ESP+WFGD	5.9	88.0	5.32
19	300	0.0050	0.0398	ESP+WFGD	6.0	86.0	6.64
20	300	0.0042	0.0336	ESP+WFGD	6.5	75.0	5.59
21	600	0.0037	0.0304	ESP+WFGD+SCR	4.9	84.0	5.07
22	600	0.0014	0.0130	ESP+WFGD+SCR	5.5	76.0	12.95
23	1000	0.0045	0.0363	ESP+WFGD+SCR	4.1	97.3	6.06
24	12	0.0021	0.0206	ESP+WFGD	4.7	89.3	5.15
25	12	0.0020	0.0158	ESP+WFGD	5.7	96.0	3.16
26	12	0.0013	0.0106	ESP+WFGD	8.9	77.3	10.58
27	12	0.0025	0.0151	ESP+WFGD	3.1	78.7	3.01
28	1000	0.0041	0.0384	ESP+WFGD	4.8	98.2	5.69
29	300	0.0009	0.0062	ESP+WFGD	6.6	100	5.73
30	300	0.0049	0.0344	ESP+WFGD	6.8	100	5.73
平均值		0.0081	0.0643				8.50
标准差		0.0110	0.0830				5.78

根据电厂机组容量 180 万 kW，燃煤铅含量 26 mg/kg，从表 7－18 中可以看出，电厂与 7 号锅炉情况接近，电厂燃烧 1t 煤，排放到大气中的铅为 0.2711g 左右，本研究参考这一数值。电厂年均燃煤大约 405 万吨，铅排放量为

$$\frac{405\times10000\times0.2711}{8760\times1000}=0.125(\mathrm{kg/h})$$

铅锌冶炼有组织源强特征分析

本课题对铅锌冶炼的大气污染物排放源包括烧结机头除尘后、熔炼通风收尘除尘后、电解铅除尘后、精矿干燥除尘后和烧结机尾除尘后 5 个点位进行监测。其余有组织排放点的数据引用“某铅锌冶炼有限公司 ISP 冶炼工程环境影响后评估报告”中大气污染物排放源的监测数据。项目有组织源平均大气污染物具体情况分析见表 7－19。

表 7－19　冶炼及周边主要有组织排铅污染源表

编号	名称	海拔/m	源高/m	内径/m	烟速/$\mathrm{m\cdot s^{-1}}$	烟气温度/K	排放速度/$\mathrm{kg\cdot h^{-1}}$	位置 X/m	位置 Y/m
1	精矿干燥	634.3	20	0.8	9.86	323	0.017	−224.7	237.03
2	鼠龙破碎	633.19	15	0.85	10.2	313	0.002	−251.81	158.48
3	烧结配料	633.76	20	0.5	6.68	303	0.023	−322.28	246.85
4	烧结机头	631.86	35	1.1	4.93	326	0.007	−309.65	−172.07
5	烧结机尾	632.75	60	2.3	13	339	0.005	−427.99	225.04
6	返粉细碎	633.35	20	0.85	13.32	313	0.210	−364.75	294.86
7	中碎工段	632.97	20	0.8	10.54	318	0.034	−419.86	240.31
8	备料-转运站	634.03	20	0.8	9.53	303	0.008	−352.1	306.85
9	电解铅	630.94	60	1.5	17.45	303	0.014	−741.51	289.43
10	反射炉	629.91	60	0.7	24.88	423	0.009	−768.61	264.34
11	烟化炉	632.36	60	1.2	19.2	393	0.210	−686.39	343.97
12	熔炼通风收尘	632.32	60	2.5	6.77	328	0.005	−688.19	338.52
13	锌精馏	633.75	85	1.3	8.51	438	0.038	−618.61	453.06
14	溶剂槽	632.68	20	1.2	11.14	348	0.161	−542.73	376.69
15	熔炼备料	633.46	35	2.5	8.86	314	0.005	−467.74	367.95
16	烟尘输送系统（熔炼系统）	632.21	18	0.3	15.54	316	0.279	−789.93	400.53
17	制酸尾气	632.3	120	1.5	20.16	299	0.001	−189.47	10.11
18	宝二电	662	240	10	8	353	0.085	−1830.81	3319.31

(2)方案二，铅锌厂污染物排放量参照环评，根据国内相关研究得出的排污系数计算，具体排放参数见表 7－20。

(3)方案三，铅锌厂污染物排放量按照降尘反推污染源，考虑到企业存在非正常排放，具体排放参数见表 7－21。

表 7-20 铅锌厂污染物排放信息(排污系数法)

编号	名称	海拔 /m	源高 /m	内径 /m	烟速 /m·s^{-1}	烟气温度 /K	排放速度 /kg·h^{-1}	位置 X /m	位置 Y /m
1	精矿干燥	634.30	20.00	0.80	9.86	323.00	0.02	−224.70	237.03
2	鼠龙破碎	633.19	15.00	0.85	10.20	313.00	0.00	−251.81	158.48
3	烧结配料	633.76	20.00	0.50	6.68	303.00	0.02	−322.28	246.85
4	烧结机头	631.86	35.00	1.10	4.93	326.00	0.01	−309.65	−172.07
5	烧结机尾	632.75	60.00	2.30	13.00	339.00	0.01	−427.99	225.04
6	返粉细碎	633.35	20.00	0.85	13.32	313.00	0.21	−364.75	294.86
7	中碎工段	632.97	20.00	0.80	10.54	318.00	0.03	−419.86	240.31
8	备料转运站	634.03	20.00	0.80	9.53	303.00	0.01	−352.10	306.85
9	电解铅	630.94	60.00	1.50	17.45	303.00	0.01	−741.51	289.43
10	反射炉	629.91	60.00	0.70	24.88	423.00	0.01	−768.61	264.34
11	烟化炉	632.36	60.00	1.20	19.20	393.00	0.21	−686.39	343.97
12	熔炼通风收尘	632.32	60.00	2.50	6.77	328.00	0.01	−688.19	338.52
13	锌精馏	633.75	85.00	1.30	8.51	438.00	0.04	−618.61	453.06
14	溶剂槽	632.68	20.00	1.20	11.14	348.00	0.16	−542.73	376.69
15	熔炼备料	633.46	35.00	2.50	8.86	314.00	0.01	−467.74	367.95
16	烟尘输送系统（熔炼系统）	632.21	18.00	0.30	15.54	316.00	0.28	−789.93	400.53
17	制酸尾气	632.30	120.00	1.50	20.16	299.00	0.00	−189.47	10.11
18	冶炼无组织	630.21	15.00	/	/	/	0.18	/	/

表 7-21 铅锌厂污染物排放信息(降尘反推法)

编号	名称	海拔 /m	源高 /m	内径 /m	烟速 /m·s^{-1}	烟气温度 /K	排放速度 /kg·h^{-1}	位置 X /m	位置 Y /m
1	精矿干燥	634.30	20.00	0.80	9.86	323.00	0.069	−224.70	237.03
2	鼠龙破碎	633.19	15.00	0.85	10.20	313.00	0.021	−251.81	158.48
3	烧结配料	633.76	20.00	0.50	6.68	303.00	0.051	−322.28	246.85
4	烧结机头	631.86	35.00	1.10	4.93	326.00	0.0255	−309.65	−172.07
5	烧结机尾	632.75	60.00	2.30	13.00	339.00	0.63	−427.99	225.04
6	返粉细碎	633.35	20.00	0.85	13.32	313.00	0.0138	−364.75	294.86
7	中碎工段	632.97	20.00	0.80	10.54	318.00	0.63	−419.86	240.31
8	备料-转运站	634.03	20.00	0.80	9.53	303.00	0.1011	−352.10	306.85
9	电解铅	630.94	60.00	1.50	17.45	303.00	0.0237	−741.51	289.43
10	反射炉	629.91	60.00	0.70	24.88	423.00	0.015	−768.61	264.34
11	烟化炉	632.36	60.00	1.20	19.20	393.00	0.114	−686.39	343.97
12	熔炼通风收尘	632.32	60.00	2.50	6.77	328.00	0.483	−688.19	338.52
13	锌精馏	633.75	85.00	1.30	8.51	438.00	0.0135	−618.61	453.06
14	溶剂槽	632.68	20.00	1.20	11.14	348.00	0.042	−542.73	376.69
15	熔炼备料	633.46	35.00	2.50	8.86	314.00	0.8376	−467.74	367.95

续表

编号	名称	海拔 /m	源高 /m	内径 /m	烟速 /m·s^{-1}	烟气温度 /K	排放速度 /kg·h^{-1}	位置 X /m	位置 Y /m
16	烟尘输送系统（熔炼系统）	632.21	18.00	0.30	15.54	316.00	0.0039	−789.93	400.53
17	制酸尾气	632.30	120.00	1.50	20.16	299.00	0.0051	−189.47	10.11
18	冶炼无组织	630.21	15.00	/	/	/	10.7	/	/

7.5.2.1　方案一环境影响预测

1. 环境空气影响分析

由预测计算结果（图 7－24）可知，铅锌厂源（监测）造成的 Pb 周围年平均空气体积浓度贡献范围为 0.0005～4.1μg/m^3，平均值 0.044μg/m^3，超标面积 2.5km^2，最大值超过相对标准的 3.1 倍，最大值出现在铅锌厂西北方向 0.5km 附近。

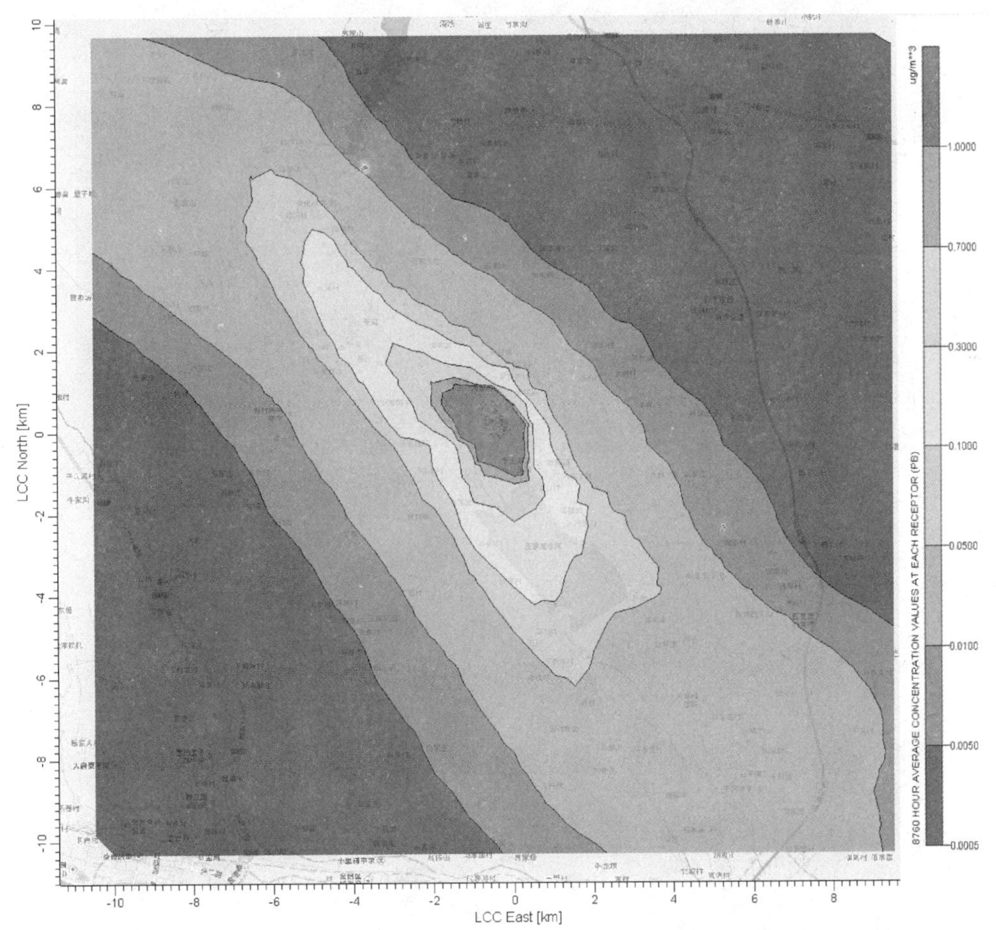

图 7－24　铅锌厂环境空气贡献分布图（监测源）

2. 大气降尘预测分析

由预测计算结果(图 7-25)可知,铅锌源造成的周围 Pb 年降尘体积浓度范围为 0.33～6670 mg/(m^2 · a),平均值 57.92 mg/(m^2 · a),最大值出现在铅锌厂西北方向 0.5km 附近。

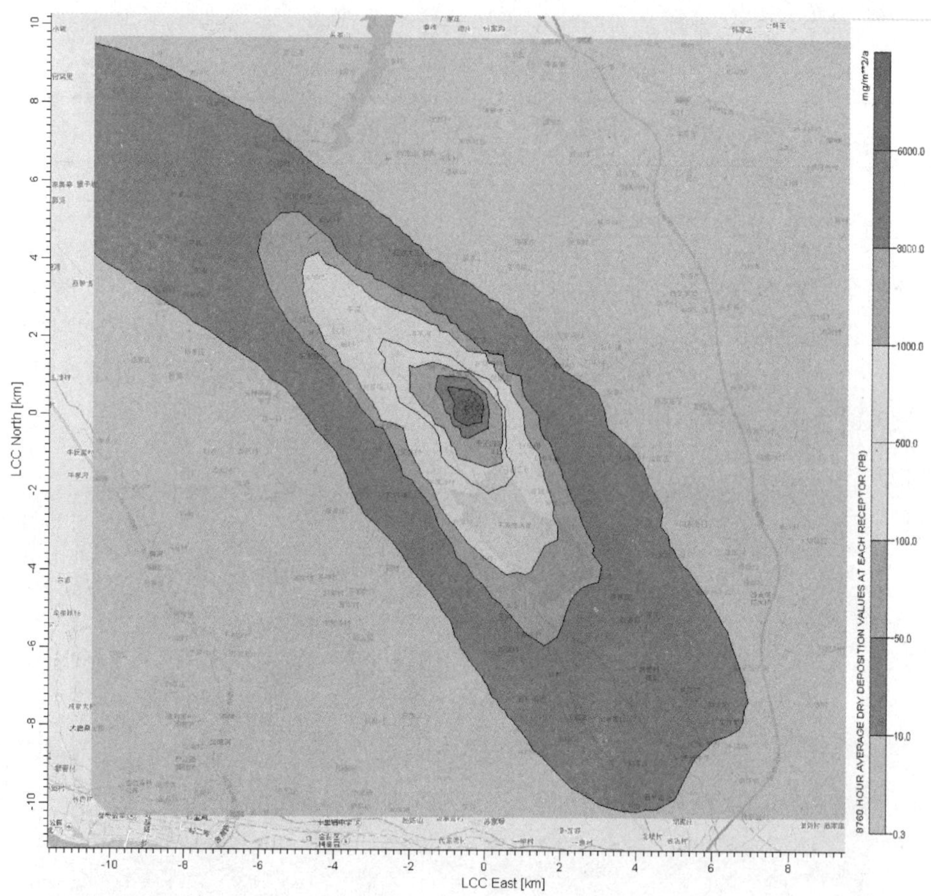

图 7-25　铅锌厂年降尘体积浓度贡献分布图(监测源)

7.5.2.2　方案二环境影响预测

1. 环境空气影响分析

由预测计算结果(图 7-26)可知,铅锌源(环评源)造成的 Pb 周围年平均空气浓度贡献范围为 0.0015～1.2μg/m^3,平均值 0.032μg/m^3,超标面积 0.25km^2,最大值超过相对标准的0.2倍,最大值出现在铅锌厂西北方向0.5km附近。

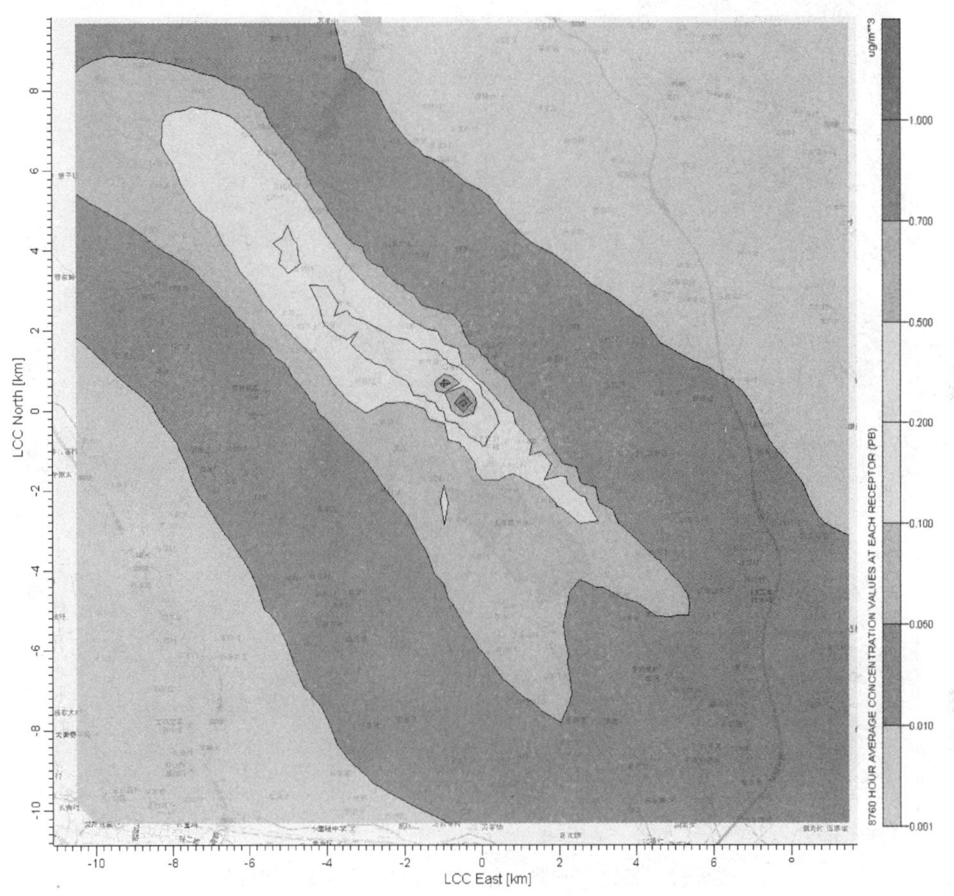

图 7-26　铅锌厂环境空气贡献分布图(环评源)

2. 大气降尘预测分析

由预测计算结果(图 7－27)可知,铅锌源(环评源)造成的 Pb 年降尘浓度范围为 0.17～669.00 mg/(m^2·a),平均值 8.05 mg/(m^2·a),最大值出现在铅锌厂西北方向 0.5km 附近。

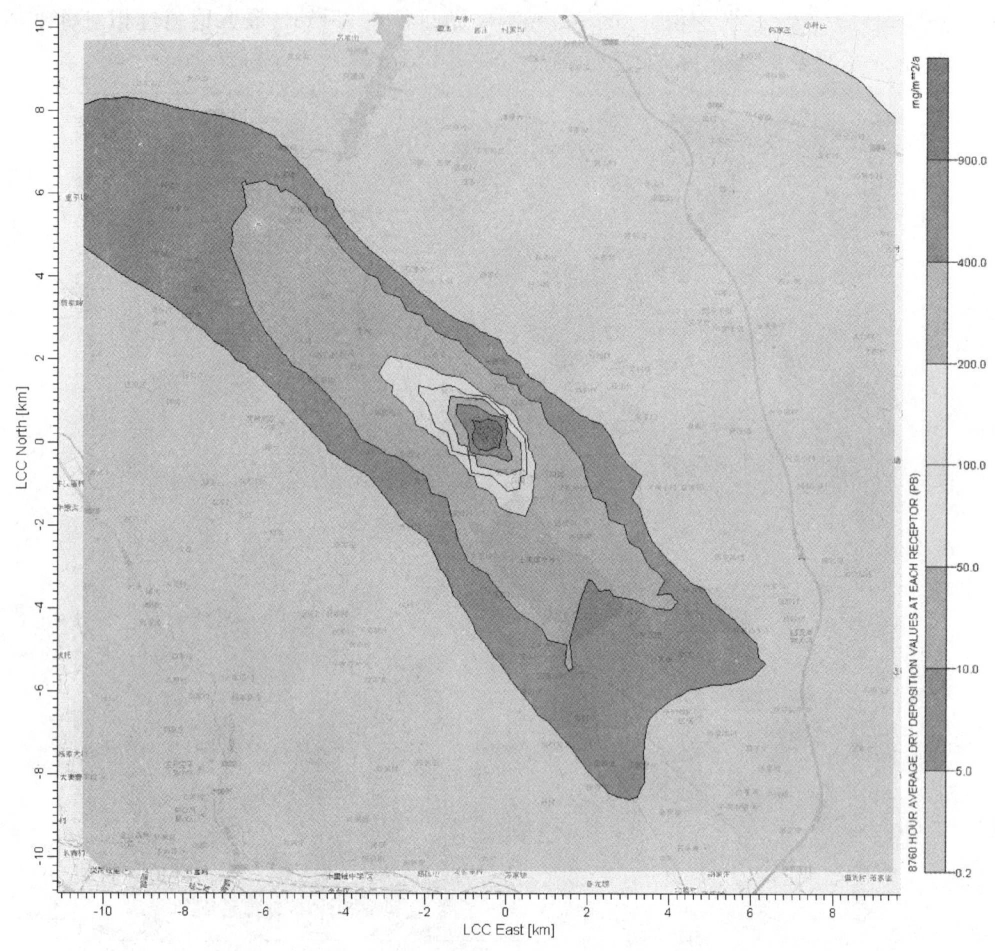

图 7－27　铅锌厂年降尘体积浓度贡献分布图(环评源)

7.5.2.3 方案三环境影响预测

1. 环境空气影响分析

由预测计算结果(图 7-28)可知,铅锌源(反推法)造成的 Pb 周围年平均空气浓度贡献范围为 0.0001～8.17μg/m^3,平均值 0.075μg/m^3,超标面积 3.25km^2,最大值超过相对标准的 6.17 倍,最大值出现在铅锌厂西北方向 0.5m 附近。

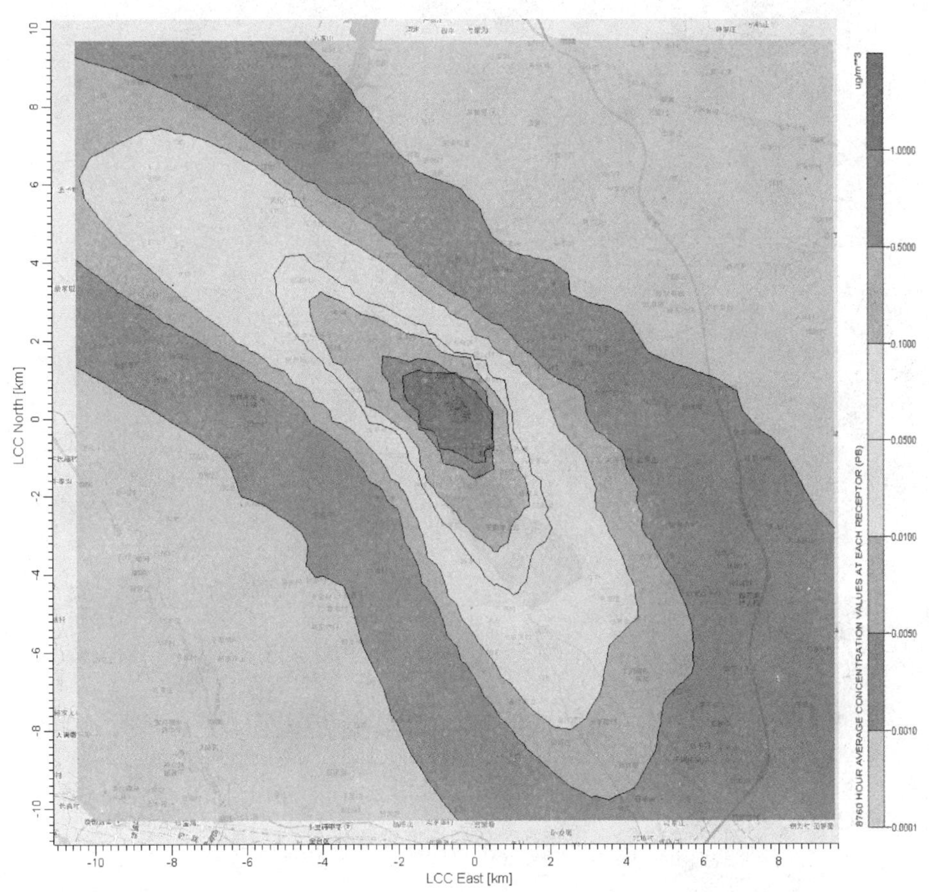

图 7-28 铅锌厂环境空气贡献分布图(反推源)

2. 大气降尘预测分析

由预测计算结果(图 7－29)可知，铅锌源(反推法)造成的 Pb 周围年降尘体积浓度范围为 0.60～27200.00 mg/(m^2·a)，平均值 242.92 mg/(m^2·a)，最大值出现在铅锌厂西北方向 0.5km附近。

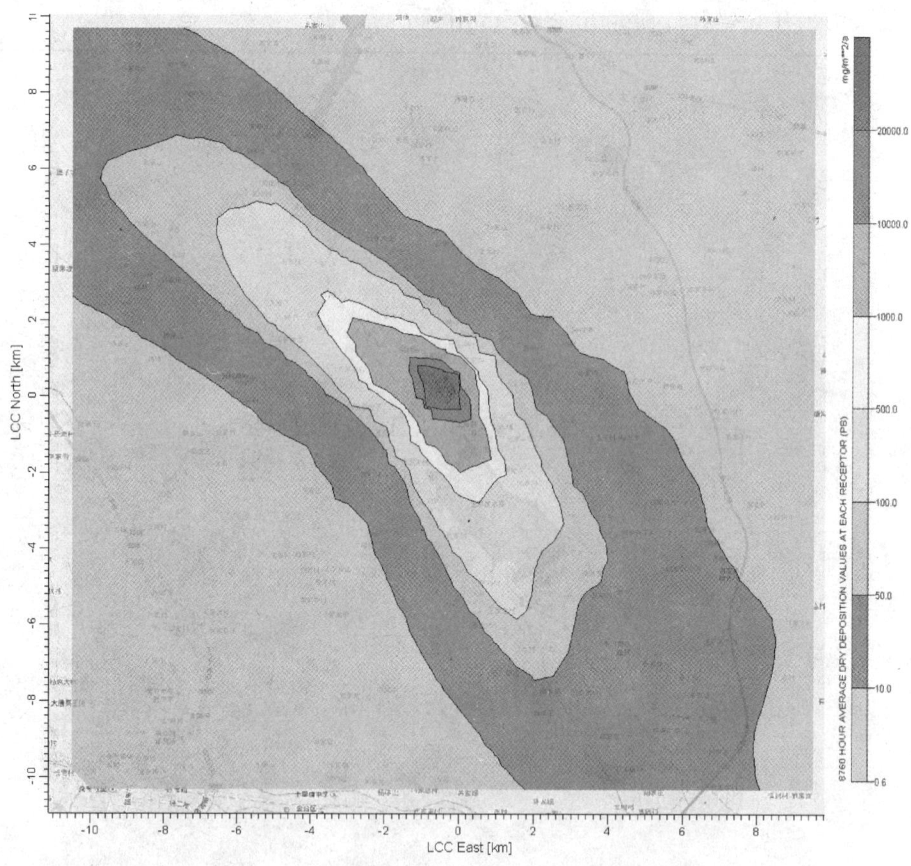

图 7－29　铅锌厂年降尘体积浓度贡献分布图(反推源)

7.5.3　防护距离确定

根据方案一现场监测的铅锌污染源和方案三考虑到企业存在非正常排放按照降尘反推污染源，计算铅锌厂对周边环境的空气和土壤累计影响。

7.5.3.1 方案一铅污染物环境防护距离

1. 铅污染物大气环境防护距离

根据模型计算的结果，春季（2～4 月）、夏季（5～7 月）、秋季（8～10 月）和冬季（1 月、11 月、12 月）季均 Pb 浓度等值线图见图 7-30～图 7-33，为保障厂界周围居住区安全，空气质量应该到达《环境空气质量标准（GB3095－2012）》二级环境质量标准规定的 Pb 年和季均浓度二级环境质量标准 $1\mu g/m^3$ 和 $0.5\mu g/m^3$，超过标准的区域用红色表示。结合现状 Pb 浓度模拟结论，确定评价区域内浓度高于标准的区域均为卫生防护距离范围之内，详细计算结果见表 7-22。根据 Pb 季节平均浓度预测结果，冶炼厂边界最远西北方向 2.0km 出现超标，最高超标倍数 7.8 倍，Pb 年平均体积浓度，冶炼厂边界最远西北方向 1.5km 出现超标，最高超标倍数 4.11 倍。

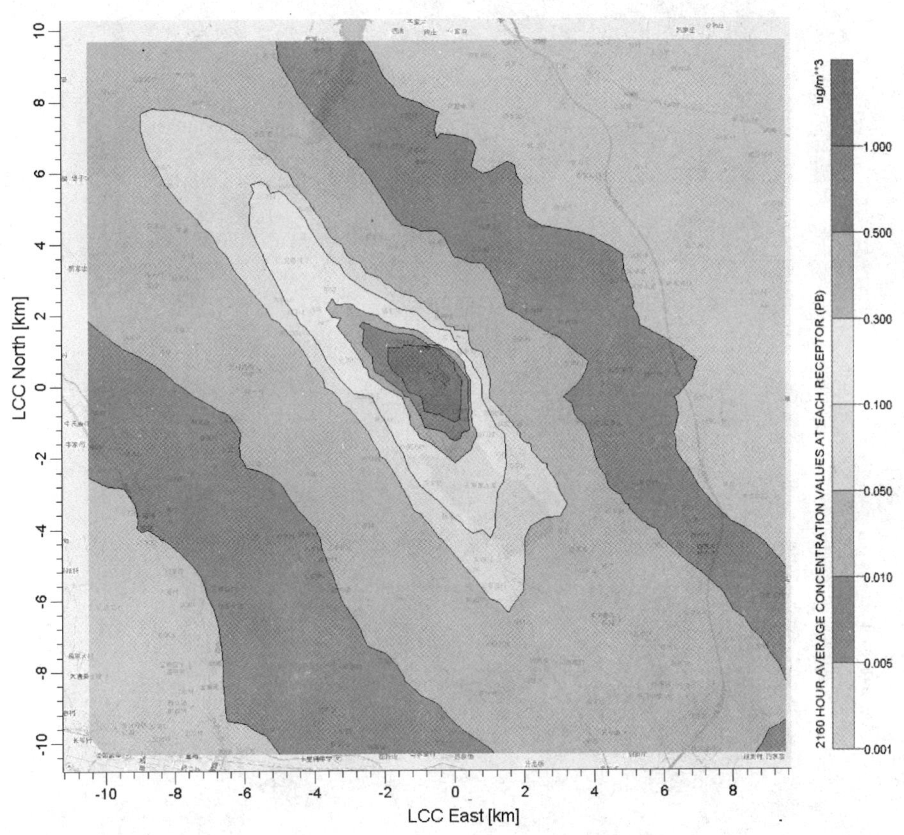

图 7-30 春季 Pb 空气质量年均体积浓度分布

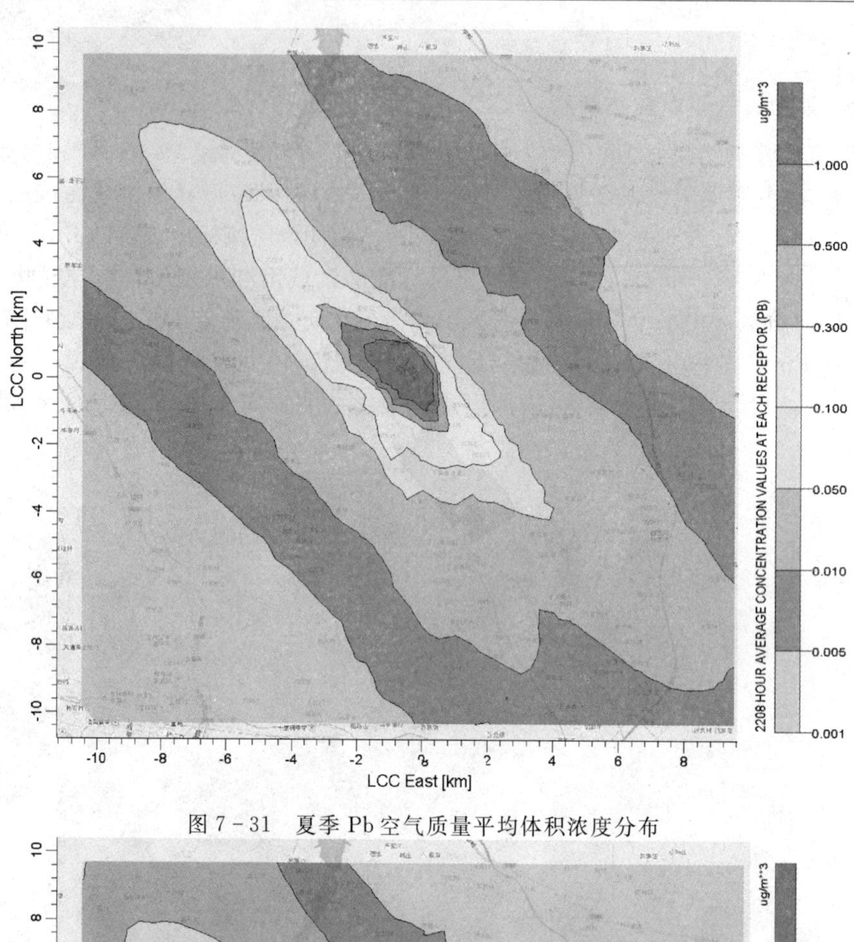

图 7-31　夏季 Pb 空气质量平均体积浓度分布

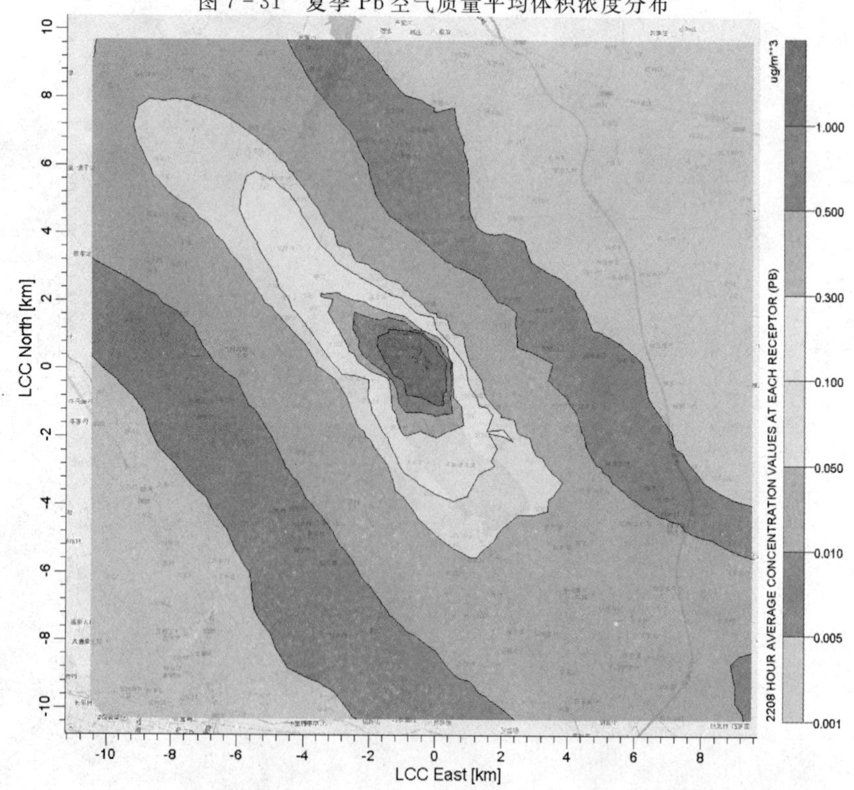

图 7-32　秋季 Pb 空气质量平均体积浓度分布

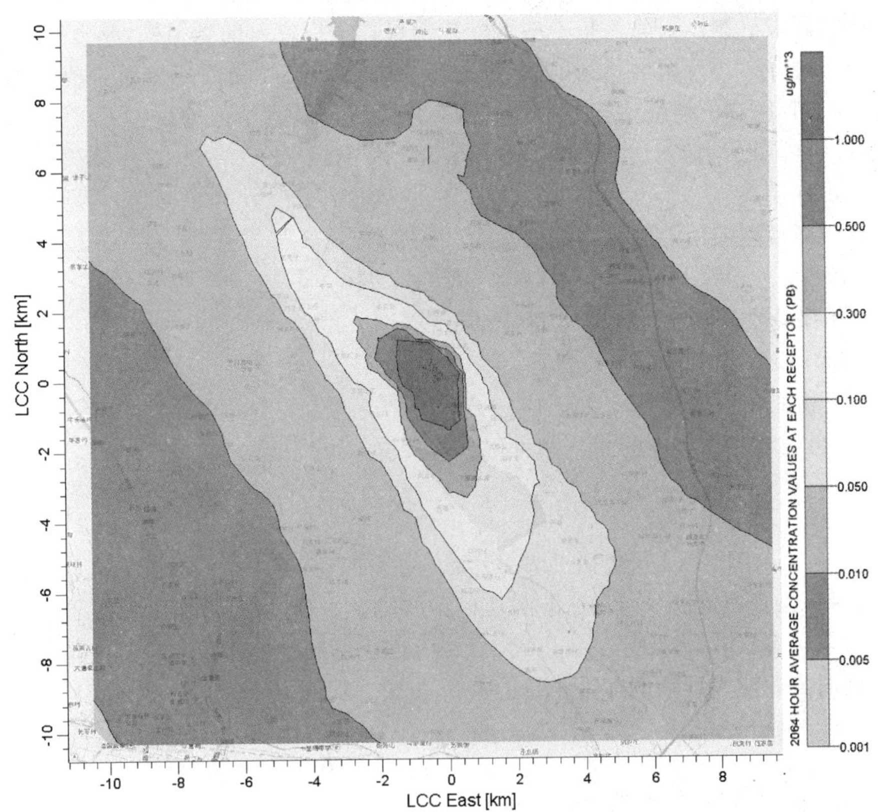

图 7－33 冬季 Pb 空气质量平均体积浓度分布

表 7－22 2012 年研究区域 Pb 体积浓度分布情况统计

时段	超标面积/km^2	超标比例/%	最高值体积浓度/($\mu g/m^3$)	最高值超标率%	最高值位置/km			最远超标点离厂址距离/km
					X	Y	距厂址距离	
春季	5.25	1.25	4.21	742	−0.961	0.662	0.5	1.6
夏季	4.5	1.07	4.40	780	−0.961	0.662	0.5	2.0
秋季	5.0	1.19	4.13	726	−0.961	0.662	0.5	2.0
冬季	6.5	1.55	4.34	768	−0.961	0.662	0.5	2.0
全年	2.5	0.59	4.11	311	−0.961	0.662	0.5	1.5

2. 铅污染物土壤累积影响防护距离

(1)降尘进入土壤机理分析

颗粒物的沉降分为干沉降和湿沉降。干沉降是指颗粒物通过重力作用或与其他物体碰撞后发生沉降。这种沉降消除过程存在着两种机制：一种是通过重力对颗粒物的作用，使它降落到地面而进入土壤，沉降的速率与颗粒的粒径、密度、空气运动粘滞系数等有关；另一种沉降机制是粒径小于 0.1μm 的颗粒，即艾根粒子，它们靠布朗运动扩散、互相碰撞而凝集成较大的颗粒，通过大气湍流扩散到地面土壤中。湿沉降是指降雨、下雪使颗粒物沉降到地面的过程。分为雨除和冲刷两种机制。雨除是指一些细颗粒物可作为形成云的凝结核，成为云滴的中心，通过凝结过程和碰并过程开始增长为雨滴，进一步长大而形成雨降落到地面。冲刷则是云下面降雨时，雨滴对颗粒物的惯性碰撞或扩散、吸附，随雨滴降落到地面的过程。

(2)土壤铅污染预测

①土壤累计模式

土壤铅污染预测采用土壤污染物累计模式

$$W = K(B+R) \tag{7.30}$$

式中，W —污染物在土壤中的年累计量，mg/kg；

B —区域土壤背景值，mg/kg；

R —污染物的年输入量，mg/kg。

N 年后，污染物在土壤中的累积量可用下式计算

$$W_n = BK^n + RK\,\frac{1-K^n}{1-K} \tag{7.31}$$

公式(7.30)、(7.31)中的 R 包括了两部分输入量，即自然输入量和冶炼厂排放的输入量。土壤中自然背景值是自然输入量与自然淋溶迁移量的动态平衡，当自然输入量等于自然淋溶迁移量时，土壤背景值不衰减，B 值不变。因此，R 只考虑冶炼厂排放的输入量时应扣除自然输入量这一部分，此时自然输入量等于自然淋溶迁移量，土壤背景值 B 不变。公式(7.31)可修改为：

$$W_n = B + R'K\,\frac{1-K^n}{1-K} \tag{7.32}$$

其中，R' 为冶炼厂排放污染物的年输入量。

因此，计算污染物在土壤中的累积量需确定以下两个参数：污染物在土壤中的残留率 K 和冶炼厂排放污染物的年输入量 R' 。

②污染物在土壤中的残留率 K 的确定

据研究，一般重金属在土壤中不易被自然淋溶迁移，本次预测取 $K=0.975$。

③铅的年输入量 R' 的确定

单位质量土壤的铅干沉降累积量 Q 根据单位面积的铅干湿沉降通量计算得出。干湿沉降通量是指在单位时间内通过单位面积的污染物量，单位为 mg/(m^2 · a)。据研究表明，在污染土壤中，重金属进入土壤后，由于土壤对它们的固定作用，不易向下迁移，多集中分布在表层。因此可取单位面积($1m^2$)、厚 20cm 表层土壤计算其质量(土壤密度取 1.33g/cm^3)，干沉降通量除以该质量即为单位质量土壤的铅干沉降累积量 Q 。

(3)土壤累计影响防护距离

通过模式预测计算得出铅锌冶炼厂周围的 Pb 年输入量分布见图 7-34，再根据公式(7.32)计算分别计算出厂址周边地区到 2015 年、2020 年、2030 年后的输入量与背景叠加后的结果，见图 7-35～图 7-37。

2015 年厂址所在地浓度达到 519mg/kg，仅厂址所在地 0.25km^2 超过土壤二级标准 350mg/kg，预测网格 Pb 土壤浓度平均 28.34mg/kg；2020 年厂址所在地浓度达到 851mg/kg，仅厂址所在地超过土壤二级标准 350 mg/kg，预测网格 Pb 土壤浓度平均 29.23mg/kg；2030 年厂址所在地浓度达到 1088mg/kg，在厂址西北方向 0.5km 处浓度达到 370mg/kg，超过土壤二级标准 350mg/kg，预测网格 Pb 土壤浓度平均 30.02mg/kg。土壤累计影响随时间加剧。

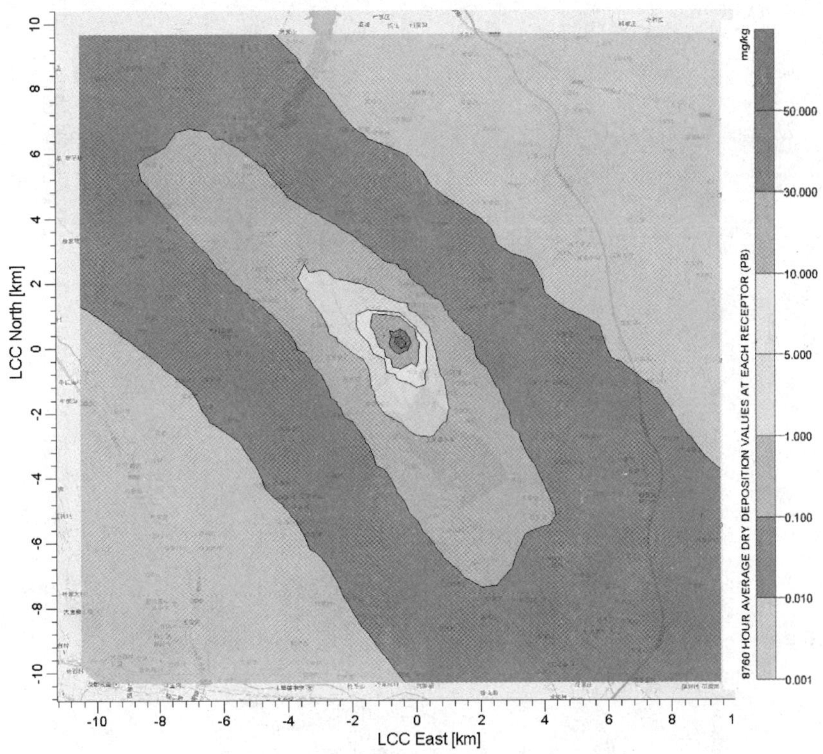

图 7-34 方案一铅锌厂 Pb 年输入量分布

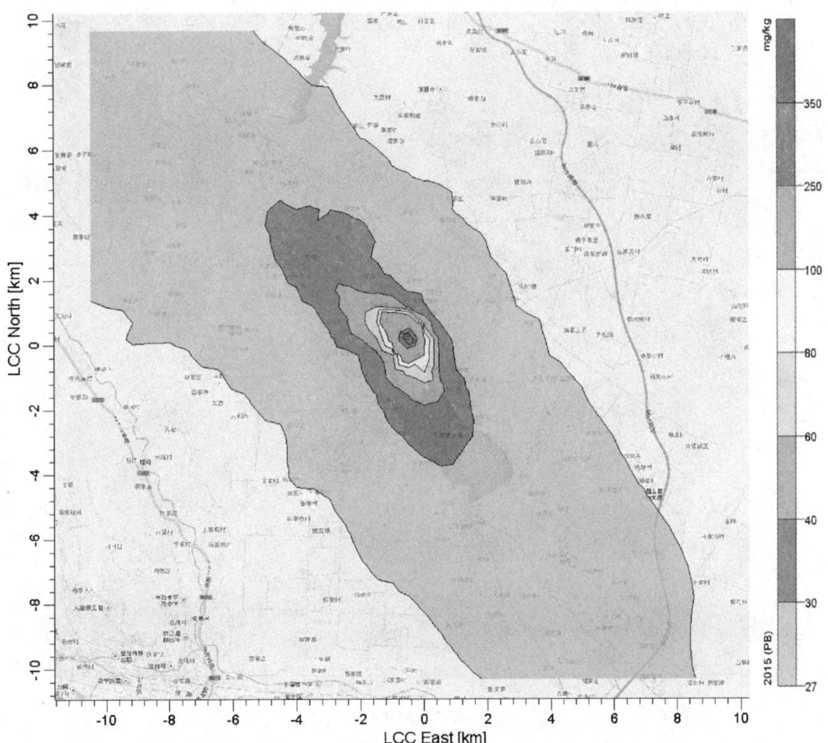

图 7-35 方案一 2015 年土壤 Pb 年分布

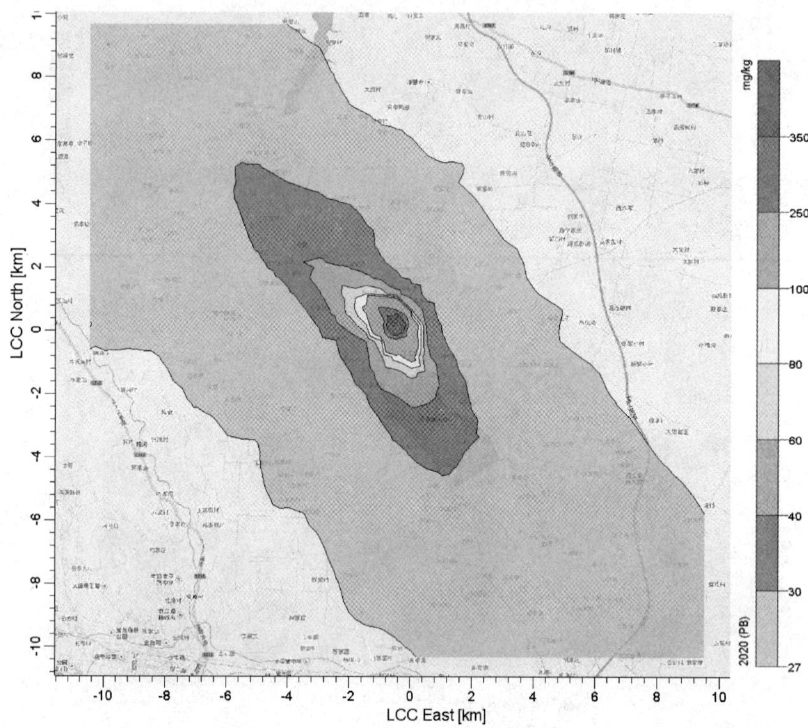

图 7-36　方案一 2020 年土壤 Pb 年分布

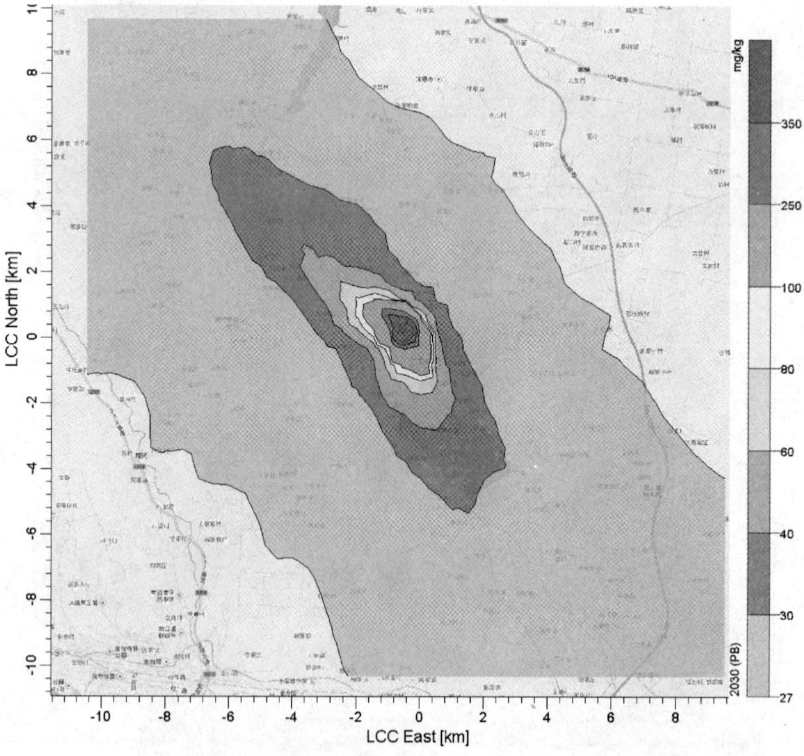

图 7-37　方案一 2030 年土壤 Pb 年分布

7.5.3.2 方案三铅污染物环境防护距离

根据长期的降尘监测数据反推的存在非正常排放的铅锌污染源，计算其对周边环境的空气和土壤累计影响。

1. 铅污染物大气环境防护距离

根据模式计算的结果，输出 Pb 年均浓度等值线图见图 7－38，为保障厂界周围居住区安全，空气质量应该到达《环境空气质量标准(GB3095—2012)》二级环境质量标准规定的 Pb 年均浓度二级环境质量标准 1$\mu g/m^3$，超过标准的区域用红色表示。结合现状 Pb 浓度模拟结论，确定评价区域内浓度高于标准的区域均为卫生防护距离范围之内，冶炼厂边界最远西北方向 1.6km 出现超标，超标面积 3.25km^2，最高超标倍数 6.17 倍。

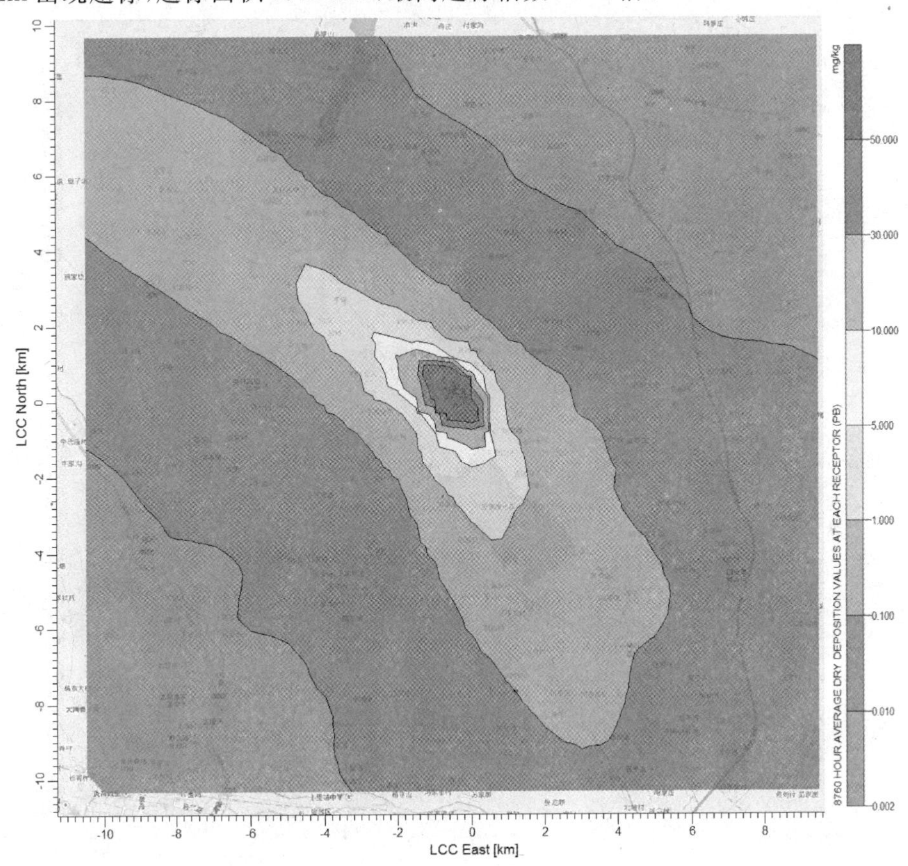

图 7－38 方案三铅锌厂 Pb 年输入量分布图

2. 铅污染物土壤累积影响防护距离

通过模式预测计算得出铅锌冶炼厂周围的 Pb 年输入量分布见图 7－40，再根据公式(7.32)计算分别计算出厂址周边地区到 2015 年、2020 年、2030 年后的输入量与背景叠加后的结果，见图 7－39～图 7－41 和表 7－23。

2015 年土壤超标面积达到 1.5km^2，冶炼厂边界最远西北方向 0.65km 出现超标，最高超标倍数 0.9 倍；2020 年土壤超标面积达到 1.75km^2，冶炼厂边界最远西北方向 0.90km 出现超标，最高超标倍数 2.1 倍；2015 年土壤超标面积达到 2.0km^2，冶炼厂边界最远西北方向1.0km

出现超标，最高超标倍数 3.1 倍；具体的超标面积见图 7－39～图 7－41。土壤累计影响随时间加剧。

表 7－23　铅锌厂周边 Pb 土壤累计质量浓度分布情况统计

时段	超标面积/km^2	超标比例/%	最高值质量浓度/$(mg \cdot kg^{-1})$	最高值超标率%	最高值位置/km			最远超标点离厂址距离/km
					X	Y	距厂址距离	
2015	1.5	0.36	673.6	92.5	−0.961	0.662	0.5	0.65
2020	1.75	0.42	1070.2	205.8	−0.961	0.662	0.5	0.90
2030	2	0.48	1419.7	305.6	−0.961	0.662	0.5	1.00

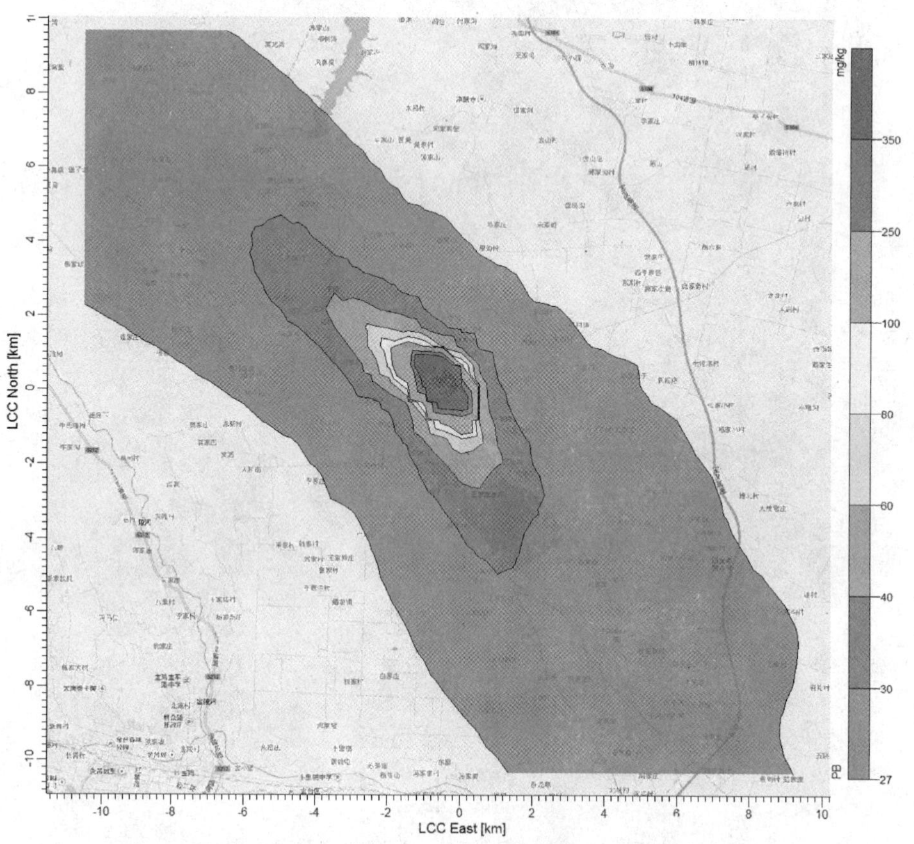

图 7－39　方案三 2015 年土壤 Pb 年分布图

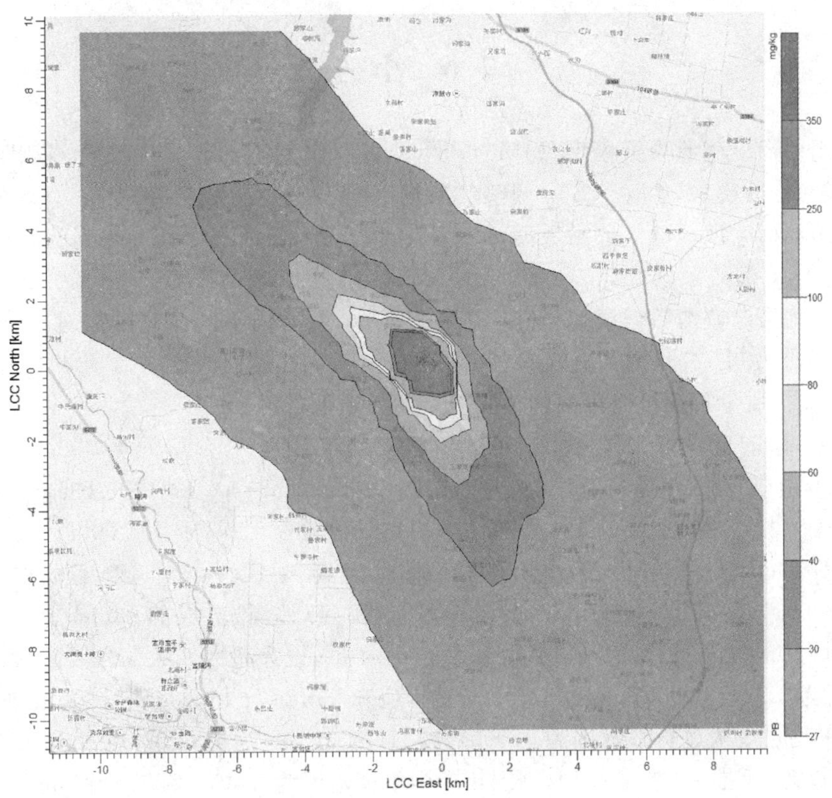

图 7-40 方案三 2020 年土壤 Pb 年分布图

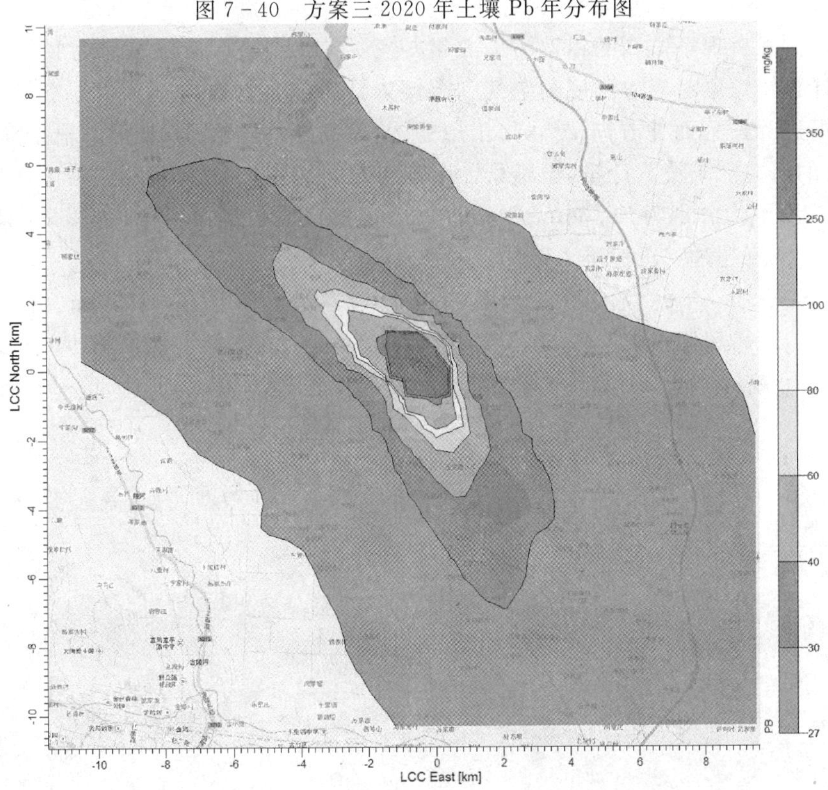

图 7-41 方案三 2030 年土壤 Pb 年分布图

7.6 小结

(1)使用中尺度气象预报模型(MM5)产生的数据作为初始猜测气象场,采用CALPUFF系统中的气象诊断模块(CALMET)调整气象场,使其能够反映出研究区域中高分辨率的地形、土地利用和研究区地面气象站数据,最终利用耦合MM5/CALMET得到的研究区域2012年全年精度1km的气象场。

(2)利用污染源监测数据模拟研究区域空气质量,并与同步的监测数据对比,预测结果与监测结果的R^2为0.9273,相关直线的斜率0.64,说明空气模拟浓度与监测浓度相差不大,用CALPUFF空气质量预测可以很好的模拟复杂的河道低谷区。

(3)电厂源造成的Pb年平均空气浓度贡献范围为0.002～0.032μg/m^3,平均值0.005μg/m^3,造成的Pb年降尘浓度范围为0.3～149.0mg/(m^2·a),平均值3.895 mg/(m^2·a)。

(4)铅锌厂源(监测)造成的Pb周围年平均空气浓度贡献范围为0.0005～4.1μg/m^3,平均值0.044μg/m^3,最大超标倍数3.1倍,造成的周围Pb年降尘浓度范围为0.33～6670mg/(m^2·a),平均值57.92mg/(m^2·a);铅锌源(环评源)造成的Pb周围年平均空气浓度贡献范围为0.0015～1.2μg/m^3,平均值0.032μg/m^3,最大超标倍数0.2倍,造成的Pb年降尘浓度范围为0.17～669.00 mg/(m^2·a),平均值8.05mg/(m^2·a);铅锌源(反推法)造成的Pb周围年平均空气浓度贡献范围为0.0001～8.17μg/m^3,平均值0.075μg/m^3,最大超标倍数6.17倍;铅锌源(反推法)造成的Pb周围年降尘浓度范围为0.60～27200.00 mg/(m^2·a),平均值242.92 mg/(m^2·a)。

(5)根据方案一现场监测的铅锌污染源和方案三考虑到企业存在非正常排放按照降尘反推污染源,计算铅锌厂对周边环境的空气和土壤累计影响。针对方案一:Pb空气质量年平均浓度,冶炼厂边界最远西北方向1.5km出现超标,最高超标倍数4.11倍。根据降尘量,推算出不同年份的研究区土壤累计量,土壤累计影响随时间加剧,2015年、2020年、2030年预测网格Pb土壤浓度平均分别为28.34mg/kg、29.23mg/kg和30.02mg/kg,在2030年厂址外,周边出现土壤铅浓度超过二级标准。

针对方案三:Pb空气质量年平均浓度,冶炼厂边界最远西北方向1.6km出现超标,超标面积3.25km^2,最高超标倍数6.17倍。2015年、2020年、2030年预测网格Pb土壤浓度平均分别为32.59mg/kg、36.14mg/kg和39.27mg/kg,超标面积分别为1.5km^2、1.75km^2、2.0km^2。

8　基于GIS的铅污染诊断和表征体系及防控区域分析系统建立

8.1　系统框架

基于GIS的Pb污染扩散系统是基于面向对象的设计模式来进行的系统开发，使用高性能计算机作为底层数据库的服务器，Microsoft SQL Server 2008作为数据库管理平台，ArcSDE作为空间数据库引擎完成种类数据的集中管理。利用ArcGIS Engine的组件，并在VS2010中运用C#编程语言进行组件开发。系统框架按照三个层来构建，即数据层、逻辑层和应用层。结构设计如图8-1所示。

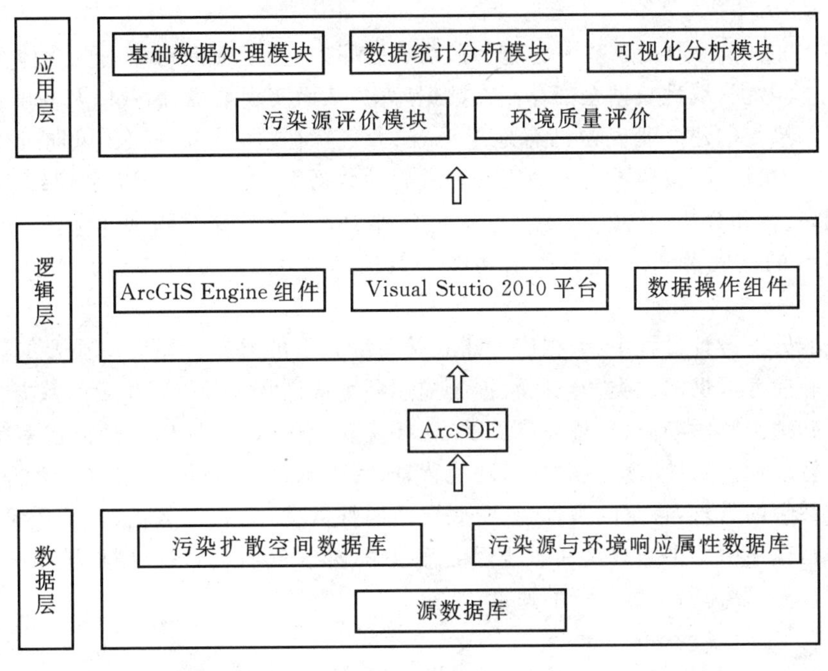

图8-1　系统总体架构图

8.2　系统设计说明

8.2.1　系统总体设计与分析

基于GIS的Pb污染扩散系统采用校正后的遥感数字影像作为底图，按照结构化设计方法，采用面向对象的设计思路，对系统进行设计，将系统的逻辑结构变换成模块化的物理结构，并依此作为核心模块详细设计。系统架构分为模型的建立、参数的确定、数据库的设计等分项工作。

系统模块说明:

(1)污染源评价模块

该模块包括污染源管理,污染源识别和污染源浓度分析等。主要思路是通过完整的监测数据来正确地判断出污染源信息。

(2)环境质量评价模块

该模块主要包括环境质量模型参数管理,网络区域划分记忆环境质量评价三个步骤。在GIS分析过程中大气质量评价是基于环境质量评价模块对这三类污染源构建数学评价模型,并基于网络对各类污染源进行宏观和微观的浓度预测与分析。通过本系统的时态功能,实现污染源扩散对环境的研究奠定基础,同时还可以模拟污染源扩散的扩散影响范围,为其应急决策提供支持。环境质量分析预测包括大气污染指数评价法。利用Pb污染检测结果和大气环境质量标准来综合评定现实的大气环境质量对人类社会发展需要的满足程度。

8.2.2 数据库设计

基于GIS的Pb污染扩散系统是基于基础数据库,并基于面向对象的概念体系组合和管理数据,将空间数据,属性数据全部存储在数据库中,从而实现准确、高效以及高度共享空间数据库的目标。系统的建立研究区已有地形地貌、大气特征、污染源、气象、风向等资料的基础上,对照实地测量情况,按照数据库规则和相关属性数据库,将多源数据有效组织起来,实现数据库的调用、查询和分析功能。系统通过构建各种Pb扩散预测模型、评价模型和识别模型,并将其与GIS的空间分析功能和展示功能有效地结合,最终为用户提供评价结果和决策依据。

在系统的开发设计过程中,数据库的建立是系统开发的基础。系统所需要的数据来源分为空间数据和属性数据两大类。空间数据是描述环境背景及各种空间位置的数据。空间数据主要包括基础地图和污染源、环境质量测试点、环境功能区等,属性信息是描述系统中有关实体的属性和特征的。属性数据主要分为环境背景、污染源、环境质量、环境统计汇总、环境功能区等。根据系统的需求,将空间数据,系统底层的属性数据(污染源数据、环境质量数据、气象数据三部分),程序中的中间数据和非地理信息数据(如大气监测数据、网格数据表,面源排放表等),分别存储,以提高系统运行的速度。

8.3 系统开发技术路线与系统模式

8.3.1 技术路线

在Visual Stutio 2010开发环境中调用ArcGIS Engine组件来进行Pb污染诊断和表征体系及防控区域分析系统的设计与开发,借助ArcGIS Engine实现基本的GIS功能,运用SQL Server2008进行数据存储,并采用ArcObject提供的类文件和ArcSED接口文件,在Visual Studio 2010平台上利用面向对象的C#编程语言进行开发。

8.3.2 系统模式

系统采用研究区域校正后的遥感数字影像作为底图，建立基于GIS的Pb污染诊断和表征体系及防控区域分析系统。集成以下两种模式体系进行分析：

(1)有风时点源扩散模式、小风及静风时的点源扩散模式在内的大气-土壤扩散模式；

(2)有风时点源扩散模式、小风及静风时的点源扩散模式在内的大气-土壤迁移模式。

系统的数据库建设方面，在工业源数据及其相关的空间和属性数据库的基础上，采用定性与定量分析相结合的方法，集成了数据分析与管理模式为一体的模式，具体步骤如下：

(1)分析Pb源的类型，分布、布局等与周边整体环境质量的关系；

(2)对Pb污染的来源、影响进行研究；

(3)建立数据库，存储环境监测(包括污染源和环境质量等)及相关数据(如气象条件、地理信息等)，实现对系统数据的信息查询、空间统计、分析处理、及未知状态的模拟，为陕西省工业源污染的控制与管理提供理论依据于基础信息，便于环境管理部门的宏观控制与管理。

8.4 系统功能说明与实现

基于GIS平台，建立了展示大气中Pb污染物的迁移转化、排放源Pb污染物的陆生迁移转化以及“气-陆”结合的Pb污染物的系统迁移转化的“Pb污染诊断和表征体系及防控区域分析系统”，实现了信息展示、统计、分析和预测等功能。主要包括：基础数据处理模块、数据统计分析模块、可视化分析模块。

8.4.1 基础数据处理模块

实现污染排放源数据库、Pb元素以及它金属元素样本土壤含量数据库、大气监测数据库、地理数据库、气象数据库等的信息导入与数据维护功能。其中：

(1)污染排放源数据库：包括名称、地址、地理信息、污染源生产情况描述、隶属管理关系、生产信息等字段，对污染源个体进行详细说明；

(2)地理数据库：包括DEM数据等(观测数据、分析测定数据、遥感数据和统计调查数据)等字段；

(3)气象数据库：包括分向、时间、季节等(均值、总量、频率、极值、变率等)字段；

(4)Pb元素以及它金属元素样本土壤含量数据库：包括样本的地理经纬度、(Pb、Zn、Cu、Cr、Cd、As、Hg)含量数据、采样时间、环境描述等字段；

(5)大气监测数据库：包括样本的地理经纬度、空间表征数据、(Pb、Zn、Cu、Cr、Cd、As、Hg)含量数据、采样时间、环境描述等字段。

该模块实现采用数据的批导入和人工信息录入，以及实现对数据的增加、修改、删除等维护功能实现基本信息的导入与数据维护功能。

8.4.2 数据统计分析模块

实现了对多维、多尺度的数据综合查询与统计，辅助完成数据特征分析；可视化分析模块；基于统计分析与数据融合运算，完成污染区基础地理环境、气象等环境分析图、土壤与大气Pb

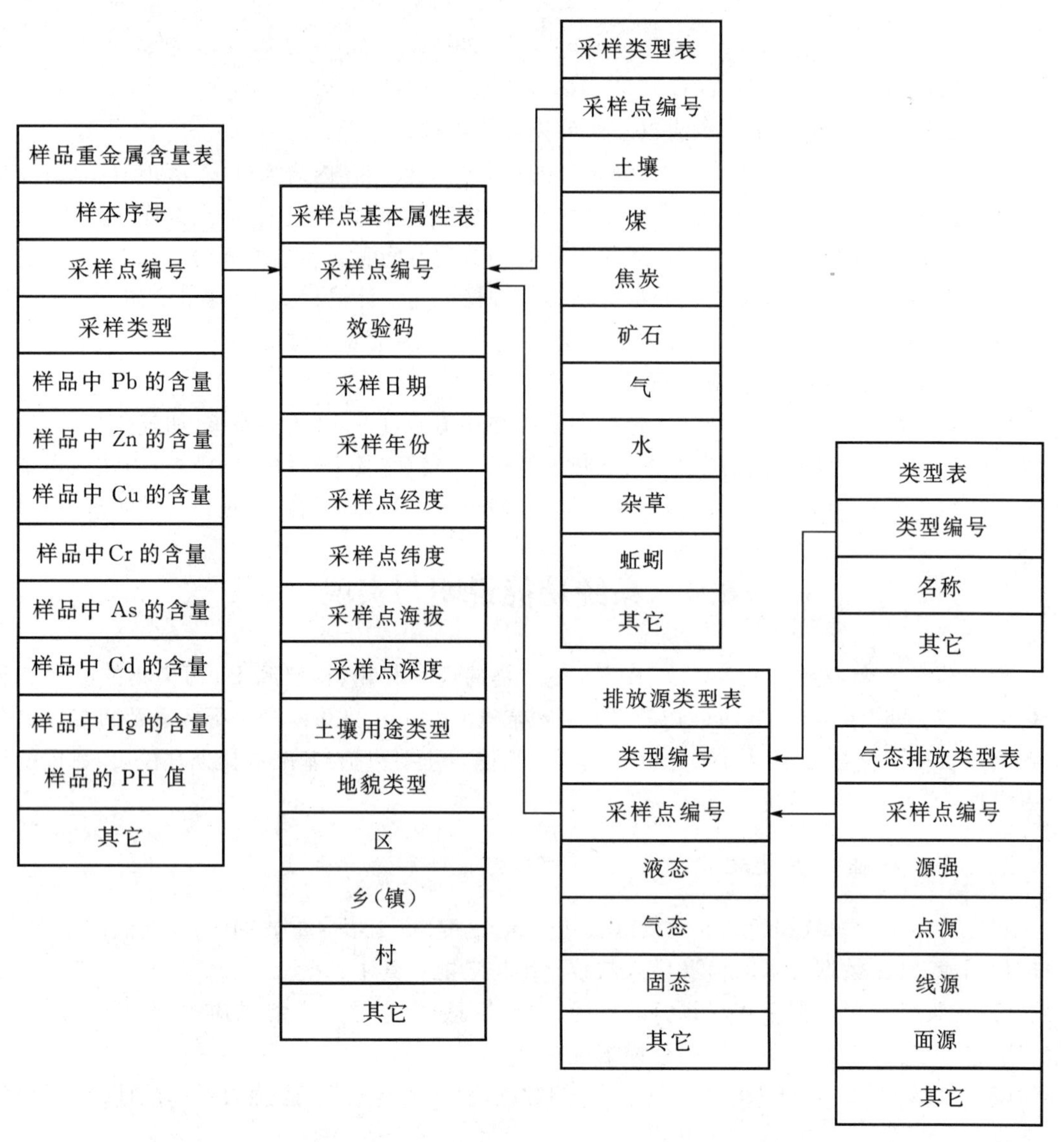

图 8-2　属性数据库表结构示意图

等金属含量的地形图、以及表征 Pb 等金属在大气和土壤中迁移和时空分布特征图；通过可视化的有关 Pb 等金属的时空分布特征展示，使得使用者方便地分析污染现象发生的过程与机制。主要包括：

(1)多维、多尺度的数据综合查询与统计：实现所有数据库字段的联合查询。按照某一条件，如时间、地理资料等，进行数据的切片统计等，如图 8-3 和图 8-4 所示。

(2)实现任一可计算字段的数字特征计算(包括，均值、方差、偏度、峰度、最大值、最小值等)；

通过统计分析与数字特征计算，辅助使用者进行分析预测如图 8-5 所示。

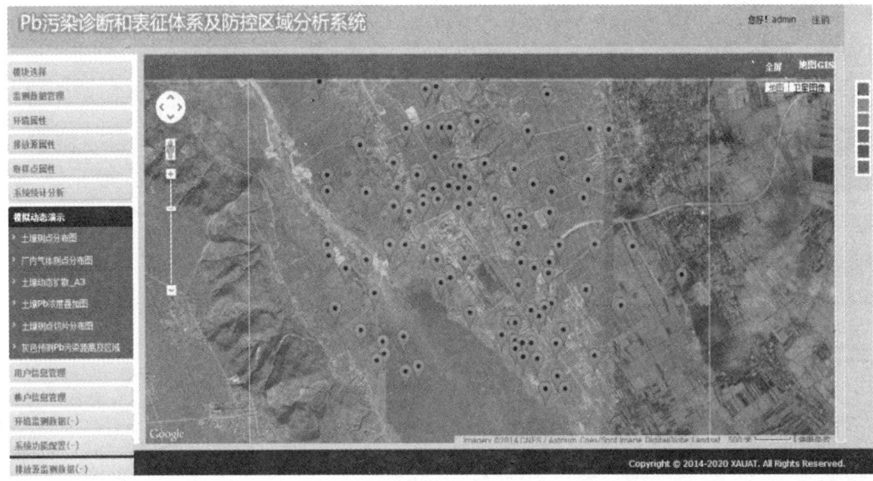

图8-3 Pb污染诊断和表征及防控区域分析系统采样点位置

Pb污染诊断和表征体系及防控区域分析系统

地址	样本编号	样本名称	铅	纬度	经度	操作
正东500m	第一批样品测试报告-土壤	正东500m	64	34.4687347412109	107.243057250977	
东南500m	第一批样品测试报告-土壤	东南500m	38	34.4643363952637	107.242797851563	
正南500m	第一批样品测试报告-土壤	正南500m	57	34.46005278	107.2413722	
西南500m	第一批样品测试报告-土壤	西南500m	18	34.46505	107.2333722	
正西500m	第一批样品测试报告-土壤	正西500m	28	34.46863333	107.2296667	
西北500m	第一批样品测试报告-土壤	西北500m	31	34.47464167	107.2309778	
正北500m	第一批样品测试报告-土壤	正北500m	39	34.47486389	107.2365556	
东北500m	第一批样品测试报告-土壤	东北500m	100	34.47177222	107.2418306	
正东1500m	第一批样品测试报告-土壤	正东1500m	33	34.46879444	107.2538528	
东南1500m	第一批样品测试报告-土壤	东南1500m	34	34.45948056	107.2494333	
正南1500m	第一批样品测试报告-土壤	正南1500m	83	34.45629444	107.2437083	
西南1500m	第一批样品测试报告-土壤	西南1500m	24	34.45854444	107.2266694	
正西1500m	第一批样品测试报告-土壤	正西1500m	28	34.46873333	107.2246333	
西北1500m	第一批样品测试报告-土壤	西北1500m	31	34.47764444	107.2251583	
正北1500m-1	第一批样品测试报告-土壤	正北1500m	34	34.48226389	107.2375722	

Copyright © 2014-2020 XAUAT. All Rights Reserved.

图8-4 采样点属性表

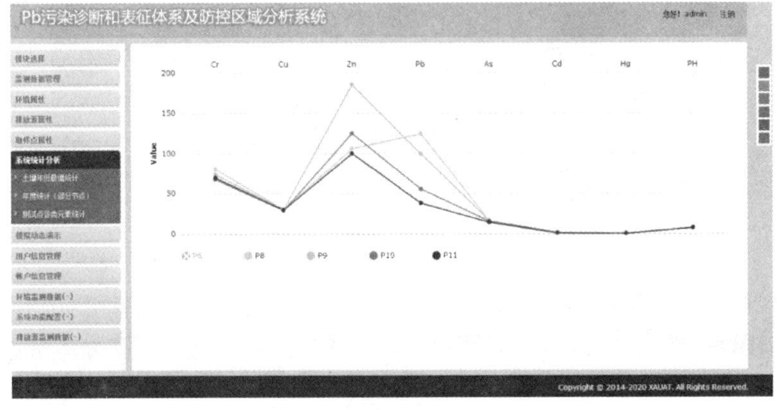

图8-5 不同重金属分析预测

8.4.3 可视化分析模块

基于统计分析与数据融合运算，完成了污染区基础地理环境、气象等环境分析图、土壤与大气 Pb 等金属含量的地形图、以及表征 Pb 等金属在大气和土壤中迁移和时空分布特征图，通过可视化的有关 Pb 等金属的时空分布特征展示，使得使用者方便地分析污染现象发生的过程与机制。主要包括：

1）基础地理环境、气象等环境分析图：展示地理 DEM、展示气象玫瑰图等如图 8-6；

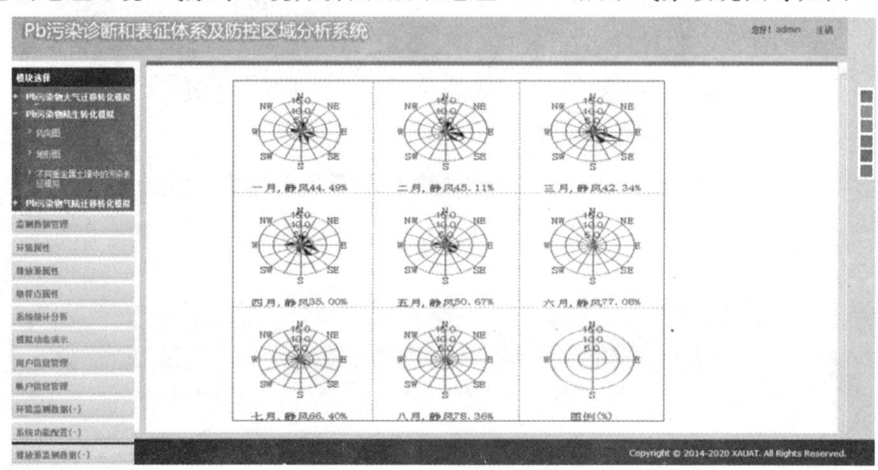

图 8-6 气象环境图

2）表征 Pb 等重金属在大气和土壤中迁移和时空分布特征图。

通过这些重金属的时空分布特征如图 8-7 所示，辅助使用者进行相关的分析预测。

图 8-7 重金属污染分析图

3）具有地图基本操作的功能，如地图放大、缩小、全屏，地图点选、框选、圆选、多边形选择，地图鹰眼，地图编辑、地图刷新、属性信息展示、距离面积量算、图层控制等。

4）利用 GIS 平台的专题图功能，结合 pb 扩散的规律，通过调整预设的参数（如风速、风向、气候、时间等），可动态显示污染物的浓度等高线变化趋势如图 8-8。

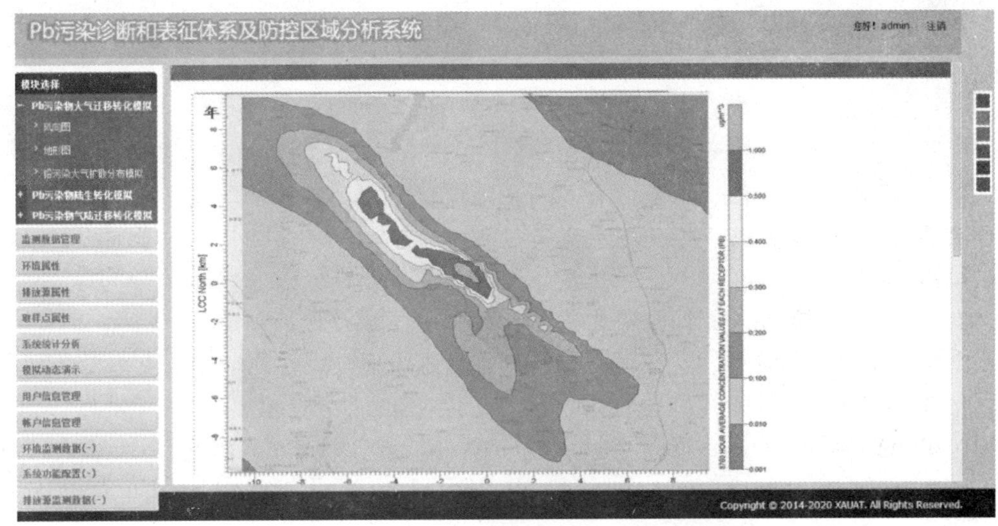

图 8-8 污染物质量浓度等高线变化趋势图

参考文献

[1] 范拴喜,甘卓亭,李美娟,等. 土壤重金属污染评价方法进展[J]. 中国农学通报,2010,26(17):310－315.

[2] 李宏业. 成都土壤-植物铅同位素地球化学示踪[D]. 成都理工大学. 2004.

[3] 谢学锦. “化学定时炸弹”与可持续发展-早日制定治理延缓性地球化学灾害的长期战略[J]. 中国青年科技,2000,11:32－35.

[4] Xiangdong Li,Iain Thornton. Chemical partitioning of trace and major elements in soils contaminated by mining and smelting activities [J]. Applied Geochemistry,2001,1693－1706.

[5] Gemici Uensal,Tarcan Gueltekin. Assessment of the pollutants in farming soils and waters around untreated abandoned Turkonu Mercury Mine(Turkey)[J]. Bulletin of Environmental Contamination and Toxicology,2007,79:20－24.

[6] Ordonez A,Loredo J,De Miguel E,et al. Distribution of heavy metals in the street dusts and soils of an industrial city in northern Spain [J]. Archives of Environmental Contamination and Toxicology,2003,44: 160－170.

[7] Douay Francis,Roussel Helene,Fourrier Herve,et al. Investigation of heavy metal concentrations on urban soils,dust and vegetables nearby a former smelter site in Mortagne du Nord,Northern France [J]. Journal of Soils and Sediments,2007,7(3):143－146.

[8] Odewande Adewara Adesoji,Abimbola Akinlolu F. Contamination indices and heavy metal concentrations in urban soil of Ibadan metropolis,southwestern Nigeria [J]. Environment Geochemical and Health,2008(30): 243－254.

[9] Li Xiangdong,Poon Chi-sun,Liu Pui Sum. Heavy metal contamination of urban soils and street dusts in Hong Kong[J]. Applied Geochemistry,2001,(16):1361－1368.

[10] Krishna AK Govil PK. Heavy metal distribution and contamination in soils of Thane-Belapur industrial development area,Mumbai,Western India [J]. Environmental Geology,2005,47:1054－1061.

[11] Sharma Rajnikant,Pervez Shamsh. A case study of spatial variation and enrichment of selected elements in ambient particulate matter around a large coal-fired powerstation in central India[J]. Environmental Geochemistry and Health,2004,26:373－381.

[12] 于瑞莲,胡恭任,袁星,赵元慧. 同位素示踪技术在沉积物重金属污染溯源中的应用[J]. 地球与环境,2008,36(3):245－250.

[13] Erel Y,Patterson CC. Leakage of industrial lead into the hydrocycle [J]. Geochimica et Cosmochimica Acta,1994,58(15):3289－3296.

[14] Ian W. Croudace,Andrew B. Cundy. Heavy metal and hydrocarbon pollution in recent sediments from southampton water, southern England: A geochemical and isotopic

study [J]. Environ. Sci. Technol,1995,29(5):1288-1296.

[15] Teutsch N,Erel Y,Halicz L,et al. Distribution of natural and anthropogenic lead in Mediterranean soils [J]. Geochimica et Cosmochimica Acta,2001,65(17):2853-2864.

[16] 赵多勇,魏益民,郭波莉等. 铅同位素比率分析技术在食品污染源解析中的应用[J]. 核农学报,2011,25(3):534-59.

[17] 周永康. 示踪原子有关知识简介[J]. 中学物理教学参考,2007,36(1-2):44-45.

[18] Chow T J,Johnston M S. Lead isotopes in gasoline and aerosols of Los Angeles Basin California [J]. Science,1965,147(3657):502-503.

[19] Chow T J,Patterson C C. Lead isotopes in North American coals [J]. Science,1972,176(4034):510-511.

[20] Patterson C. An alternative perspective Lead pollution in the human environment;origin,extent and significance[A] //NRIAGED J O. Lead in the Human Environment. Whashington D C: National Academy of Sciences,1980:137-184.

[21] Hurst R W,Davis T E. Strontium isotopes as tracers of airborne fly ash from coal-fired power plants [J]. Environmental Geology,1981,3(6):363-367.

[22] Rabinowitz M B,Wetheril G W. Identifying sources of lead contamination by stable isotope techniques [J]. Environ. Sci. Technol. ,1972,6(8):705-709.

[23] Chow T J,Snyder C B,Earl J L. Lead aerosol baseline-concentration at White Mountain and Laguna Mountain,California[J]. Science,1972,178(4059):401-402.

[24] 陈好寿,裴辉东,张霄宇. 杭州市土壤铅、锶同位素示踪研究[J]. 浙江地质,1999,15(1):43-48.

[25] 陈好寿,裴辉东,张霄宇,王林森. 杭州大气铅主要污染源的铅同位素示踪[J]. 矿物岩石地球化学通报,1998,17(3):146-149.

[26] Blais Jules M. Using isotopic tracers in lake sediments to assess atmospheric transport of lead in eastern Canada [J]. Water,Air and Soil Pollution,1996,92(3/4): 329-342.

[27] Eades L J,Farmer J G,Mac Kenzie A B,et a1. Stable lead isotopic characterisation of the historical record of environmental lead contamination in dated freshwater lake sediment cores from Northern and Central Scotland [J] . The science of the Total Environment,2002,292:55-67.

[28] 尚英男,尹观,闫秋实,等. 成都市河道表层沉积物(淤泥)铅污染特征[J]. 城市环境与城市生态,2005,18(6):40-42.

[29] 路远发,陈好寿,陈忠大,等. 杭州西湖与运河沉积物铅同位素组成及其示踪意义[J]. 地球化学,2006,35(4):443-452.

[30] Kaste M J,Friedland A J,Sturup S. Using stable and radioactive isotopes to trace atmospherically deposited Pb in montane forest soils [J]. Environ sci Technol,2003,37:3560-3567.

[31] Rabinowitz M B. Lead isotopes in soils near five historic American lead smelters and refineries [J]. The Science of the Total Environment,2005,346:138-148.

[32] 路远发,杨红梅,周国华,等. 杭州市土壤铅污染的铅同位素示踪研究[J]. 第四纪研究,

2005,25(3):355－362.

[33] 张庆华,张伦尉,鲍淼. 贵州下寒武统黑色岩系多金属矿层成矿物质来源的铅同位素示踪[J]. 矿产与地质,2010,26(2):144－147.

[34] 杨元根,刘丛强,张国平,等. 土壤和沉积物中重金属积累及其 Pb、S 同位素示踪[J]. 地球与环境,2004,32(1):76－81.

[35] 杨红梅,路远发. 铅同位素示踪技术在重金属污染研究中的应用[J]. 华南地质与矿产,2004,(4):71－77.

[36] Zhu B Q,Chen Y W,Peng J H. Lead isotope geochemistry of the urban environment in the Pearl River Delta[J]. Appli Geochem,2001,16:409－417.

[37] 陈丙义,赵安芳. 重金属污染土壤对农业生产的影响及其可持续利用的措施[J]. 平顶山工学院学报,2003,12(2):31－33.

[38] 张长波,李志博,姚春霞,等. 污染场地土壤重金属含量的空间变异特征及其污染源识别指示意义[J]. 土壤,2006,38(5):525－533.

[39] 张长波,骆永明,吴龙华. 土壤污染物源解析方法及其应用研究进展[J]. 土壤,2007,39(2):190－195.

[40] Komarek Michael,Ettler Vojtech,Chrastny Vladislav,et al. Lead isotopes in environmental sciences:A review[J]. Environment International,2008,34(4): 562－577.

[41] 尹慧,尹观. 铅稳定同位素在环境污染示踪中的应用和进展[J]. 广东微量元素科学,2007,14(5):1－5.

[42] 姚玉增,金成洙. 铅同位素示踪技术及其在辽宁省矿业环境评价中的应用前景[J]. 地质与资源,2004,13(4):242－245.

[43] 孙成权,张海华. 全球变化研究网络信息资源指南[M]. 兰州:兰州大学出版社,1999,3－40.

[44] 张启厚,毛健全,顾尚义. 水城赫章铅锌矿成矿的金属物源研究[J]. 贵州工业大学学报,1998,27(6):26－34.

[45] 朱炳泉,常向阳. 地球化学省与地球化学边界[J]. 地球科学进展,2001,16(2):153－162.

[46] Amelin Y V,Neymark L A. Lead isotope geochemistry of Paleoproterozoic layered intrusions in the eastern Baltic Shield: inferences about magma sources and U-Th-Pbfractionation in the crust-mantle system. Geochimica et Cos-mochimica Acta [J] . 1998,62,493－505.

[47] Burton K W,Ling H F,O'Nions R K. Closure of the Central American Isthmus and its effect on deep-water formation in the North Atlantic. Nature [J] . 1997,386: 382－385.

[48] Flegal AR,Smith DR. Measurements of environmental lead contamination and human exposure. Reviews of Environmental Contamination and Toxicology [J] . 1995,143: 1－45.

[49] Ault WU,Senechal RG,Erlebach WE. Isotopic composition as a natural tracer of lead in the environment. Environmental Science and Technology [J] . 1970,4,305－313.

[50] Doe BR,Lead Isotopes [M]. New York: Springer-Verlag. 1970.

[51] Sangster DF,Outridg P M,Davis W J. Stable lead isotope characteristics of lead ore deposits of environmental significance. Environmental Reviews [J] . 2000,8: 115 - 147.

[52] Zheng J,Tan M,Shibata Y,et al. Characteristics of lead isotope ratios and elemental concentrations in PM10 fraction of airborne particulate matter in Shanghai after the phase-out of leaded gasoline. Atmospheric Environment [J] . 2004,38:1191 - 1200.

[53] Mukai H,Furuta N,Fujii T,et al. Char-acterization of sources of lead in the urban air of Asia using ratios of stable lead isotopes. Environmental Science and Technology [J] . 1993,27:1347 - 1356.

[54] 夏家淇,骆永明. 关于土壤污染的概念和 3 类评价指标的探讨[J]. 中国生态农业学报,2006,22(1):87 - 99.

[55] 雷凯,卢新卫,王利军. 宝鸡市街尘中铅的污染与评价[J]. 环境科学与技术,43 - 45.

[56] 陆书玉,栗胜基,朱坦. 环境影响评价[M]. 北京:高等教育出版社. 2006:161 - 162.

[57] 苏姝,林爱文,刘庆华. 普通 Kriging 法在空间内插中的运用[J]. 江南大学学报,自然科学版,2004,3(1):18 - 22.

[58] 刘付程,史学正,于东升,等. 基于地统计学和 GIS 的太湖典型地区土壤属性制图研究—以土壤全氮制图为例[J]. 土壤学报,2004,41(1):557 - 563.

[59] 汤国安,杨昕. 地理信息系统空间分析[M]. 北京:科学出版社. 2006:1 - 480.

[60] 李锐,宗良纲,王延军,等. 典型污染区域土壤重金属空间分布特性及其影响因素[J]. 南京农业大学学报,2009,32(1):67 - 72.

[61] 弓小平,杨毅恒. 普通 Kriging 法在空间插值中的运用[J]. 西北大学学报(自然科学版),2008,38(6):878 - 882.

[62] 李先国,范莹,冯丽娟. 化学质量平衡受体模型及其在大气颗粒物源解析中的应用 [J]. 中国海洋大学学报,2006,36(2):225 - 228.

[63] 管磊,周桂香,朱琴,等. 四川盆地香椿生长规律初步研究[J]. 四川林业科技,2011,32(2):100 - 103.

[64] 张友元,夏玉芳,黎磊,等. 香椿生长规律初步研究[J]. 山地农业生物学报,2008,27(5):393 - 397.

[65] 魏复盛,陈静生,吴燕玉,等. 中国土壤背景值研究[J]. 环境科学,1991,12(4):11 - 19.

[66] 刘引鸽. 宝鸡渭北区域气温变化研究[J]. 宝鸡文理学院学报(自然科学版),2004,24(03):223 - 227.

[67] 冯富强,李建军,郝苏娟. 气候变化对宝鸡小麦种植的影响分析[J]. 陕西农业科学,2007(4):102 - 103.

[68] 徐业林,赵玉琳. 某铅锌厂铅污染对周围环境的影响[J]. 中国卫生工程学,2009,8(01):50 - 51.

[69] 喻保能,丁中元,陈厚民. 土壤重金属本底值调查方法及其比较[J]. 湖北环境保护.

[70] 刘芳,丁毓文. 含铅烟尘治理技术评述[J]. 中国卫生工程学,1993,2(03):103 - 105+111.

[71] 张养元,高喻宏,刘江辉,等. 某冶炼厂铅危害情况分析[J]. 实用预防医学,2010(05):

932 - 933.

[72] 李嘉桂. 铅锌烧结烟气的除尘[J]. 有色金属(冶炼部分),1992(06):46 - 49.

[73] 劳动部职业安全卫生监察局. 全国重点行业防尘毒工程综合评价[M]. 北京:北京科学技术出版社. 1992.

[74]《重有色冶金企业采暖通风设计参考资料》编写组. 采暖通风设计参考资料[M]. 北京:冶金工业出版社. 1980.

[75] 尹一男,柴立元,孙宁. 铅冶炼污染防治技术评价指标体系的构建[J]. 环境污染与防治,2012,34(10): 82 - 87+94.

[76] 王江峰,刘光大. 某铅锌冶炼厂烧结车间通风除尘系统改造[J]. 工程设计与研究,2008(02):19 - 23.

[77] 曾国兴. 铅锌烧结电除尘器设计与应用[J]. 有色设备,2003(06):35 - 49.

[78] M. Tomasevica, D. Antanasijevicb, M. Anicica, I. Deljaninb, A. Peric-Grujicb, M. Risticb. ,2013. Lead concentrations and isotope ratios in urban tree leaves. Ecological Indicators,24: 504 - 509.

[79] Choi M S, Yi H I, Yang S Y, et al. ,2007. Identification of Pb sources in Yellow Sea sediments using stable Pb isotope ratios. Marine Chemistry,107: 255 - 274.

[80] Gulson B, Korsch M, Dickson B, et al. ,2007. Comparison of lead isotopes with source apportionment models, including SOM, for air particulates. Science of the Total Environment,381: 169 - 179.

[81] Jaime Escobar, Thomas J Whitmore, George D Kamenov, et al. Riedinger-Whitmore. , 2013. Isotope record of anthropogenic lead pollution in lake sediments of Florida, USA. Journal of Paleolimnology,49:237 - 252.

[82] Christopher S, Bruno D, Robert C, et al. ,2013. Solution and laser ablation MC - ICP - MS . lead isotope analysis of gold. Journal of Analytical Atomic Spectrometry,28: 217 - 225.

[83] Cheng H, Hu Y A. Lead(Pb)isotopic fingerprinting and its applications in lead pollution studies in China: Areview. Environmental Pollution,2010. 158: 1134 - 1146.

[84] Landmeyer J E, Bradley P M, Bullen T D, 2003. Stable lead isotopes reveal a natural source of high lead concentrations to gasoline-contaminated groundwater. Environmental Geology,45:12 - 22.

[85] 常向阳,付善明,陈南,等. 铅稳定同位素示踪在铅污染研究中的应用[J]. 广州大学学报(自然科学版). 2012,11(3):86 - 90.

[86] 曾静,闫赖赖,欧阳荔,吴晶,王京宇. 铅染毒大鼠血、毛发及组织脏器铅指纹差异现象[J]. 科学通报 2012,57:138 - 143.

[87] Duzgoren-Aydin N S, Weiss A L. 2008. Useand abuse of Pb-isotope fingerprinting technique and GIS mapping data to assess lead in environmental studies. Environmental Geochemistry and Health,30: 577 - 588.

[88] Michael B Rabinowitz. Stable Isotopes of Lead for Source Identification[J]. Clinical Toxicology 1995,33:649 - 655.

[89] 武永锋,陈建华. 铅同位素在环境地球化学中的应用与进展[J]. 微量元素与健康研究,2009,26:65－67.

[90] Miller J R,Lechler P J,Hudson-Edwards K A,et al. ,2002. Lead isotopic fingerprinting of heavy metal contamination,Rio Pilcomayo basin,Bolivia. Geochemistry: Exploration,Environment,Analysis,2: 225－233.

[91] Gelinas Y,Schmit J P. 1997. Extending the use of the stable lead isotope ratios as a tracer in bioavailability studies. Environmental Science and Technology, 31: 1968－1972.

[92] Morrison R D. 2000. Application of forensic techniques for age dating and source identification in environmental litigation. Environmental Forensics,1: 131－153.

[93] 罗伯特. 世界指纹史[M] ,北京:人民公安出版社,2008.

[94] 郑颖,吴凤锷. 中药指纹图谱的研究进展[J]. 天然产物研究与开发,2003,15:55－60.

[95] R Paul Philp,Jon Allen. 2002,The use of the isotopic composition of individual compounds for correlating spilled oils and refined products in the environment with suspected sources[J]. Environmental Forensics,3: 341－348.

[96] 郭晓强,冯志霞. DNA 指纹图谱的创造者——杰弗里[J]. 生物学通报,2008,43:60－61.

[97] 张小海,王宪. 基于结构特征信息的指纹匹配算法研究[J]. 计算机系统应用,2008,6:71－73.

[98] 王彦,吕述望,徐汉良. 一种二进制数字指纹编码算法[J]. 软件学报,2003,14:1172－1176.

[99] K H Lieser,Fey W. Isotopic fingerprint method: Assessment of the origin of rare earth compounds from the isotope ratios of lead impurities, Analytical and Bioanalytical Chemistry 1995,351:129－133.

[100] GULSON B L. Stable lead isotopes in environmental health with emphasis on human investigations[J]. Sci Total Environ,2008,400: 75－92.

[101] GULSON B L,WONG H. Stable isotopic tracing:A way forward for Nanotechnology [J]. Environ Health Perspect,2006,114(10): 1486－1488.

[102] Lantzy R T,Maikenzie F T. Atmospheric trace metals: global cycles and assessment of man's impact [J]. Geochim Cosmochim Acta,1979,43(4): 511－525.

[103] 朱坦,白志鹏. 源解析技术在环境评价中的应用-区域大气污染物总量控制[J]. 中国环境科学,2000,20(suppl):2－6.

[104] 尚英男,杨波,尹观. 成都市近地表大气尘铅分布特征及源解析[J]. 物探与化探,2006,30(2):104－107.

[105] 高志友,尹观,倪师军等. 成都市城市环境铅同位素地球化学特征[J]. 中国岩溶,2004,23(4):267－272.

[106] 常向阳,朱炳泉. 元素-同位素示踪在环境科学研究中的应用[J]. 广州大学学报(自然科学版),2002,1(3):67－70.

[107] 边归国. 大气颗粒物中铅污染来源解析技术[J]. 中国环境监测,2009,25(2): 48－52.

[108] 于瑞莲,胡恭任. 土壤中重金属污染源解析研究进展[J]. 有色金属,2008,60(4):1588-1630.

[109] Farmer A,Farmer A M. Concentration of Cadmium. Lead and Zinc in ivestock Feed and Organs Around a Metal Production Center in Eastern Kazakhstan [J]. SCI Total Environ,2000,257:53-60.

[110] Pichtel J,Kuroiwa K,Sawyerr H T. Distribution of Pb,Cd and Ba in Soils and Plants of Two Contaminated Sites [J]. Environ Pollut,2000,110:171-178.

[111] 王利军,卢新卫,等. 宝鸡长青镇铅锌冶炼厂周边土壤重金属污染研究[J]. 农业环境科学学报,2012,02:325-330.

[112] 祝鹏飞,宁平,曾向东,等. 有色冶炼污染区土壤污染及重金属超积累植物的研究[J]. 安全与环境工程,2006,01:48-51.

[113] Ullrich S M,Ramsey M H,Helios-Rybicka E. Total and exchangeable concentrations of heavy metals in soils near Byton,an area of Pb/Zn mining and smelting in Upper Solesia,Poland[J]. Applied Geochemistry,1999,14:187-196.

[114] 胡克林,张凤荣,吕贻忠,等. 北京市大兴区土壤重金属含量的空间分布特征[J]. 环境科学学报,2004,03:463-468.

[115] 彭道平,姚远,段求应,等. 铅锌矿厂区周围土壤环境中重金属污染评价[J]. 广东农业科学,2013,16:171-173.

[116] 国家环境保护局,中国环境监测总站. 中国土壤元素背景值[M]. 北京:中国环境科学出版社,1990:87-90,330-496.

[117] 谢正苗,李 静,陈建军,等. 中国蔬菜地土壤重金属健康风险基准的研究[J]. 生态毒理学报,2006,1(2):172-179.

[118] 吴双桃,吴晓芙,胡曰利,等. 铅锌冶炼厂土壤污染及重金属富集植物的研究[J]. 生态环境,2004,13(2):156-157,160.

[119] 尹仁湛,罗亚平,李金城,等. 泗顶铅锌矿周边土壤重金属污染潜在生态风险评价及优势植物对重金属累积特征[J]. 农业环境科学学报,2008,06:2158-2165.

[120] 许中坚,史红文,邱喜阳. 铅锌厂周边蔬菜对重金属的吸收与富集研究[J]. 湖南科技大学学报(自然科学版),2008,12:107-110.

[121] 张红振,骆永明,章海波,等. 小麦籽粒、镉铅富集系数分布特征及规律[J]. 环境科学,2010.02:487-495.

[122] 汤洁,陈初雨,李海毅,等. 大庆市建成区土壤重金属潜在生态危害和健康风险评价[J]. 地理科学,2011,01:117-122.

[123] Lars Hakanson. An ecological riskindex for aquatic pollution control-a sedimentological approach[J]. waterResearch,1980,14:975.

[124] 赵沁娜,徐启新,杨凯. 潜在生态危害指数法在典型污染行业土壤污染评价中的应用[J]. 华东师范大学学报(自然科学版),2005,01:111-116.

[125] 郭平,谢忠雷,李军,等. 长春市土壤重金属污染特征及其潜在生态风险评价[J]. 地理科学,2005,01:108-112.

[126] 陈秀端,卢新卫. 西安市二环内表层土壤重金属空间分布特征[J]. 地理学报,2011,66

(9):1281-1288.

[127] 柳云龙,章立佳. 上海城市样带土壤重金属空间变异特征及污染评价[J]. 环境科学,2012,33(2):599-605.

[128] Facchinelli A,Sacchi E,Mallen L . Multivariate statistical and GIS based approach to identify heavy metal sources in soils [J] . Environmental Pollution,2001,114 :313-324.

[129] Cattle J A,Mcbratney A B,Minasny B. Kriging method evaluation for assessing the spatial distribution of urban soil lead contamination [J] . Journal of Environmental Quality,2002,31:15.

[130] 林莉. 合成氨厂卫生防护距离的确定[J]. 工业安全与环保,2008,34(7): 58-59.

[131] 李孝民,刘风华,王强. 关于卫生防护距离问题的探讨[J]. 环境保护科学,1996,22(4):69-71.

[132] 陈学敏,环境卫生学[M]. 4 版. 北京:人民卫生出版社,2001.

[133] 陶遵华,刘广山. 确定电解铝厂卫生防护距离方法探讨[J] . 轻金属,2001,6: 61-63.

[134] 张伟,戈鹤山,洪燕峰. 我国卫生防护距离标准的历史、现状与未来[J]. 环境与健康杂志,2007,24(9):730-731.

[135] Anilkumar P,Varghese K,Ganesh L. Formulating a coastal zone health metric for landuse impact management in urban coastal zones,Journal of Environmental Management,2010,91: 2172-2185.

[136] Alina K P. Soil-plant transfer of trace elements: an environmental issue [J]. Geoderma,2004,122(2/3/4):143-149.

[137] Chen T,LIU X M,Zhu M Zh,et al. Identification of trace element sources and associated risk assessment in vegetable soils of the urbane rural transitional area of Hangzhou,China[J]. Environ Pollut,2008,151(1):67-78.

[138] DAVID W L,PALOMA I B. Migration of Contaminated Soil and Airborne Particulates to Indoor Dust[J]. Environ. Sci. Technol,2009,43:8199-8205.

[139] Davis S B,Thomas K,Gale T K,et al. Multi-component coagulation and condensation of toxic metals in combustors[C] // Proceedings of 27th Symposium on Combustion. Pittsburgh: The Combustion Institute,1998: 1785 - 1791.

[140] Dingenen R V,Raes F,Putaud J P. A EuroPean aerosol Phenomenology - 1: Physical characteristics of Particulate matter at kerbside,urban,rural and background sites in EuroPe[J]. AtmosPherce Environment,2004,38(16): 2561-2577.

[141] Dockery D W,Pope C A. Acute respiratory effects of particulate air pollution [J]. Annual reviews of public health. Atmos Environ,1994(35):2045-2051.

[142] Donguk P,Namwon P. Exposure to lead and its particles size distribution[J]. Journal of occupational health,2004,46(3): 225-229.

[143] EhsanulK,SharmilaR,Ki-HyunK,et al. Current Status of Trace Metal Pollution in Soils Affected by Industrial Activities[J]. The Scientific World Journal Volume2012: doi: 10.1100/2012/916705.

[144] Environmental Protection Agency. A Comparison of CALPUFF with ISC3. Office of Air Quality Planning and Standards Research Triangle Park,NC. 1998. 1 - 10.

[145] EPA. Guideline on air quality models,40 CFR part 51,appendix W. 2005. Fariborz G, Hamed S,William. F D. Monitoring the distribution and deposition of trace elements associated with a zinc-lead smelter in the Trail area,British Columbia,Canada [J]. J. Environ. Monit,2001,3:515 - 525.

[146] Friedman G M. Address of the retiring President of the International Association of Sedimentology: difference in size distributions of populations of particles among sands from various origins [J]. Sedimentology,1979(26): 3 - 22.

[147] Gao S,Collins M. Net sediment transport patterns inferred from grain-size trends, based upon definition of "transport vectors"[J]. Sedimentary Geology,1992(81):47 - 60.

[148] Hao J M,Wang L T,Shen M J,et al. Air quality impacts of power plant emissions in Beijing [J] . Environmental Pollution,2007,147(2):401 - 408.

[149] Harrison R M,Williams C R,O'Neill I K. Characterization of airborne heavy metals within a primary zinc-lead smelting works [J]. Environmental Science & Technology, 1981,15(10): 1197 - 1204.

[150] Jacko R B,Neuendorf D W. Trace metal particulate emission test results from a number of industrial and municipal point sources [J]. Journal of the Air Pollution Control Association,1977,27(10): 989 - 994.

[151] Joseph S Scire,David G. Strimaitis,Robert J. Yamartino. A User'S Guide For The CALPUFF Dispersion Model(Version 5). Earth Tech,Inc. 2000. 1 - 79.

[152] Kirchmann H,Mattsson L,Eriksson J. Trace element concentration in wheat grain: results from the Swedish long-term soil fertility experiments and national monitoring program [J]. Environ Geochem Health,2009,31(5):561 - 571.

[153] Levy J I,Spengler J D,Hlinka D,et al. Using CALPUFF to evaluate the impacts of power plant emissions in Illinois: model sensitivity and implications [J]. Atmospheric Environment,2002,36(6):1063 - 1075.

[154] MacIntosh D L,Stewart J H,Myatt T A,et al. Use of CALPUFF for exposure assessment in a near-field,complex terrain setting[J]. Atmospheric Environment,2010,44 (2): 262 - 270.

[155] Müller G. Index of geoaccumulation in sediments of the Rhine River [J]. Geojournal, 1969,2:108 - 118.

[156] Ohmsen G S. Characterization of fugitive material within a primary lead smelter [J]. Journal of the Air & Waste Management Association,2001,51(10): 1443 - 1451.

[157] Pereira P A De P,Lopes W A,CARVALHO L S,et al. Atmospheric concentrations and dry deposition fluxes of particulate trace metals in Salvador,Bahia,Brail [J]. Atmospheric Environment,2007,41:7837 - 7850.

[158] Protonotariou A. Evaluation of CALPUFF modeling system performance: an applica-

tion over the Greater Athens Area, Greece [J]. International Journal of Environment and Pollution, 2005, 24(1): 22 - 35.

[159] Rudolph L, Sharp D S, Samuels S, et al. Environmental and biological monitoring for lead exposure in California workplaces [J]. American Journal of Public Health, 1990, 80(8): 921 - 925.

[160] Saby N P A, Thioulouse J, Jolivet C C, et al. Multivariate analysis of the spatial patterns of 8 trace elements using the French soil monitoring network data [J]. Sci Total Environ, 2009, 07(21): 5644 - 5652.

[161] Sakata M, Marumoto K, Narukawa M, et al. Regional variations in wet and dry deposition ? uxes of trace elements in Japan[J]. Atmospheric Environment, 2006(40), 521 - 531.

[162] Sakata M, Marumoto K. Dry deposition ? uxes and deposition velocities of trace metals in the Tokyo metropolitan area measured with a water surface sampler[J]. Environmental Science and Technolog, 2004(38), 2190 - 2197.

[163] Schaumann F, Borm P J A, Herbrich A, et al. Metal-rich ambient particles(Particulate Matter 2. 5) cause airway inflammation in healthy subjects [J]. American Journal of Respiratory and Critical Care Medicine, 2004, 170(8): 898 - 903.

[164] Scire J S, Strimaitis D G, Yamartino R J. A user's guide for the CALPUFF dispersion model(version 5). Concord: Earth Tech Inc, 2000.

[165] Sheng X F, Xia J J, Jiang Ch Y, et al. Characterization of heavy metal - resistant entophytic bacteria from rape(Brassica napus) roots and their potential in promoting the growth and lead accumulation of rape [J]. Environmental Pollution, 2008, 156(3): 1164 - 1170.

[166] Simon J B, Kenneth P. Gradistat: a grain size distribution and statistics package for the analysis of unconsolidated sediments[J]. Earth Surf. Process and Landforms, 2001 (26): 1237 - 1248.

[167] Tasdemir Y, Kural C. Atmospheric dry deposit ion fluxes of trace element s measured in Bursa, Turkey[J]. Environmental Pollution, 2005, 138: 462 - 472.

[168] Van Alphen M. Atmospheric heavy metal deposition plumes adjacent to a primary lead-zinc smelter [J]. Science of the total environment, 1999, 236(1): 119 - 134.

[169] Wong C S C, LI X D, ZHANG G, et al. Atmospheric deposition of heavy metal in the Pearl River Delta, China[J]. Atmospheric Environment, 2003, 37: 767 - 776.

[170] Yao R, Xu X, Xin C. A tracer experiment study to evaluate the CALPUFF real time application in a near-field complex terrain setting [J]. Atmospheric Environment, 2011, 45(39): 7525 - 75 2.

[171] Yasushi S, Kunihisa S, Eiichi K, et al. Release behavior of trace elements from coal during high-temperature processing [J]. Powder Technology, 2006, 180(1 - 2): 210 - 215.

[172] Zhang W, Sun Y L. Characteristics and Seasonal Variations of PM2. 5, PM10, and TSP

Aerosol in Beijing[J]. Biomed. Environ. Sci. 2006(19):461-468.

[173] 蔡奎,栾文楼,李随民,等. 石家庄市大气降尘重金属元素来源分析[J]. 地球与环境,2012,40(1):37-43.

[174] 程真,陈长虹,黄成,等. 长三角区域城市间一次污染跨界影响[J]. 环境科学学报,2011,31(4):686-694.

[175] 迟妍妍,张惠远. 大气污染物扩散模式的应用研究综述[J]. 环境污染与防治,2007,29(5):376-381.

[176] 从源,陈岳龙,杨忠芳,等. 北京平原区元素的大气干湿沉降通量[J]. 地质通报,2008,27(2):257-264.

[177] 刁桂仪,文启中,吴明清. 黄河中游马兰黄土中若干微量元素的平均含量及相关性研究[J]. 海洋地质与第四纪地质,1996,16(2):85-92.

[178] 杜平. 铅锌冶炼厂周边土壤中重金属污染的空间分布及其形态研究[D]. 北京:中国科学研究院,2007:1-53.

[179] 冯素萍,赵祥峰,唐厚全,等. 大气颗粒物中元素 Cu,Pb,Zn,Cr,Ni 和 Mn 的形态分析[J]. 山东大学学报(理学版),2006,41(4):137-144.

[180] 国家环境保护"十二五"环境与健康工作规划[EB/OL]. http://www. zhb. gov. cn/,2011-09-20.

[181] 国家环境保护局,中国环境监测总站. 中国土壤元素背景值[M]. 北京:中国环境科学出版社,1990:330-493.

[182] 国家环境保护局开发监督司. 环境影响评价技术原则与方法[M]. 北京:北京大学出版社,1992:560-579.

[183] 何选明,马晶晶,常红兵,等. 煤焦化过程中铅的分布规律研究[J]. 武汉科技大学学报(自然科学版),2008,31(6).

[184] 侯晓龙,黄建国,刘爱琴. 福建闽江河口湿地土壤重金属污染特征及评价研究[J]. 农业环境科学学报,2009,28(11):2302-2306.

[185] 环境保护部. HJ2.2-2008 环境影响评价技术导则:大气环境. 北京:中国环境科学出版社,2008.

[186] 黄顺生,华明,金洋,等. 南京市大气降尘重金属含量特征及来源研究[J]. 地学前缘,2008,15(5):161-166.

[187] 黄玉虎,蔡煜,毛华云,等. 呼和浩特市施工扬尘排放因子和粒径分布[J]. 内蒙古大学学报(自然科学版),2011,42(2):230-234.

[188] 姜月华,殷鸿福,王润华. 湖州市土壤磁化率与重金属元素分布规律及其相关性研究[J]. 吉林大学学报(地球科学版),2005,35(5):653-660,666.

[189] 赖木收,杨忠芳,王洪翠,等. 太原盆地农田区大气降尘对土壤重金属元素累积的影响及其来源探讨[J]. 地质通报,2008,27(2):240-245.

[190] 黎彤,袁怀雨,吴胜昔,等. 中国大陆壳体的区域元素丰度[J]. 大地构造与成矿学,1999,23(2):101-107.

[191] 李波,刘娅,姚燕,等. 吉林省西部地区大气干湿沉降元素通量及来源[J]. 吉林大学学报(地球科学版),2010,40(1):176-182.

[192] 李为柱. 2000 版 ISO9000 族标准统计技术应用教程[M]. 北京:企业管理出版社,2001.
[193] 李小平,王昕. 城市典型工业区土壤重金属分布与污染评价[J]. 干旱区资源与环境,2010,24(10):100-104.
[194] 李晓雪,卢新卫,任春辉,等. 宝鸡二电厂周边农田土壤重金属污染特征及评价[J]. 干旱地区农业研究,2012,30(2):221-224,254.
[195] 李宇庆,夏四清,陈玲,等. 上海化学工业区土壤元素相关分析[J]. 土壤通报,2004,35(6):701-705.
[196] 梁俊宁,刘杰,陈洁,等. 陕西西部某工业园区采暖期大气降尘重金属特征[J]. 环境科学学报,2014,34(6):13-21.
[197] 雒昆利,王斗虎,谭见安,等. 西安市燃煤中铅的排放量及其环境效应[J]. 环境科学,2002,23(1):123-125.
[198] 马艳华,宁平,黄小凤,等. PM2.5 重金属元素组成特征研究进展[J]. 矿物学报,2013,33(3):375-382.
[199] 梅凡民,徐朝友,周亮. 西安市公园大气降尘中 Cu、Pb、Zn、Ni、Cd 的化学形态特征及其生物有效性[J]. 环境化学,2011,30(7):1284-1290.
[200] 乔胜英,李望成,何方,等. 漳州市城市土壤重金属含量特征及控制因素[J]. 地球化学,2005,34(6):635-42.
[201] 邱媛,管东生. 经济快速发展区域的城市植被叶面降尘粒径和重金属特征[J]. 环境科学学报,2007,27(12):2080-2087.
[202] 冉永亮,邢维芹,梁爽,等. 华北平原地区某铅冶炼厂附近土壤重金属有效性研究[J]. 生态毒理学报,2010,5(4):592-598.
[203] 任春辉,卢新卫,陈灿灿,等. 宝鸡长青镇铅锌冶炼厂周围灰尘中重金属的空间分布及污染评价[J] . 环境科学学报,2012,32(3):706-712.
[204] 任春辉,卢新卫,李晓雪,等. 宝鸡长青镇工业园区周围灰尘重金属[J]. 地球与环境,2012,40(3):367-374.
[205] 任慧敏,王金达,张学林,等. 沈阳市儿童环境铅暴露评价[J]. 环境科学学报,2005,25(9):1236-1241.
[206] 阮心玲,张甘霖,赵玉国,等. 基于高密度采样的土壤重金属分布特征及迁移速率[J]. 环境科学,2006,27(5):1020-1025.
[207] 汤洁,韩维峥,李娜,等. 哈尔滨市城区大气重金属沉降特征和来源研究[J]. 光谱学与光谱分析,. 2011,31(11):3087-3091.
[208] 汤洁,李娜,李海毅,等. 大庆市大气干湿沉降重金属元素通量及来源[J]. 吉林大学学报(地球科学版),2012,42(2):507-513.
[209] 汤奇峰,杨忠芳,张本仁,等. 成都经济区 As 等元素大气干湿沉降通量及来源研究[J]. 地学前缘,2007,14(3):213-222.
[210] 王淑兰,张远航,钟流举,等. 珠江三角洲城市间空气污染的相互影响[J]. 中国环境科学,2005,25(2):133-137.
[211] 魏复盛,杨国治,蒋德珍,等. 中国土壤元素背景值基本统计量及其特征[J]. 中国环境监测,1991,7(1):1-6.

[212] 魏强,王菊,杨萌尧,等. 基于地统计学方法的城市综合扬尘污染来源研究[A]. //中国环境科学学会学术年会论文集[C]. 北京:中国农业大学出版社,2012.
[213] 吴辰熙,祁士华,方敏,等. 福建省泉州湾大气降尘中的重金属元素的沉降特征[J]. 环境科学研究,2006,6(19):27-30.
[214] 吴辰熙,祁士华,苏秋克,等. 福建省兴化湾大气沉降中重金属的测定[J]. 环境化学,2006,25(6):781-784.
[215] 夏增禄,李森照,穆从如. 北京地区重金属在土壤中的纵向分布和迁移[J]. 环境科学学报,1985,5(1):105-112.
[216] 徐幼和. 炼铅厂卫生防护距离的确定[J]. 有色金属加工,2006,35(6):47-49.
[217] 杨林娜,卢新卫,王利军,等. 宝鸡市王家崖水库沉积物重金属含量及潜在生态风险评价[J]. 水土保持通报,2011,31(6):190-193.
[218] 杨世勇,王方,谢建春. 重金属对植物的毒害及植物的耐性机制[J]. 安徽师范大学学报(自然科学版),2004,27(1):71-74,90.
[219] 杨忠平,卢文喜,刘新荣,等. 长春市城市近地表灰尘重金属污染来源解析[J]. 干旱区资源与环境,2010,24(12):155-160.
[220] 杨忠平,卢文喜,龙玉桥. 长春市城区重金属大气干湿沉降特征[J]. 环境科学研究,2009,22(1):28-34.
[221] 殷永文,程金平,段玉森,等. 上海市霾期间 PM2.5、PM10 污染与呼吸科、儿呼吸科门诊人数的相关分析[J]. 环境科学,2011,32(7):1894-1898.
[222] 尹爱经,高超,刘勇华,等. 秦淮河表层沉积物毒害微量元素分布特征及污染评价[J]. 环境化学,2011,30(11):1912-1917.
[223] 战雯静,张艳,马蔚纯,等. 长江口大气重金属污染特征及沉降通量[J]. 中国环境科学,2012,32(5):900-905.
[224] 张桂林,谈明光,李晓林,等. 上海市大气气溶胶中铅污染的综合研究[J]. 环境科学,2006,27(5):831-8361.
[225] 张丽慧. 宝鸡市东岭铅锌冶炼厂周边地区植物及土壤中重金属含量研究[D]. 西安:陕西师范大学,2011:1-40.
[226] 张若冰,池涌,陆胜勇,等. 垃圾焚烧过程中重金属分布特性的研究[J]. 工程热物理学报,200,24(1):149-152.
[227] 张小锋,卓建坤,宋蔷,等. 燃烧过程中铅颗粒粒径分布的实验研究[J]. 清华大学学报(自然科学版),2007,47(8):1347-1351.
[228] 张晓霞,李占斌,李鹏. 黄土高原草地土壤微量元素分布特征研究[J]. 水土保持学报,2010,24(5):45-48.
[229] 章明奎. 浙江省城市汽车站地表灰尘中重金属含量及其来源研究[J]. 环境科学学报,2010,30(11):2294-2304.
[230] 赵珂,曹军骥,文湘闽. 西安市大气 PM2.5 污染与城区居民死亡率的关系[J]. 预防医学情报,2011,27(4):257-262.
[231] 赵兴敏,赵蓝坡,,花修艺. 长春市大气降尘中重金属的分布特征和来源分析[J]. 城市环境与城市生态,2009,22(4):30-32.

[232] 郑娜,王起超,郑冬梅. 锌冶炼厂周围重金属在土壤-蔬菜系统中的迁移特征移特征迁移特征[J]. 环境科学,2007,28(6):1349-1354.

[233] 中国环境监测总站. 中国土壤元素背景值[M]. 北京:中国环境科学出版社,1990,87-91,246-247,482-483.

[234] 朱好,蔡旭晖,张宏升,等. 内陆丘陵河谷地区小风条件下的大气扩散模拟研究[J]. 环境科学学报,2011,31(3): 613-623.

[235] 朱好,张宏升,蔡旭晖,等. CALPUFF 在复杂地形条件下的近场大气扩散模拟研究[J]. 北京大学学报(自然科学版),2013,3:016.

[236] 邹海明,李粉茹,官楠,等. 大气中 TSP 和降尘对土壤重金属累积的影响[J]. 中国农学通报,2006,22(5):393-395.

[237] 杨长明;张芬;徐琛,等. 巢湖市环城河沉积物重金属形态及垂直分布特征[J]. 同济大学学报(自然科学版),2013,41(9):1404-1409

[238] 冀永般,王雪,曾巾,等. 南京市湖泊沉积物中重金属垂直分布及污染状况评价[J]. . 环境科学与技术,2012,35(12):230-233.

[239] 王玉洁. 论环境标准的性质[J],法制与社会 2012,01(中):284～285

[240] 张晏,汪劲. 我国环境标准制度存在的问题及对策[J],中国环境科学 2012,32(1):187～192

[241] WEBBK Environmental standards setting and the law in Canada,environmental law in the social context [M]. Toronto: Captus Press,2002:1～10.

[242] FujiKuraR Environment management legislation[R]. Japan:2002.

[243] 周安扬,安华. 美国的环境标准[J]. 环境科学研究 1997,10(1):57.

[244] 胡必彬. 欧洲联盟环境标准体系及其分析[J]. 化工环保 2005,25(3):195～198.

[245] 中华人民共和国环境保护部. http://kjs.mep.gov.cn/hjbhbz/

[246] 周军英,汪云岗,钱谊. 美国大气污染物排放标准体系综述[J],农村生态环境 1999,15(1):53-58.

[247] 胡必彬,孟伟. 欧盟大气环境标准体系研究[J],环境科学与技术 2005,28(4):60-68

[248] 王宗爽,武婷,车飞,等. 中外环境空气质量标准比较[J],环境科学研究 2010,23(3):253-260.

[249] GB16297-1996,大气污染物综合排放标准[S].

[250] GB25466-2010,铅锌工业污染物排放标准[S].

[251] 全球法律法规,http://policy.mofcom.gov.cn/claw/.

[252] 袁建新,王云. 我国《土壤环境质量标准》现存问题与建议[J],中国环境监测 2000,10(5):41-43.

[253] 何忠俊,梁社往,洪常青,等. 土壤环境质量标准研究现状及展望[J],云南农业大学学报 2004,12(6):700-703.

[254] GB2762-2005,食品中污染物限量标准[S].

[255] CODEXSTAN193-1995,食品中污染物和毒素通用标准[S].

[256] EC No 1881/2008,欧盟食品污染物最高限量[S].

[257] 郑国璋. 农业土壤重金属污染研究的理论与实践[M]. 北京:中国环境科学出版社,

2007:101－104.

[258] 徐争启,倪师军,张成玖,等. 应用污染负荷指数法评价攀枝花地区金沙江水系沉积物中的重金属[J]. 四川环境,2004,23(3):64－67.

[259] 郭朝晖,肖细元,陈同斌,等. 湘江中下游农田土壤和蔬菜的重金属污染[J]. 地理学报,2008,63(1):3－11.

[260] 彭景,李泽琴,侯家渝. 地积累指数法及生态危害指数评价法在土壤重金属污染中的应用及探讨[J]. 广东微量元素科学,2007,14(8):13－17.

[261] 李娟娟,马金涛,楚秀娟,等. 应用地积累指数法和富集因子法对铜矿区土壤重金属污染的安全评价[J]. 中国安全科学学报,2006,16(12):135－139.

[262] 赵沁娜,徐启新,杨凯. 潜在生态危害指数法在典型污染行业土壤污染评价中的应用[J]. 华东师范大学学报(自然科学版),2005,3(1):111－116.

[263] 徐争启,倪师军,庹先国,等. 潜在生态危害指数法评价中重金属毒性系数计算[J]. 环境科学与技术,2008,31(2):112－115.

[264] 郭平. 长春市土壤重金属污染特征及其潜在生态风险评价[J]. 地理科学,2005,25(1):108－112.

[265] 朱青,周生路,孙兆金,等. 两种模糊数学模型在土壤重金属综合污染评价中的应用与比较[J]. 环境保护科学,2004,30:53－57.

[266] 金艳,何德文,柴立元,等. 重金属污染评价研究进展[J]. 有色金属,2007,59(2):101－104.

[267] 石晓翠,熊建新. 模糊数学模型在土壤重金属污染评价中的应用[J]. 天津农业科学,2005,11(3):28－30.

[268] 石晓翠,钱翌,熊建新. 模糊数学模型在土壤重金属污染评价中的应用[J]. 土壤通报,2006,37(2):334－336.

[267] 窦磊,周永章,王旭日,等. 针对土壤重金属污染评价的模糊数学模型的改进及应用[J]. 土壤通报,2007,38(1):101－105.

[268] 张松滨,宋静. 土壤重金属污染的灰色模糊评价[J]. 干旱环境监测,2002,16(1):31－33.

[269] 孟宪林,沈晋,周定. 改性灰色聚类法在土壤重金属污染评价中的应用[J]. 哈尔滨工业大学学报,1994,26(6):134－139.

[270] 谢贤平,赵玉. 用改进灰色聚类法综合评价土壤重金属污染[J]. 矿冶,1996,5(3):100－104.

[271] 刘庆,王静,史衍玺,等. 基于 GIS 的农田土壤重金属空间分布研究[J]. 安全与环境学报,2007,7(2):109－113.

[272] 朱求安,张万昌,余钧辉. 基于 GIS 的空间插值方法研究[J]. 江西师范大学学报(自然科学版),2004,28(2):183－188.

[273] 李思米. 基于 GIS 的中尺度土壤重金属空间插值分析及污染评价—以江苏省南通市为例[D]. 南京:南京农业大学,2005:10－23.

[274] 黄勇,杨忠芳,张连志,等. 基于重金属的区域健康风险评价——以成都经济区为例[J]. 现代地质,2008,22(6):990－997.

[275] 李静,俞天明,周沽,等. 铅锌矿区及周边土壤铅、锌、镉、铜的污染健康风险评价[J]. 环境科学,2008,29(8):2327-2330.

[276] 周宜开,刘雯君. 土壤汞污染人群健康风险评价[J]. 湖北预防医学杂志,2008,19(1):1-5.

[277] 李剑,马建华,宋博. 郑汴路路旁土壤-小麦系统重金属积累及其健康风险评价[J]. 植物生态学报,2009,33(3):624-628.

[278] 陈鸿汉,谌宏伟,何江涛,等. 污染场地健康风险评价的理论和方法[J]. 地学前缘,2006,13(1):216-223.

[279] RAPANT S,KORDIK J. An environmental risk assessment map of the slovak republic: application of data from geochemical atlases[J]. Environmental Geology,2003,44:400-407

[280] 莱尔曼. 湖泊的化学地质学和物理学[M]. 北京:地质出版社,1989.

[281] 沈吉,薛滨,吴敬禄,等. 湖泊沉积与环境演化[M]. 北京:科学出版社,2010.

[282] L 霍坎松,M 杨松. 湖泊沉积学原理[M]. 北京:科学出版社,1992.

附　录

附录1　铅污染诊断和表征样品采集、制备及浓度分析规范(建议稿)

第一部分　土壤及大气颗粒物样品采集及制备方法

1. 范围

本规范规定了铅污染诊断和表征中环境介质(包括土壤、水质及大气颗粒物)样品采集方法。

本规范适用于铅污染诊断和表征研究工作,也可用于突发性环境污染事故应急监测工作。

2. 规范性引用文件

本规范在制定过程中引用了下列文件中的条款:

《土壤环境监测技术规范》(HJ/T 166—2004)

《全国土壤污染状况调查样品分析测试技术规范》原国家环保总局

《大气污染物无组织排放监测技术导则》(HJ/T55—2000)

《环境空气质量手工监测技术规范》(HJ/T194—2005)

3. 采样准备

3.1　组织准备

由具有现场调查经验且掌握相应采样技术规程的专业技术人员组成采样组,采样前组织学习有关技术文件,了解监测技术规范。

3.2　资料收集

收集包括监测区域的交通图、地质图、大比例尺地形图等资料,供制作采样工作图和标注采样点位用。

收集主要污染物的毒性、稳定性以及如何消除等资料。

收集监测区域工农业生产及排污、污灌、化肥农药施用情况资料。

收集监测区域气候资料(温度、降水量和蒸发量)、水文资料。

3.3　现场调查

现场踏勘,将调查得到的信息进行整理和利用,丰富采样工作图的内容。

3.4　采样器具准备

3.4.1　土壤样品采样器具准备

工具类:木铲或竹铲以及不引入重金属污染的采样工具,白布(或塑料布)等。

器材类:GPS,照相机,卷尺,铝盒,样品袋,磨口棕色玻璃瓶,封口膜,样品箱等。

文具类:样品标签,采样记录表,被测单位信息调查表,笔,资料夹等。

安全防护用品:工作服,工作鞋,安全帽,药品箱等。

3.4.2　大气样品采样器具准备

器材类：中流量或大流量气体采样器，TSP 颗粒物切割器，玻璃纤维滤膜，风速风向测定仪，温度计，气压表，样品袋，电源及电缆等。

文具类：样品标签，采样记录表，被测单位信息调查表，气象参数信息表，笔，资料夹等。

安全防护用品：工作服，工作鞋，安全帽，药品箱等。

4. 布点原则

4.1　土壤样品采集布点原则

为研究涉铅企业周边土壤中铅含量的变化，结合当地气象特征，本规范中土壤样品采集以涉铅企业主排气筒为中心，采取放射形扩散布点方式，以不同距离划分数个同心圆，在不同方向径向与同心圆交汇处设定监测单元，每个监测单元为 10m×10m。

在主要污染物泄露方向或者主导风向上，可进行加密布点，原则同上。

4.2　大气样品采样布点原则

本规范对于大气样品采集总悬浮颗粒物（TSP）以研究其中铅含量变化趋势及来源。对于单一污染源影响的区域，一般应在污染源下风向风向轴两侧平均布点，由于污染物随 TSP 进行扩散，同时交通运输也是另一个潜在的污染源，因此在布点过程中按照当地气象部门提供的气象参数，依照当地主导风向，结合区域内主要干线工作进行布点。

5. 样品采集

5.1　土壤样品采集

在每个基本单元内，以对角线方式或梅花布点方式各布设 5 个采样点，采集 0～20cm 表层土壤。去除枝叶、植物根系等杂质后，用白布或塑料布将 5 份土壤样品混匀，采用四分法缩分至 2kg，装入样品袋。记录点位坐标（GPS 定位），拍摄照片，填写样品标签及采样记录表，重点填写土壤质地、颜色等信息。将样品标签平行写两份，一份置于样品袋中，另一份贴于样品袋外。

如需分析有机指标，则按照上述方法采集混合样品，将新鲜样品置于玻璃瓶中，平行写两份样品标签，一份置于瓶内，另一份贴于瓶外。用封口膜将瓶口封好备用。

5.2　大气样品采集

样品采集前，用 5%稀硝酸溶液对玻璃纤维滤膜浸泡处理，再用去离子水洗至中性，烘干至恒重。测定无铅检出。

打开采样头顶盖，取出滤膜夹，用清洁干布擦掉采样头内滤膜夹及滤膜支持网表面上的灰尘，将采样滤膜毛面向上，平放在滤膜支持网上。同时核查滤膜编号，放上滤膜夹，拧紧螺丝，以不漏气为宜，安好采样头顶盖。启动采样器进行采样。记录采样流量、开始采样时间、温度和压力等参数。

采样结束后，取下滤膜夹，用镊子轻轻夹住滤膜边缘，取下样品滤膜，并检查在采样过程中滤膜是否有破裂现象，或滤膜上尘的边缘轮廓不清晰的现象。若有，则该样品膜作废，需重新采样。确认无破裂后，将滤膜的采样面向里对折两次放入与样品膜编号相同的滤膜袋（盒）中。记录采样结束时间、采样流量、温度和压力等参数。

如要获取小时均值，则采样时间不小于 45min，如要获取日均值，则采样时间不小于 12 小时。

6. 样品制备

6.1　土壤样品制备

6.1.1　风干样品的处理

风干:在风干室将土样放置于风干盘中,除去土壤中混杂的砖瓦石块、石灰结核,根茎动植物残体等,摊成 2～3cm 的薄层,经常翻动。半干状态时,用木棍压碎或用两个木铲搓碎土样,置阴凉处自然风干。

粗磨并分样:粗磨后过 2mm 筛的样品全部置于无色聚乙烯薄膜上,充分搅拌、混合直至均匀,用四分法弃取、称重,保留三份样品,其中一份 500g 样品置于棕色磨口玻璃瓶中,注明样品名称(2mm);剩余样品称重(保留大约分析用量四倍的土样),研磨过 1mm 尼龙筛后分成两份。一份装瓶备分析用(1mm),粗磨样可直接用于土壤 pH、阳离子交换量等项目的分析。另一份继续进行细磨。

细磨并分样:用玛瑙球磨机或手工研磨到土样全部通过孔径 0.25mm(60 目)的尼龙筛,四分法弃取,保留足够量的土样、称重、装瓶备分析用(0.25mm);剩余样品继续研磨至全部通过孔径 0.15mm(100 目)的尼龙筛,装瓶备用(0.15mm),用于土壤重金属等项目的分析。

6.1.2　新鲜样品的处理

为了分析测定挥发性和半挥发性有机项目,采集新鲜土样,土样采集后始终在低于 4℃暗处冷藏,并在 7 天内进行前处理,40 天之内完成分析。

6.2　大气样品制备

根据监测项目分析方法进行制备,此处略。

7. 样品流转

7.1　装运前核对

在采样现场样品必须逐件与样品登记表、样品标签和采样记录进行核对,核对无误后分类装箱。

7.2　运输中防损

运输过程中严防样品的损失、混淆和沾污。对光敏感的样品应有避光外包装。

7.3　样品交接

由专人将土壤样品送到实验室,送样者和接样者双方同时清点核实样品,并在样品交接单上签字确认,样品交接单由双方各存一份备查。

表 1 土壤现场采样记录表

第________页 共________页

<table>
<tr><td colspan="2">采样地点</td><td></td><td>东经</td><td></td><td>北纬</td><td></td></tr>
<tr><td colspan="2">样品编号</td><td></td><td>采样日期</td><td colspan="3"></td></tr>
<tr><td colspan="2">样品类别</td><td></td><td>采样人员</td><td colspan="3"></td></tr>
<tr><td colspan="2">采样层次</td><td></td><td>采样深度(cm)</td><td colspan="3"></td></tr>
<tr><td rowspan="3">样品描述</td><td>土壤颜色</td><td></td><td>植物根系</td><td colspan="3"></td></tr>
<tr><td>土壤质地</td><td></td><td>砂砾含量</td><td colspan="3"></td></tr>
<tr><td>土壤湿度</td><td></td><td>其他异物</td><td colspan="3"></td></tr>
<tr><td>采样点示意图</td><td colspan="3"></td><td>自下而上植被描述</td><td colspan="2"></td></tr>
<tr><td>备注</td><td colspan="6"></td></tr>
</table>

表 2　环境空气采样记录表

项目名称：________________　受测单位：________________

采样点位：________　仪器型号：________　仪器编号：________　污染物名称：________　第____页　共____页

样品编号	日期	采样时间		采样流量 (L/min)	气温 (℃)	气压 (Pa)	天气状况	风向	风速 (m/s)	备　注
		开始	结束							

采样者：________________　交样人：________________　接样人：________________

第二部分 电感耦合等立体发射光谱法测定土壤中的铅

1. 主题内容与适用范围

本规范规定了测定土壤中镉、铅、铜、锌、铁、锰、镍、钼和铬的电感耦合等离子体发射光谱法

2. 原理

土壤样品经过消解后，通过进样装置被引入到电感耦合等离子体中，根据各元素的发光强度测定其浓度。

3. 试剂

水：18MΩ 去离子水或相当纯度的去离子水。

硝酸：ρ＝1.4g/mL，优级纯。

盐酸：ρ＝1.16g/mL，优级纯。

高氯酸：ρ＝1.67g/mL，优级纯。

氢氟酸（HF），ρ＝1.16 g/mL，优级纯。

铅标准贮备液：100 mg/L。

铅标准使用液（10μg/mL）：准取移取 50mL 标准贮备溶液于 500mL 容量瓶中，加入 10mL 硝酸（1＋1），以去离子水定容至刻度线。

4. 仪器

4.1 电感耦合等离子体发射光谱仪

进样装置

可以控制样品输送量，安装有可控流量的蠕动泵、雾化器和喷雾室等组成。为了降低溶液产生的物理干扰，提高喷雾效率，也可以使用超生波雾化器。

等离子体发光部

由等离子体炬、电感耦合圈构成，炬管通常为三个同心石英管，由中心管导入样品。

光谱部

分光器是由具有分离邻近谱线分辨率的色散元件构成，扫描型分光器使用光电倍增管或半导体检测器。

气体——高纯氩气（99.99％）

加热装置

将树脂材料密封容器放入到微波消解装置中的加热装置，将聚四氟乙烯材料的内置容器放入到不锈钢外容器中后密闭，放入到烘箱中的加热装置。

测定条件

参考按照下述参数设定仪器条件，但是，由于仪器型号的不同，操作条件也会有变化，需要设定最佳仪器条件。

分析波长：220.351nm、216.999nm、405.782nm；

射频功率：1.2～1.5kW；

等离子体气体流量：16L/min；

辅助气体流量：0.5L/min；

载气流量:1.0L/min。

4.2 微波消解装置

采用12或24罐高通量的微波消解装置,能同时进行多个样品的前处理。

5. 分析步骤

5.1 试液的制备

样品消解分为湿式消解法、加压容器消解法恒温微波消解法,样品经酸消解后制备成样品溶液。

5.1.1 湿式消解法

准确称取风干土壤样品(1g,准确至0.01g)放入到50mL聚四氟乙烯坩埚中。分别加入5mL盐酸和10mL硝酸,轻轻摇匀后放置过夜进行预消解。之后加盖放在电热板上加热(100℃)一小时左右,待溶液透明,液面平稳后(如溶液不清亮,则继续加入硝酸进行分解)取下稍冷,加 $HClO_4$ 5ml,逐渐升温至200℃冒浓厚白烟,残液剩0.5ml左右,取下冷却。再加HF酸5ml,去盖(用水冲盖),在120℃挥发除硅,蒸至近干,冷却。再加 $HClO_4$ 1ml,继续加热至近干(但不要干涸),以除去HF。用1% HNO_3 定容至50ml。放置澄清后测量。

5.1.2 高压密闭消解

准确称取0.5 g风干土样于内套聚四氟乙烯坩埚中,加入少许水润湿试样,再加入 HNO_3、$HClO_4$ 各5mL,摇匀后将坩埚放入不锈钢套筒中,拧紧。放在180 ℃的烘箱中分解2 h。取出,冷却至室温后,取出坩埚,用水冲洗坩埚盖的内壁,加入3mL HF,置于电热板上,在100℃～120℃加热除硅,待坩埚内剩下约2～3mL溶液时,调高温度至150℃,蒸至冒浓白烟后再缓缓蒸至近干,(用水)定容后进行测定。对于有机质含量较高的样品,应先加入10mL HCl过夜预消解。

5.1.3 微波炉消解

根据含量水平,称取0.1000～0.5000 g,放入消解罐中,依次加入6ml HNO_3,2ml HCl,2ml HF,根据反应剧烈程度,放置一定的时间,待反应平稳后加盖拧紧,放入消解盘中,按照表1进行程序消解。程序运行完毕,取出冷却15～30分钟,使罐内压力降至常压,开盖。对于不赶酸直接进行分析的将消解液转移至50ml PFA容量瓶,去离子水定容至刻度。分析前根据情况将其稀释适当倍数待测;对于要赶酸的则将消解罐中的溶液转移至聚四氟乙烯坩埚中,电热板或配套的赶酸设备110～120℃进行赶酸,待尽干时,取下冷却,去离子水定容至50ml普通容量瓶中待测。

表5-1 微波消解升温程序

升温时间	消解温度	保持时间
7min	室温—120℃	3min
5min	120～160℃	3min
5min	160～190℃	25min

5.2 测定

5.2.1 样品测定

移取适量消解后的样品溶液于100mL容量瓶中,加入适量硝酸使样品溶液酸浓度为0.1

～0.5 mol/L,加入去离子水定容至刻度。

在 ICP－AES 正常运行后,将样品溶液通过进样系统引入到电感耦合等离子体中,以分析波长测定元素的光谱强度。

目标元素的浓度过高时,样品测定前需要稀释样品溶液。如果仪器可以同时测定两个以上不同波长谱线的发射光谱强度时,也可以采用内标法。该方法是在 100mL 容量瓶中准确加入 10.00mL 钢标准溶液(50μg/mL),加入适量的硝酸使溶液酸度为 0.1～0.5 mol/L,用去离子水定容至刻度线。该溶液进行测定,在目标元素分析波长的测定同时测定钢的波长 451.131nm的发射光谱强度,求出目标元素与钢的发射光谱强度比。另外,分别移取 0.1～10mL 的混合标准溶液 2.6 至 100mL 容量瓶中,分别加入 10mL 钢标准溶液(50μg/mL),加入适量硝酸,使标准溶液达到与样品溶液相同的酸度后,用去离子水定容至刻度线。得到的校准用标准溶液进行测定,测定各目标元素和内标元素的发射光谱强度,以各元素的浓度对元素的发射光谱强度/内标元素发射光谱强度比值关系做成校准曲线。由校准曲线求出样品中元素发射光谱强度比所相当的目标元素的浓度。

对于高盐浓度的样品,不能直接使用定量校准曲线时,可以采用标准加入法。但是,必须进行空白校正。为了考察土壤中共存的主要元素的影响,可以测定同一元素的多个波长的发射光谱强度,确认不同波长处测定值是否有差异。

5.2.2 空白试验

在不加土壤样品的条件下重复样品测定的操作,求出各目标元素的发射光谱强度和强度比,并用来校正样品中各目标元素的发射光谱强度。

5.2.3 校准曲线

在样品溶液测定时制作校准曲线。分别移取 0.1～10mL 的铅标准溶液(10μg /mL)至 100mL 容量瓶中,加入适量硝酸,使标准溶液与样品相同的酸度后,用去离子水定容至刻度。得到的校准用标准溶液进行测定。另外,取 20.0mL 去离子水加入到 100mL 容量瓶中,加入适量硝酸使溶液与样品溶液的酸度一致,用去离子水定容。得到的空白溶液进行测定,修正标准溶液的发射光谱强度。以各元素的浓度对元素的发射光谱强度关系做成校准曲线。

6. 结果的表示

由定量校准曲线求出各目标元素的浓度,并换算为干样品中各元素的浓度(mg/kg)。

第三部分　质量保证

根据相关技术规范要求实施质量保证措施。对监测方案的编制、采样点位的布设、现场采样、样品保存、样品制备、样品运输、分析测试、数据处理等环节进行全程序质量控制；

采样前准备

采样前应编制监测方案，确保监测点位具有代表性、合理性和可行性；确保监测因子能够全面买足项目研究的需要，同时避免资源浪费。应严格按照该项目土壤及大气样品采集和制备规范进行准备，确保采样物资齐备且运行正常。采样人员应熟悉相应的环境保护、土壤、气象及地理知识，熟知相应的技术规范要求，并经过相应的培训。采样器具应正确合理，所用仪器应经过计量部门检定，并在有效期内。

点位布设

应严格按照监测方案进行布点和采样，并做好信息记录，以便能够溯源。如果因为其他原因确实无法按照监测方案进行布点，应适当调整采样点位，并做好记录。确保变更后点位能够代表该区域环境信息。

采样

样品采集过程应严格按照规范进行，并确保由质量管理人员参与。现场应记录采样信息，包括点位信息、样品描述、采样时间等，并做好样品标示。采样完成后，应进行现场校核，在现场及时检查各项应完成内容，核对样品标识是否正确、样品记录是否有缺失等。

样品运送及储存

现场核对后，对样品按点位装箱。同时由现场监测人员及质量管理人员确认后，进行运输。如需测定农药等有机项目，则应将样品低温冷藏。对于生物样品如在采样后 24 小时内无法运送至实验室，也需要低温冷藏或冷冻后运输。

样品流转

样品流转应从采样开始，包括样品采集、运送及储存、实验室交接等环节。

样品分析

分析测试人员应熟悉样品处理及分析相关知识，并接受相应的培训。所用仪器或前处理设备应经过计量部门检定，并在有效期内。分析测试过程中采取平行双样、明码或密码质控样、加标回收等措施，质控比例不低于每批样品的 10％－15％，确保监测结果的准确可靠。

监测数据

监测数据应进行合理性分析，通过不同检验及分析手段，评判数据的科学性和合理性。

附录2　铅污染源解析的样品采集、制备及铅同位素分析规范(建议稿)

第一部分　土壤及潜在污染端元样品采集及制备方法

1. 范围

本规范规定了铅污染诊断和表征中环境介质(包括土壤、煤样及矿石)样品采集方法。

本规范适用于铅污染诊断和表征研究工作,也可用于环境污染事故监测工作。

2. 规范性引用文件

本规范在制定过程中引用了下列文件中的条款:

《土壤环境监测技术规范》(HJ/T 166—2004)

《全国土壤污染状况调查样品分析测试技术规范》国家环保总局

《散装矿石取样、制样通则 手工取样方法》GB 2007.1－87

《散装矿石取样、制样通则 手工制样方法》GB 2007.2－87

3. 采样准备

3.1　组织准备

由具有现场调查经验且掌握相应采样技术规程的专业技术人员组成采样组,采样前组织学习有关技术文件,了解监测技术规范。

3.2　资料收集

收集包括监测区域的交通图、地质图、大比例尺地形图等资料,供制作采样工作图和标注采样点位用。

收集主要污染物的毒性、稳定性以及如何消除等资料。

收集监测区域工农业生产及排污、污灌、化肥农药施用情况资料。

收集监测区域气候资料(温度、降水量和蒸发量)、水文资料。

3.3　现场调查

现场踏勘,将调查得到的信息进行整理和利用,丰富采样工作图的内容。

4. 采样器具准备

工具类:木铲或竹铲以及不引入重金属污染的采样工具、白布或塑料布等。

器材类:GPS、照相机、卷尺、铝盒、样品袋、磨口棕色玻璃瓶、封口膜、样品箱等。

文具类:样品标签、采样记录表、被测单位信息调查表、笔、资料夹等。

安全防护用品:工作服、工作鞋、安全帽、药品箱等。

5. 布点原则

5.1　土壤样品采集布点原则

为研究涉铅企业周边土壤中铅含量的变化,结合当地气象特征,本规范中土壤样品采集以涉铅企业主排气筒为中心,采取放射形扩散布点方式,以不同距离划分数个同心圆,在不同方向径向与同心圆交汇处设定监测单元,每个监测单元为10m×10m。

在主要污染物泄露方向或者主导风向上,可进行加密布点,原则同上。

5.2 煤和矿石样品采样布点原则

确保采集的样品的可靠性,准确性和代表性、排除外来其他物质的干扰。

6. 样品采集

6.1 土壤样品采集

在每个基本单元内,以对角线方式或梅花布点方式各布设5个采样点,采集0～20cm表层土壤。去除枝叶、植物根系等杂质后,用白布或塑料布将5份土壤样品混匀,采用四分法缩分至2kg,装入样品袋。记录点位坐标(GPS定位),拍摄照片,填写样品标签及采样记录表,重点填写土壤质地、颜色等信息。将样品标签平行两份,一份置于样品袋中,另一份贴于样品袋外。

如需分析有机指标,则按照上述方法采集混合样品,将新鲜样品置于玻璃瓶中,平行写两份样品标签,一份置于瓶内,另一份贴于瓶外。用封口膜将瓶口封好备用。

6.2 煤和矿石样品样品采集

参考国家标准《散装矿石取样、制样通则 手工取样方法》GB 2007.1—87,沿着煤堆(矿石堆)周围,等间距将煤堆(矿石堆)划分为若干个区域,在每个区域高1m左右的地方(主要是方便样品采集),去除表面的的煤(矿石),采集约200g矿石,将采集的所有样品混合均匀,四分法取样。

7. 样品制备

7.1 土壤样品制备

风干:在风干室将土样放置于风干盘中,除去土壤中混杂的砖瓦石块、石灰结核,根茎动植物残体等,摊成2～3cm的薄层,经常翻动。半干状态时,用木棍压碎或用两个木铲搓碎土样,置阴凉处自然风干。

粗磨并分样:粗磨后过2mm筛的样品全部置于无色聚乙烯薄膜上,充分搅拌、混合直至均匀,用四分法弃取、称重,保留三份样品,其中一份500g样品置于棕色磨口玻璃瓶中,注明样品名称(2mm);剩余样品称重(保留大约分析用量四倍的土样),研磨过1mm尼龙筛后分成两份。一份装瓶备分析用(1mm),粗磨样可直接用于土壤pH、阳离子交换量等项目的分析。另一份继续进行细磨。

细磨并分样:用玛瑙球磨机或手工研磨到土样全部通过孔径0.25mm(60目)的尼龙筛,四分法弃取,保留足够量的土样、称重、装瓶备分析用(0.25mm);剩余样品继续研磨至全部通过孔径0.15mm(100目)的尼龙筛,装瓶备用(0.15mm),用于土壤中铅同位素分析。

7.2 煤和矿石样品制备

风干:在风干室将煤样、矿石样放置于风干盘中,摊成2～3cm的薄层,经常翻动。半干状态时,用木棍压碎或用两个木铲搓碎土样,置阴凉处自然风干。

粗磨并分样:粗磨后过2mm筛的样品全部置于无色聚乙烯薄膜上,充分搅拌、混合直至均匀,用四分法弃取、称重,保留一份样品,样品称重(保留大约分析用量四倍的土样),研磨过1mm尼龙筛后分成两份。一份装瓶备分析用(1mm)另一份继续进行细磨。

细磨并分样:用玛瑙球磨机或手工研磨到土样全部通过孔径0.25mm(60目)的尼龙筛,四分法弃取,保留足够量的土样、称重、装瓶备分析用(0.25mm);剩余样品继续研磨至全部通过孔径0.15mm(100目)的尼龙筛,装瓶备用(0.15mm),用于煤和矿石中铅同位素分析。

8. 样品流转

8.1　装运前核对

在采样现场样品必须逐件与样品登记表、样品标签和采样记录进行核对，核对无误后分类装箱。

8.2　运输中防损

运输过程中严防样品的损失、混淆和沾污。对光敏感的样品应有避光外包装。

8.3　样品交接

由专人将土壤样品送到实验室，送样者和接样者双方同时清点核实样品，并在样品交接单上签字确认，样品交接单由双方各存一份备查。

表 1　土壤样品采样记录表

第＿＿＿＿页　共＿＿＿＿页

<table>
<tr><td colspan="2">采用地点</td><td></td><td>东经</td><td></td><td>北纬</td><td></td></tr>
<tr><td colspan="2">样品编号</td><td></td><td>采样日期</td><td colspan="3"></td></tr>
<tr><td colspan="2">样品类别</td><td></td><td>采样人员</td><td colspan="3"></td></tr>
<tr><td colspan="2">采样层次</td><td></td><td>采样深度(cm)</td><td colspan="3"></td></tr>
<tr><td rowspan="3">样品描述</td><td>土壤颜色</td><td></td><td>植物根系</td><td colspan="3"></td></tr>
<tr><td>土壤质地</td><td></td><td>砂砾含量</td><td colspan="3"></td></tr>
<tr><td>土壤湿度</td><td></td><td>其他异物</td><td colspan="3"></td></tr>
<tr><td>采样点示意图</td><td colspan="3"></td><td>自下而上植被描述</td><td colspan="2"></td></tr>
<tr><td>备注</td><td colspan="6"></td></tr>
</table>

表 2　煤和矿石采样记录表

第______页　共______页

<table>
<tr><td colspan="2">采用地点</td><td></td><td>东经</td><td></td><td>北纬</td><td></td></tr>
<tr><td colspan="2">样品编号</td><td></td><td colspan="2">采样日期</td><td colspan="2"></td></tr>
<tr><td colspan="2">样品类别</td><td></td><td colspan="2">采样人员</td><td colspan="2"></td></tr>
<tr><td colspan="2">样品来源</td><td></td><td colspan="2">储存方法</td><td colspan="2"></td></tr>
<tr><td>采样点示意图</td><td colspan="6"></td></tr>
<tr><td>备注</td><td colspan="6"></td></tr>
</table>

第二部分　多接收电感耦合等离子体质谱法测定环境样品中的铅同位素比值

1. 主题内容与适用范围

本规范规定了测定土壤、煤和矿石中铅同位素比值的多接收电感耦合等离子体质谱法。

2. 原理

MC－ICP－MS 全称是电感耦合等离子体质谱(Multicollector Inductively Coupled Plasma Mass Spectrometry),它是一种将 ICP 技术和质谱结合在一起的分析仪器。

ICP 利用在电感线圈上施加的强大功率的射频信号在线圈包围区域形成高温等离子体,并通过气体的推动,保证了等离子体的平衡和持续电离,在 ICP－MS 中,ICP 起到离子源的作用,高温的等离子体使大多数样品中的元素都电离出一个电子而形成了一价正离子。MS 是一个质量筛选器,通过选择不同质荷比(m/z)的离子通过并到达检测器,来检测某个离子的强度,进而分析计算出某种元素的强度。

3. 试剂

水：18MΩ 去离子水或相当纯度的去离子水。

硝酸：ρ=1.4g/mL，优级纯。

盐酸：ρ=1.16g/mL，优级纯。

高氯酸：ρ=1.67g/mL，优级纯。

氢氟酸(HF)，ρ=1.16 g/mL，优级纯。

氢溴酸(HBr)，优级纯。

离子交换树脂：阴离子交换树脂 Dowex－I(200－400 mesh)。

标准物质 NBS 981，NBS 997 Tl。

气体：高纯氩气。

4. 仪器

4.1　多接收电感耦合等离子体质谱仪

进样系统

可以控制样品输送量，安装有可控流量的蠕动泵、雾化器和喷雾室等组成。为了降低溶液产生的物理干扰，提高喷雾效率，也可以使用超生波雾化器。

ICP 离子源

由等离子体炬、电感耦合圈构成，炬管通常为三个同心石英管，由中心管导入样品。

质谱部分

MS 部分为四极快速扫描质谱仪，通过高速顺序扫描分离测定所有离子，扫描元素质量数范围从 5 到 260，并通过高速双通道分离后的离子进行检测，浓度线性动态范围达 9 个数目级从 ppq 到 1000ppm 直接测定。

测定条件

参考按照下述参数设定仪器条件，但是，由于仪器型号的不同，操作条件也会有变化，需要设定最佳仪器条件。

射频功率(Power)：1200W；

载气流量(Nebulizer gas)：0.1mL/min；

辅助气体流量(Auxiliary gas)：0.8 L/min；

等离子体气体流量(Plasma gas)：13 L/min。

4.2　微波消解装置

采用 12 或 24 罐高通量的微波消解装置，能同时进行多个样品的前处理。

4.3　离心机

采用台式低速自动平衡离心机。

5. 分析步骤

5.1　试液的制备

5.1.1　土壤样品试液的制备

采用硝酸提取的方法。土壤中的铅可分为稳定相和不稳定相，稳定相中的铅很难被稀酸溶解，因为它的结构比较稳定，认为是环境背景中长期存在的铅；不稳定相中的铅容易被稀酸溶解，认为是外来污染或人为污染。用 4%HNO_3 提取出土壤部分不稳定相中的铅，使得来自人为污染的铅与环境背景中铅分离开，再分别对他们进行同位素和浓度的测定。

(1)溶解流程

1)准确称取样品 300 mg 左右于 Teflon 烧杯中(精确到 0.0001 g)；

2)加入 20mL 4% HNO_3 超声消解 40 min；

3)静置，将上清液导入离心管，烧杯中未溶解的部分加 15mL 4% HNO_3 超声消解20 min，静置，继续将上清液导入离心管，烧杯中未溶解的部分继续加 15mL 4% HNO_3 超声消解 20min，之后，将溶液完全转移到离心管中；

4)离心(3000 r/min，15 min)；

5)将离心管中的上清液完全倒入已称重的 Teflon 烧杯中，称重(烧杯和液体总重)，用移液管取 4mL 溶液于进样管中，待测 Pb 含量用；离心管中的未溶解的部分待进一步完全消解以测 Pb 同位素比值；

6)将烧杯中剩余溶液于 160℃电热板加热蒸干，之后加 2 mol/L HCl 约 2mL，继续在 160℃电热板上加热蒸干，待 Pb 分离用。

(2)Pb 分离流程

Pb 的分离流程如表 1 所示，按表中分离流程过柱后，将收集的 Pb 液于 160℃的电热板上加热蒸干，然后加入 200μL 王水(三滴 HCl 和一滴 HNO_3，目的是为了溶解可能从树脂柱中流下的树脂)蒸干，再加入一滴 HNO_3 继续蒸干(目的是赶走残留的王水)，最后加入 2% HNO_3 约 4ml，密闭保存以备 ICP-MS 测试。

表 2 Pb 分离流程

步骤	操作	酸介质	体积
1	洗柱(空柱)	6.0M HCl	满柱
2	加树脂	Dowex-I	满柱
3	洗柱	6.0M HCl	满柱
4	洗柱	去离子 H_2O	满柱
5	洗柱	6.0M HCl	满柱
6	洗柱	去离子 H_2O	满柱
7	洗柱	6.0M HCl	满柱
8	洗柱	去离子 H_2O	满柱
9	样品上柱	1.0 M HBr	满柱
10	洗柱	1.0 M HBr	满柱
11	洗柱	2.0 M HCl	满柱
12	接 Pb	6.0M HCl	满柱

注：样品用混酸溶解后上样，混酸是 2 体积的 2M HCl 与 1 体积的 1M HBr。

5.1.2 煤和矿石样 品试液的制备

(1)溶解流程

1)准确称取样品 100mg 置于 Teflon 溶样弹中(精确到 0.0001g)；

2)用 1-2 滴去离子水润湿样品，然后依次加入 1.8mL 浓 HNO_3 和 1.8mL 浓 HF(顺序不能颠倒)；

3)将 Teflon 溶样弹置于钢套中，拧紧后置于烘箱中于 190±5℃加热 48h 以上；

4)待溶样弹冷却，开盖后置于电热板上(115℃)蒸干，然后加入约 100 μL $HClO_4$，蒸至不再冒白烟，加入约 6 mol/L HCl 1～2mL，若此时仍有沉淀，则重复该步操作，直至不再有沉淀；

5)加入 1mL 1mol/L HBr，转入离心管，离心 15 分钟左右(3000r/min)，然后取出离心管静置，上清夜待上树脂柱分离。

(2)分离流程

采用 5.1.1 土壤样品试液的制备中铅的分离方法对样品进行分离和收集。

5.2 测定

5.2.1 样品测定

采用内标法对样品进行测试，利用 NBS 997 Tl 溶液进行内部校正。要求被测元素的同位素中应具有“稳定同位素对”，该“稳定同位素对”必须是非放射性的并有一个稳定公认的比值，利用该值作为标准化值可对其他的同位素比进行质量歧视校正。如铊(Tl)元素的 $^{205}Tl/^{203}Tl$ = 2.3871 就是长期稳定的同位素对，这一稳定值可作为标准化值，由实际测量的 $^{205}Tl/^{203}Tl$ 值与标准化值相比得出质量歧视校正因子，利用该因子可计算其他铅同位素比的真实值。

5.2.2 质量监控

在整个实验和检测过程中，每检测 4 个样品之后，检测一个质量控制样，以确保仪器的稳定性，质量监控样选用 NBS 981($^{208}Pb/^{206}Pb$=2.167710，$^{207}Pb/^{206}Pb$=0.914750，$^{206}Pb/^{204}Pb$=16.9405，$^{207}Pb/^{204}Pb$=15.4963，$^{208}Pb/^{204}Pb$=36.7219)，全流程过程本底小于 50pg。

6. 结果的表示

每个样品检测三次，得到 3 个 $^{208}Pb/^{204}Pb$，$^{207}Pb/^{204}Pb$，$^{206}Pb/^{204}Pb$，$^{208}Pb/^{206}Pb$，$^{207}Pb/^{206}Pb$ 的比值，再求出这 3 个 $^{08}Pb/^{204}Pb$，$^{207}Pb/^{204}Pb$，$^{206}Pb/^{204}Pb$，$^{208}Pb/^{206}Pb$，$^{207}Pb/^{206}Pb$ 的比值的算术平均值和标准差作为最后的结果表现形式。

第三部分　铅同位素数据处理方法

1. 理论依据

端元物质的研究方法认为铅同位素比值分布图上距离样品点越近的端元对样品贡献率越大，基于这一原理，认定铅同位素比值分布三维图中距离样品点越近的端元为贡献率越大的端元物质。

2. 假设条件

每一个点可以利用铅同位素比值的特性在空间坐标系中表示出来；

贡献率的大小与距离的倒数成一定的正相关 $f \propto 1/l$

3. 计算

设有 N 个端元物质，它们的空间坐标为$({}^{206}Pb/{}^{204}Pb、{}^{207}Pb/{}^{204}Pb、{}^{208}Pb/{}^{204}Pb)_i(i=1,2,\cdots,n)$；

f_i 表示第 i 端元相对贡献率；

l_i 表示某一样品到第 i 端元的距离；

现有一样品，空间坐标为$({}^{206}Pb/{}^{204}Pb、{}^{207}Pb/{}^{204}Pb、{}^{208}Pb/{}^{204}Pb)$，则由空间两点的距离公式知；

$$l_i = \sqrt{\left[\frac{{}^{206}Pb}{{}^{204}Pb} - \left(\frac{{}^{206}Pb}{{}^{204}Pb}\right)_i\right]^2 + \left[\frac{{}^{207}Pb}{{}^{204}Pb} - \left(\frac{{}^{207}Pb}{{}^{204}Pb}\right)_i\right]^2 + \left[\frac{{}^{208}Pb}{{}^{204}Pb} - \left(\frac{{}^{208}Pb}{{}^{204}Pb}\right)_i\right]^2} \tag{1}$$

又 $f_i \propto 1/\ l_i$

则某一端元的贡献率可表示为：

$$f_i = \frac{1/l_i}{\sum_{i=1}^{n} 1/l_i} \tag{2}$$

N 个端元的相对贡献率之和为 1，即：

$$\sum_{i=1}^{n} f_i = 1 \tag{3}$$

4. 举例说明

现在用图进行说明，图中点 A、B 和 C 表示三个端元物质，点 D 表示样品。

由公式(1)计算出点 A、B、C 的空间距离 l_1、l_2、l_3，

由公式(2)知，端元 1、端元 2、端元 3 的相对贡献率 f_1，f_i，f_i

$$f_1 = \frac{1/l_1}{1/l_1 + 1/l_2 + 1/l_3}$$

$$f_2 = \frac{1/l_2}{1/l_1 + 1/l_2 + 1/l_3}$$

$$f_3 = \frac{1/l_3}{1/l_1 + 1/l_2 + 1/l_3}$$

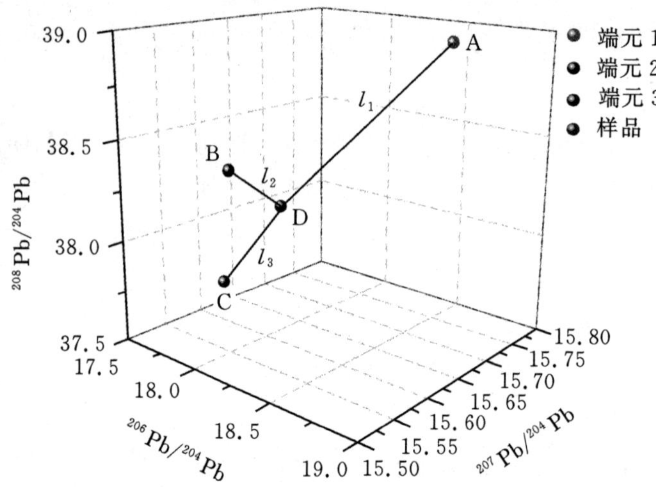

图 1　距离取倒数计算贡献率的图形演示

附录 3　铅冶炼行业防控区域划分技术规范(建议稿)

《铅冶炼行业防控区域划分技术规范(建议稿)》(以下简称“技术规范”)于 2013 年 12 月 22 日由西安交通大学、陕西省环境科学研究院、西安建筑科技大学和陕西省环境监测总站共同编制完成。本规范共分总则、调查类别及原则、模拟预测方法的选择、参数选择与预测、结果分析方法等 5 部分。

第一部分　总则

1. 范围

本技术规范主要针对铅锌冶炼行业大气防护距离与土壤卫生防护距离以及防空区域的划分等,给出具体的确定方法。

本技术规范适用于铅锌冶炼行业项目建设环境影响评价及项目验收管理,铅锌冶炼企业等有关类型行业大气防护距离的划分与确定。也可用于突发性环境风险事故应急防范区域的划定工作。

2. 引用标准

下列标准所包含的条文,通过在本技术规范要求中引用而构成本技术要求的条文,与本技术要求同效。

GB/T15432—1995　环境空气总悬浮颗粒物的测定 重量法
GB3095—2012　环境空气质量标准
GB 25466—2010　铅、锌工业污染物排放标准
GB/T15265—94　环境空气 降尘的测定 重量法
GB/T15264—94　环境空气 铅的测定 火焰原子吸收分光光度法
GB/T 16157—1996　固定污染源排气中颗粒物测定与气态污染物采样方法
GB/T 6921—86　大气飘尘浓度测量方法
GB18218—2009　危险化学品重大危险源辨识
GB11659—89　铅蓄电池厂卫生防护距离标准
GB11661—2012　炼焦业卫生防护距离
GBZ1—2002　工业企业设计卫生标准
HJ2.2—2008　环境影响评价技术导则 大气环境
HJ/T193—2005　环境空气质量自动监测技术规范
HJ/T194—2005　环境空气质量手工监测技术规范
HJ/T 75—2007　固定污染源烟气排放连续监测技术规范(试行)
HJ/T 76—2007　固定污染源烟气排放连续监测系统技术要求及检测方法(试行)
HJ/T 373—2007　固定污染源监测质量保证与质量控制技术规范(试行)
HJ/T 397—2007　固定源废气监测技术规范
HJ/T55—2000　大气污染物无组织排放监测技术导则

HJ/T 166—2004　　土壤环境监测技术规范

GB15618—2008　　土壤环境质量标准

今后根据国家对环境保护和 Pb 污染物控制新要求制定的新排放或控制标准，一经批准，相应时间的版本也应在作为引用标准使用。

第二部分　调查类别及原则

1. 大气环境

本部分规定了铅锌冶炼行业 Pb 污染大气防护距离确定所需的调查内容。

1.1　环境空气质量调查

调查研究范围内环境 Pb 浓度值，采用主动采样的方式，具体采样方法参照相应标准、规范和方法。

1.2　大气降尘样品采集

调查研究去范围内大气降尘样品，分析其中 Pb 元素含量水平。具体操作步骤及方法参照相应的标准、规范和方法。调查时间不少于 1 年。

1.3　污染源强及粒径调查

调查铅锌冶炼行业所有 Pb 污染排放节点的源强，包括点源、面源，有组织源和无组织源等。

调查各排放源有组织、无组织颗粒无粒径及不同粒径中 Pb 元素含量，分析 Pb 元素粒径分布特征。调查方法参考有关标准、规范和方法。

粒径调查仪器可选择中流量或大流量仪器，如 ELPI+（烟道气、汽车尾气气溶胶颗粒物测量系统）、撞击式粒径采集器（Andersen、BGI / TISCH 等）。

2. 土壤环境

本部分规定了铅锌冶炼行业 Pb 污染土壤防护距离确定所需的调查内容。

2.1　土壤样品采集布点原则

首先采样点的自然景观应符合土壤环境背景值研究的要求。采样点选在被采土壤类型特征明显的地方，地形相对平坦、稳定、植被良好的地点；坡脚、洼地等具有从属景观特征的地点不设采样点；城镇、住宅、道路、沟渠、粪坑、坟墓附近等处人为干扰大，失去土壤的代表性，不宜设采样点，采样点离铁路、公路至少 300m 以上；采样点以剖面发育完整、层次较清楚、无侵入体为准，不在水土流失严重或表土被破坏处设采样点；选择不施或少施化肥、农药的地块作为采样点，以使样品点尽可能少受人为活动的影响；不在多种土类、多种母质母岩交错分布、面积较小的边缘地区布设采样点。

土壤样品采集布点遵循随机和等量原则，样品是由总体中随机采集的一些个体所组成，个体之间存在变异，因此样品与总体之间，既存在同质的“亲缘”关系，样品可作为总体的代表，但同时也存在着一定程度的异质性的，差异愈小，样品的代表性愈好；反之亦然。为了达到采集的监测样品具有好的代表性，必须避免一切主观因素，使组成总体的个体有同样的机会被选入样品，即组成样品的个体应当是随机地取自总体。另一方面，在一组需要相互之间进行比较的样品应当有同样的个体组成，否则样本大的个体所组成的样品，其代表性会大于样本少的个体组成的样品。所以“随机”和“等量”是决定样品具有同等代表性的重要条件。

土壤监测的布点数量要满足样本容量的基本要求，即上述由均方差和绝对偏差、变异系数和相对偏差计算样品数是样品数的下限数值，实际工作中土壤布点数量还要根据调查目的、调查精度和调查区域环境状况等因素确定。一般要求每个监测单元最少设 3 个点。区域土壤环境调查按调查的精度不同可从 2.5km、5km、10km、20km、40km 中选择网距网格布点，区域内的网格结点数即为土壤采样点数量

网格间距 L 按下式计算：

$$L = (A/N)^{1/2}$$

式中：L 为网格间距；A 为采样单元面积；N 为采样点数(同“5.3 样品数量”)。A 和 L 的量纲要相匹配，如 A 的单位是 km^2 则 L 的单位就为 km。根据实际情况可适当减小网格间距，适当调整网格的起始经纬度，避开过多网格落在道路或河流上，使样品更具代表性。

2.2 土壤样品采集

农田土壤剖面样品采集

土壤剖面点位不得选在土类和母质交错分布的边缘地带或土壤剖面受破坏地方。土壤剖面规格为宽 1m，深 1～2m，视土壤情况而定，久耕地取样至 1m，新垦地取样至 2m，果林地取样至 1.5～2m；盐碱地地下水位较高，取样至地下水位层；山地土层薄，取样至母岩风化层。用剖面刀将观察面修整好，自上至下削去 5cm 厚、10cm 宽呈新鲜剖面。准确划分土层，分层按梅花法，自下而上逐层采集中部位置土壤。分层土壤混合均匀各取 1kg 样，分层装袋记卡。

采样注意事项：挖掘土壤剖面要使观察面向阳，表土与底土分放土坑两侧，取样后按原层回填。

农田土壤混合样品采集每个土壤单元至少有 3 个采样点组成，每个采样点的样品为农田土壤混合样。混合样采集方法采用梅花点法采样，它主要适于面积较小，地势平坦，土壤物质和受污染程度均匀的地块，设分点 5 个左右。

第三部分 模拟预测方法的选择

1. CALPUFF 预测模型

CALPUFF(California Puff Model)是美国国家环境保护局(USEPA)推荐的适用于长距离输送和涉及复杂流动(如复杂地形、海岸、小静风、熏烟、环流情形等)近场应用的导则模式，也是我国《环境影响评价技术导则：大气环境》推荐的 3 个进一步预测模式之一，可用于复杂地形条件下的大气扩散模拟。

CALPUFF 模型的优势和特点：

(1)适用于从污染源开始几十米到几百千米的研究区域；

(2)能模拟一些如静小风、熏烟和环流的非稳态的情况下污染物的扩散情况，还能评估二次颗粒污染物的浓度；

(3)处理随时间变化的点源、面源和体源的能力，能通过选择烟片扩散或是烟团扩散的计算方法来模拟近场传输或是远距离传输的情况；

(4)适用于粗糙或复杂地形情况下的模拟，并对初始猜测风场进行了动力学、坡面流参数等的分析调整；

(5)加入了处理针对面源浮力抬升型扩散的功能模块；

(6)适用于惰性污染物和满足线性沉降及化学转化机制的污染物。

2. 数学模型

$$\mu=\frac{M}{2\pi U\sigma_y\sigma_z}\left\{\exp\left[-\frac{(z-H_e)^2}{2\sigma_z^2}\right]+\exp\left[-\frac{(z+H_e)^2}{2\sigma_z^2}\right]+\sum_{k=1}^{n}\left\{\exp\left[-\frac{(2kh-H_e-z)^2}{2\sigma_z^2}\right]\right.\right.$$
$$\left.\left.+\exp\left[-\frac{(2kh+H_e-z)^2}{2\sigma_z^2}\right]+\exp\left[-\frac{(2kh+H_e+z)^2}{2\sigma_z^2}\right]+\exp\left[-\frac{(2kh-H_e-z)^2}{2\sigma_z^2}\right]\right\}\right\}$$

其中 μ 为接受点的污染物落地质量浓度(mg/m^3)；M 为污染源(气态部分)排放强度(g/s)；U 为排气筒出口处的风速(m/s)；σ_y,σ_z 分别为 y 和 z 方向扩散参数(m)；z 为接受点离地面的高度(m)；H_e 为排气筒有效高度(m)；h 为混合层高度(m)；n 为烟羽从地面到混合层之间的反射次数，一般不大于 4。

第四部分　参数选择

1. 地形

1)预测点、参照点、污染源地理坐标；

2)预测区域地面高程参数；

3)主导风下风向的计算点与源基底的相对高度(m)；

4)主导风下风向的计算点与源中心的距离(m)。

2. 气象

2.1　地面气象数据

调查距离项目最近的气象观测站，近 3 年至少连续 1 年的常规地面观测资料。如果距离超过 50km，并且地面站与评价范围地理特征不一致，需进行补充观测。

常规调查地面气象参数包括：

1)时间(年、月、日、时)；

2)风向(以角度或按 16 方位表示)、风速(m/s)、风廓线、风向风频玫瑰图、主导风向等；

3)温度(℃)；

4)干球湿度(%)；

5)气压(hPa)；

6)云量(低云和总云)。

可选择调查气象参数包括：

1)露点温度(℃)；

2)相对湿度(%)；

3)降水量(mm)；

4)降水类型；

5)海平面气压(hPa)；

6)云底高度(m)；

7)水平能见度(m)。

2.2　高空气象数据

调查距离项目最近的探空观测站，近 3 年至少连续 1 年的常规地面观测资料。如果距离超过 50km,高空数据可采取种尺度气象模式模拟的 50km 内的格点气象资料。

高空气象参数包括:

1)时间(年、月、日、时);

2)探空数据层数;

3)气压(hPa)

4)高度(m);

5)干球温度(℃);

6)露点温度(℃);

7)风向(度/方位)、风速(m/s)。

2.3 补充地面气象观测数据

根据研究区地理地形及气象特征,假设补充地面气象数据观测站,测站建设符合相关地面气象站建设规范要求。补充观测期限根据研究实际确定,应不少于 3 个月。补充地面气象站观测参数同 2.1。

3. 污染源参数

3.1 点源参数

1)点源排放速率(kg/h);

2)排气筒几何高度(m);

3)排气筒出口内径(m);

4)排气筒出口处烟气温度(K);

5)排气筒出口处烟气排放速度(m/s)。

3.2 面源参数

1)面源排放速率(g/(s·m^2));

2)排放高度(m);

3)排放源长度(m);

4)排放源宽度(m)

3.3 体源参数

1)体源排放速率(g/s);

2)排放高度(m);

3)体源长度(m)、宽度(m)、高度(m);

4)初始横向扩散参数(m);

5)促使纵向扩散参数(m)。

4. 其他参数

1)计算点的离地高度(m);

2)风速计的测风高度(m)。

第五部分 结果分析

5.1 全年逐时或逐次小时气象条件下,环境空气保护目标、网格点处的地面浓度和评价范围内的最大地面小时浓度。计算小时平均浓度需采用长期气象条件,进行逐时或逐次计算。

选择污染最严重的(针对所有计算点)小时气象条件和对各环境空气关心点影响最大的若干个小时气象条件(可视对各环境空气敏感区的影响程度而定)作为典型小时气象条件。

5.2 全年逐日气象条件下,环境空气保护目标、网格点处的地面浓度和评价范围内的最大地面日评均浓度。计算日平均浓度需采用长期气象条件,进行逐日平均计算。选择污染最严重的(针对所有计算点)日气象条件和对各环境空气关心点影响最大的若干个日气象条件(可视对各环境空气敏感区的影响程度而定)作为典型日气象条件。

5.3 长期气象条件下,环境空气保护目标、网格点处的地面浓度和评价范围内的最大地面年平均浓度。

5.4 非正常排放情况下,全年逐时或逐次小时气象条件下,环境空气保护目标的最大地面小时浓度和评价范围内的最大地面小时浓度。